유체기계 및 유압기기
건설기계일반 및 플랜트 배관

건설기계설비기사 필기

머리말

본서는 그동안의 강의 경험을 토대로 건설기계설비기사 필기를 준비하는 수험생들이 효율적으로 짧은 시간에 대비할 수 있도록 출제 경향에 맞춤 구성하여 건설기계설비기사 필기교재를 도서출판 한필에서 출간하였습니다.

그러나 재료역학, 열역학, 유체역학에 자신이 있으신 수험생은
4 과목 유체기계 및 유압기기, **5 과목** 건설기계 일반 및 플랜트 배관만 준비하려 하며,

일반기계기사를 취득하신 수험생은 **3 과목** (재료역학, 열역학, 유체역학)은 면제가 되므로
4 과목 유체기계 및 유압기기, **5 과목** 건설기계 일반 및 플랜트 배관만 시험을 보게 됩니다.

그러므로 해당 수험생들을 위한 교재를 출간하게 되었습니다. 또한, 기출문제는 건설기계설비기사 필기 문제(100문제)를 수록하여 시험에 준비할 수 있도록 하였습니다.

열심히 공부하여 목적을 달성하시기 바라며 내용 중 오류 및 잘못되거나 의심이 가는 부분은 저자 메일 (hongkirl@ naver.com)을 주시면 성실히 답하며 최고의 수험서가 되도록 노력하겠습니다. 끝으로 이 책이 출간되기까지 노력해주신 모든 분께 감사드리며 특히 도서출판 한필 임직원 여러분들께 감사드립니다.

저자 씀

출제기준(필기)

직무 분야	기계	중직무 분야	기계장비 설비·설치	자격 종목	건설기계설비기사	적용 기간	2020.1.1. ~2023.12.31
○ 직무내용 : 건설 관계법령과 관련된 건설플랜트 기계설비와 건설기계의 설계, 생산, 시공, 운영관리 업무를 수행하는 직무							
필기검정방법	객관식		**문제수**	100문제		**시험시간**	2시간 30분

필기 과목명	출제 문제수	주요항목	세부항목	세세항목
재료역학	20	1. 개요	1. 힘과 모멘트	1. 힘의 성분 2. 힘과 모멘트 평형 3. 자유물체도 4. 마찰력
			2. 평면도형의 성질	1. 도심 2. 관성 모멘트 3. 극관성 모멘트 4. 평행축 정리
		2. 응력과 변형률	1. 응력의 개념	1. 인장응력 2. 압축응력 3. 전단응력 4. 응력 집중
			2. 변형률의 개념 및 탄소성 거동	1. 재료의 물성치 2. 응력-변형률 선도 3. 전단변형률 4. 탄성-소성 거동 5. 크리프 및 피로 6. 후크의 법칙 7. 포아송의 비 8. 파손이론 9. 허용응력 10. 안전계수

필기 과목명	출제 문제수	주요항목	세부항목	세세항목
			3. 축하중을 받는 부재	1. 수직 응력 및 변형률 2. 변형량 3. 부정정 문제 4. 탄성변형에너지 5. 열응력
		3. 비틀림	1. 비틀림 하중을 받는 부재	1. 비틀림 강도 2. 전단응력 3. 비틀림 모멘트 4. 전단 변형률 5. 비틀림 각도 6. 비틀림 강성 7. 비틀림 변형에너지 8. 동력 전달 및 강도설계(축, 풀리) 9. 스프링 10. 박막튜브의 비틀림
		4. 굽힘 및 전단	1. 굽힘 하중	1. 반력 2. 굽힘 모멘트 선도 3. 하중, 전단력 및 굽힘모멘트 이론
			2. 전단 하중	1. 보의 전단력 2. 보의 모멘트
		5. 보	1. 보의 굽힘과 전단	1. 곡률, 변형률 및 굽힘 모멘트 관계 2. 굽힘공식 3. 굽힘응력 및 변형률 4. 전단공식 5. 전단응력 및 변형률 6. 탄성에너지 7. 전단류
			2. 보의 처짐	1. 보의 처짐

필기 과목명	출제 문제수	주요항목	세부항목	세세항목
				2. 모멘트면적법, 중첩법 3. 보의 설계(응용) 4. 처짐과 응력의 조합문제 5. 처짐각(기울기)
			3. 보의 응용	1. 부정정보 2. 카스틸리아노(Castigliano) 정리
		6. 응력과 변형률 해석	1. 응력 및 변형률 변환	1. 평면 응력과 평면 변형률 2. 응력 및 변형률 변환 3. 주응력과 최대전단응력 4. 모어 원

		7. 평면응력의
		응용
			1. 압력용기,
			조합하중 및
			응력 상태
				1. 평면응력상태의 후크의 법칙
				2. 삼축 응력상태
				  (Bulk modulus & Dilatation)
				3. 압력용기
				4. 원심력에 의한 응력
				5. 조합하중
				6. 보의 최대응력
				  (굽힘응력과 전단응력 조합)

		8. 기둥	1. 기둥 이론	1. 회전 반경 2. 편심하중을 받는 단주 3. 기둥의 좌굴
기계열역학	20	1. 열역학의 기본사항	1. 기본개념	1. 열역학시스템과 검사체적 2. 물질의 상태와 상태량 3. 과정과 사이클 등
			2. 용어와 단위계	1. 질량, 길이, 시간 및 힘의 단위계 등
		2. 순수물질의 성질	1. 물질의 성질과 상태	1. 순수물질 2. 순수물질의 상평형 3. 순수물질의 독립상태량

필 기 과목명	출 제 문제수	주요항목	세부항목	세세항목
			2. 이상기체	1. 이상기체와 실제기체 2. 이상기체의 상태 방정식 3. 이상기체의 성질 및 상태 변화 등
		3. 일과 열	1. 일과 동력	1. 일과 열의 정의 및 단위 2. 일이 있는 몇 가지 시스템 3. 일과 열의 비교
			2. 열전달	1. 전도, 대류, 복사의 기초
		4. 열역학의 법칙	1. 열역학 제1법칙	1. 열역학 제 0법칙 2. 밀폐계 3. 개방계
			2. 열역학 제2법칙	1. 비가역과정 2. 엔트로피
		5. 각종 사이클	1. 동력사이클	1. 동력시스템 개요 2. 랭킨사이클 3. 공기표준 동력 사이클 4. 오토, 디젤, 사바테 사이클 5. 기타 동력 사이클
기계 유체역학	20	1. 유체의 기본개념	1. 차원 및 단위	1. 유체의 정의 2. 연속체의 개념 3. 뉴턴 유체의 개념 4. 차원 및 단위
			2. 유체의 점성법칙	1. 뉴턴의 점성법칙 2. 점성계수, 동점성계수 3. 전단응력 및 속도구배
			3. 유체의 기타 특성	1. 밀도, 비중, 압축률과 체적탄성계수 2. 음속, 상태방정식

필기 과목명	출제 문제수	주요항목	세부항목	세세항목
				3. 표면장력 　- 모세관 현상, 물방울 및 비누방울
		2. 유체정역학	1. 유체정역학의 기초	1. 정역학의 개념, 파스칼 원리 2. 절대압력/계기압력, 대기압 3. 가속/회전시 압력분포 4. 부력
			2. 정수압	1. 액주계, 마노미터 2. 용기, 해수 중 압력의 계산
			3. 작용 유체력	1. 작용점 2. 평면 및 곡면에 작용하는 힘 및 모멘트
		3. 유체역학의 기본 물리법칙	1. 연속방정식	1. 질량보존의 법칙 2. 평균 유속, 유량
			2. 베르누이방정식	1. 정압, 정체압, 동압, 수두 2. 베르누이방정식 응용
			3. 운동량 방정식	1. 선운동량 방정식의 응용 2. 각운동량 방정식의 응용
			4. 에너지 방정식	1. 에너지 방정식 응용, 마찰 2. 펌프 및 터빈 동력, 효율 3. 수력 및 에너지 기울기선
		4. 유체운동학	1. 운동학 기초	1. 속도장, 가속도장 2. 유선, 유적선 3. 오일러 방정식 4. 나비에스톡스 방정식
			2. 포텐셜 유동	1. 포텐셜, 유동함수, 와도

필기 과목명	출제 문제수	주요항목	세부항목	세세항목
			5. 차원해석 및 상사법칙	1. 차원 해석	1. 무차원수, 차원해석, 파이정리
				2. 상사 법칙	1. 모형과 원형, 상사법칙
			6. 관내 유동	1. 관내유동의 개념	1. 층류/난류 판별
				2. 층류점성유동	1. 하겐-포아젤 유동
				3. 관로내 손실	1. 난류에서의 직관 손실 2. 부차적 손실 3. 비원형관 유동
			7. 물체 주위의 유동	1. 외부유동의 개념	1. 경계층 유동 2. 박리, 후류
				2. 항력 및 양력	1. 항력, 양력
			8. 유체 계측	1. 유체 계측	1. 벤튜리, 노즐 2. 오리피스 유량계 3. 유량계수, 송출계수 4. 점도계, 압력계 등
유체기계 및 유압기기	20	1. 유체기계	1. 유체기계의 기초	1. 유체기계의 정의 및 분류
			2. 펌프	1. 펌프의 개론 2. 펌프의 종류 및 특성 3. 펌프의 제현상
			3. 수차	1. 수차의 개론 2. 수차의 종류 및 특성 3. 수차의 제현상
			4. 공기기계	1. 송풍기 및 압축기의 종류 및 특성 2. 진공펌프의 종류 및 특성

필기 과목명	출제 문제수	주요항목	세부항목	세세항목
				3. 풍차의 종류 및 특성
			5. 유체전동장치	1. 유체커플링 2. 유체토크컨버터
		2. 유압기기	1. 유압의 개요	1. 유압기초 2. 유압장치의 구성 및 유압유
			2. 유압기기	1. 유압 펌프 2. 유압 밸브 3. 유압실린더와 유압모터 4. 부속기기
			3. 유압회로	1. 유압회로의 기호 2. 유압회로의 구성 3. 유압회로 및 응용 (전자제어시스템 포함)
			4. 유압을 이용한 기계	1. 유압기계의 일반 2. 하역운반기계 3. 공작기계 4. 건설기계
건설기계일반 및 플랜트 배관	20	1. 건설기계일반	1. 건설기계	1. 주행용 기구 및 장치 2. 적재 및 운반기계 3. 기초공사용 기계 4. 굴삭기계 5. 기타 건설기계
			2. 건설플랜트 기계설비	1. 건설플랜트 기계설비의 종류 및 특성 2. 건축물 기계설비의 종류 및 특성

필기 과목명	출제 문제수	주요항목	세부항목	세세항목
		2. 플랜트배관	3. 건설기계 설비재료	1. 철강 재료의 종류, 용도 및 특성 2. 비철강 재료의 종류, 용도 및 특성 3. 비금속재료의 종류, 용도 및 특성
			1. 배관종류	1. 관의 종류와 용도 2. 관이음재 및 접합법 3. 배관부속재료
			2. 배관공작	1. 배관용 공구 2. 공작용기계
			3. 배관시공	1. 배관 시공일반 2. 배관 지지장치 종류와 설치
			4. 배관검사	1. 배관시험 및 종류 2. 배관의 점검 및 유지관리

출제기준(실기)

직무분야	기계	중직무분야	기계장비 설비·설치	자격종목	건설기계설비기사	적용기간	2020.1.1.~2023.12.31

○ 직무내용 : 건설 관계법령과 관련된 건설플랜트 기계설비와 건설기계의 설계, 제작, 시공, 운영관리와 관련된 업무를 수행하는 직무
○ 수행준거 : 1. 건설기계에 대한 지식을 활용하여 기본적인 설계를 할 수 있다.
      2. 체결용, 전동용, 제어용 기계요소 및 유체 기계요소를 설계할 수 있다.
      3. 건설 플랜트기계설비 실무와 관련하여 구조 및 장치의 설계조건에 맞는 설계 및 견적, 공정관리를 할 수 있다.

실기 검정방법	필답형	시험시간	2시간 30분

실기 과목명	주요항목	세부항목	세세항목
건설기계설계 실무	1. 건설기계요소 설계	1. 기계요소설계하기	1. 기계요소의 응력, 유한요소 해석, 안전계수 등 기계설계를 할 수 있다. 2. 축, 축이음, 베어링, 윤활, 마찰차, 캠, 벨트, 체인, 로프, 기어 등의 전동용 요소를 설계할 수 있다. 3. 나사, 나사부품, 키, 핀, 코터, 리벳이음 및 용접이음 등의 체결용 요소를 설계할 수 있다. 4. 브레이크, 스프링, 플라이휠 등의 제어용 요소 및 관계 기계요소를 설계할 수 있다.
		2. 설계 계산하기	1. 선정된 기계요소부품에 따라 관련된 설계변수들을 선정할 수 있다. 2. 계산의 조건에 적절한 설계계산식을 적용할 수 있다. 3. 설계 목표물의 기능과 성능을 만족하는 설계변수를 계산할 수 있다. 4. 부품별 제원 및 성능곡선표, 특성을 고려하여 설계계산에 반영할 수 있다.

실 기 과목명	주요항목	세부항목	세세항목
	2. 건설기계와 시공법	1. 건설기계일반	5. 표준 운영절차에 따라, 설계계산 프로그램 또는 장비를 설정하고, 결과를 도출할 수 있다. 1. 건설기계의 발전 및 개발 과제, 적용되는 첨단기술을 설명할 수 있다. 2. 건설기계의 종류를 분류할 수 있고, 구비조건을 확인할 수 있다. 3. 동력 전달기구, 마력의 종류, 견인력과 견인계수, 주행저항 등을 설명하고 주어진 조건에 따라 계산할 수 있다. 4. 건설기계의 안전장치 및 안전기준에 대해 설명할 수 있다.
		2. 작업종류별 분류, 구조 및 기능, 특성, 작업능력	1. 토공 및 적재 기계, 운반 기계, 기중기, 기초공사용/터널 공사용 기계에 대해 설명할 수 있다. 2. 골재생산 기계, 포장 기계, 준설선 및 해상 공사용 기계에 대해 설명할 수 있다.
		3. 건설기계의 운용 및 시공관리	1. 재해유형과 안전대책, 건설공해의 종류/원인/방지대책에 대해 설명할 수 있다. 2. 정비보수와 개선대책, 기계경비 산정방식/성능관리, 작업효율과 기계조합에 대해 설명할 수 있다.
		4. 건설기계의 기계화 시공 실무	1. 구조물/부속장치의 설계 및 사양 확정, 현장 시공 및 감리, 공정표 작성을 할 수 있다. 2. 기계설비 견적, 구매, 조달, 시공 및 정산을 할 수 있다.

실 기 과목명	주요항목	세부항목	세세항목
	3.건설플랜트 설비	1. 플랜트 기계설비의 종류 및 특성, 기계장비 투입 계획	1. 플랜트 종류별(수력/화력/원자력/열병합/조력/풍력/태양광발전소, 지역난방설비, 화학공장, 액화천연가스 저장기지 및 배관망, 소각로, 물류창고, 환경설비, 제철소, 담수 플랜트, 해양플랜트 등) 사업계획, 타당성 조사, 설계, 구매 및 조달, 건설, 유지보수 등을 설명할 수 있다. 2. 기초공사, 구조물 공사, 기계 설치공사, 배관제작/설치 공사(공장제작배관/현장제작배관) 덕트(Duct) 공사, 도장공사, 보온공사의 개념에 대해 설명할 수 있다. 3. 설비시운전 및 성능시험
	4. 기계설비 시공	1. 기계설비 시공	1. 기계 설비공사의 입찰, 계약, 사업수행단계의 순서와 각 단계별 사업계획 및 실행 방안에 대하 설명할 수 있다. 2. 공사 계약 방식의 차이점 및 장단점에 대해 설명할 수 있다. 3. 중량물 운반 및 시공 장비 계획에 대해 설명할 수 있다. 4. 건설공사의 자동화 시공과 안전대책, 환경공해 방지대책에 대해 설명할 수 있다.

PART 01 유체기계 및 유압기기

Chapter 01 유체기계

SECTION 01 정의 및 분류 ··· 003
SECTION 02 유동방향 분류 ··· 005
SECTION 03 축류 펌프 ··· 020
SECTION 04 왕복 펌프 ··· 023
SECTION 05 회전 펌프 및 특수 펌프 ··· 026
SECTION 06 수차 및 공기기계 ··· 028
　　연습문제 ··· 032

Chapter 02 유압기기

SECTION 01 유압기기의 개요 ··· 049
SECTION 02 유압의 기초지식 ··· 050
SECTION 03 유압시스템의 특징 ··· 052
SECTION 04 유압제어 밸브(Hydraulic Control Valve) ······································ 069
SECTION 05 구동기기(엑추에이터) ·· 103
SECTION 06 부속기기(Accessories) ··· 113
　　연습문제 ··· 119

PART 02 건설기계일반 및 플랜트 배관

Chapter 01 건설기계일반

SECTION 01 건설기계일반 ········· 164

Chapter 02 플랜트 배관

SECTION 01 배관재료 ········· 195
    연습문제 ········· 210
SECTION 02 배관의 이음 및 신축이음 ········· 213
    연습문제 ········· 218
SECTION 03 밸브 및 배관 ········· 220
    연습문제 ········· 229

PART 03 기출문제

2017.05.07. 건설기계설비기사 필기 ········· 233
2018.03.04. 건설기계설비기사 필기 ········· 270
2018.04.28. 건설기계설비기사 필기 ········· 306
2019.03.03. 건설기계설비기사 필기 ········· 339
2020.06.06. 건설기계설비기사 필기 ········· 370
2020.08.22. 건설기계설비기사 필기 ········· 403

PART 01 유체기계 및 유압기기

CHAPTER 01 　유체기계

SECTION 01 　정의 및 분류

SECTION 02 　유동방향 분류

SECTION 03 　축류 펌프

SECTION 04 　왕복 펌프

SECTION 05 　회전 펌프 및 특수 펌프

SECTION 06 　수차 및 공기기계

CHAPTER 02 　유압기기

SECTION 01 　유압기기의 개요

SECTION 02 　유압의 기초지식

SECTION 03 　유압시스템의 특징

SECTION 04 　유압제어 밸브 (Hydraulic Control Valve)

SECTION 05 　구동기기(엑추에이터)

SECTION 06 　부속기기(Accessories)

CHAPTER 01 유체기계

SECTION 01 정의 및 분류

(1) 정의
유체를 작동 물질로 취급하여 이 유체에 대하여 에너지를 이루는 기계

(2) 유체기계 분류
유체기계를 크게 나누면 수력기계와 공기기계로 분류되나 원칙적인 분류법은 다음과 같다.

1) 취급유체의 분류
① 수력 기계 : 취급유체가 액상(주로 물)
② 공기 기계 : 취급유체가 기상(주로 공기)

2) 에너지 변환 방식에 의한 분류
① 원동기와 펌프 : 원동기는 열에너지를 기계적 에너지로 전환하는 장치이며 펌프는 기계적 에너지를 유체에너지로 전환시키는 장치이다.
② 토오크 변환기 : 토크(torque)변화없이 속도만을 변하게 하는 유체커플링(hydraulic coupling)과 토크가 변화는 토크컨버터(torque converter)가 있다.

3) 작동원리상의 분류
① 터어보기계(turbo machine) : 회전하는 깃(vane)에 의하여 연속적으로 에너지의 전환이 이루어진다(대동력용).
② 용적식기계 : 피스톤 또는 플런지에 의해 정압으로 에너지 정압을 이용한다.
③ 특수유체기계 : 터어보기계나 용적식기계가 아닌 경우(큰 압력 필요시)

4) 유체 유동방향에 의한 분류

① 반경류형(radial flow type)

② 축류형(axially flow type)

③ 사류형(mixed flow type)

다음과 같이 분류하여 세분하면 다음과 같다.

SECTION 02 유동방향 분류

수력 기계 속에서 에너지 변환이 이루어지는 부분에서의 유동방향을 기준으로 분류하면 반경류형과 축류형, 사류형으로 구분된다. 반경류형은 외향 반경류형(radially outward flow)인 펌프와 송풍기, 내향 반경류형(radially inward flow)인 프란시스 터어빈으로 구분된다. 축류형은 축과 평행하게 흐르는 형식이며, 사류형은 반경류형과 축류형의 중간형식으로 흐르는 형식이다. 출구에서의 흐름형식으로 혼류형과 사류형으로 구분한다. 혼류형은 회전차 출구에서의 유동방향이 반경류 성분만을 갖는 형으로 프란시스 형이라고도 한다. 사류형은 회전차 출구에서의 유동방향이 입구와 같이 반경류와 축류성분을 함께 갖는 형이다.

- 원심펌프 : 회전차가 밀폐된 케이싱 내에서 회전할 때 발생하는 원심력을 이용
- 사류펌프 : 회전차가 밀폐된 케이싱 내에서 회전할 때 발생하는 원심력 및 양력을 이용
- 축류펌프 : 회전차가 밀폐된 케이싱 내에서 회전할 때 발생하는 양력을 이용하여 액체에 압력 및 속도 energy를 주어 액체를 저압부에서 고압부로 이송하는 기계

(1) 원심 펌프

1) 기본 구조

1. 양수 장치의 구성 : 흡입관, 송출관, 푸트 밸브, 케이트 밸브
2. 구성 요소 : 회전차(임펠러), 펌프 본체, 안내날개, 와류실, 주축, 축이음, 베어링

(2) 원심 펌프의 계통도 및 분류

1. 원심 펌프의 계통도

[펌프 계통도]　　　　　　　　　[원심펌프의 구성요소]

2) 원심 펌프의 분류

1. 안내날개 유무에 따른 분류
① 볼류트 펌프 : 안내날개 없음, 대유량

② 터빈 펌프 : 안내날개 있음, 고압력

2. 흡입구에 의한 분류
① 단흡입 펌프 : 흡입구가 한쪽만 설치된 것(소용량)

② 양흡입 펌프 : 양쪽에 흡입구를 설치한 것(대용량)

3. 단(段)수에 의한 분류
① 단단 펌프 : 펌프 한 대에 회전차 한 개를 단 것(저양정)

② 다단 펌프 : 한 개의 축에 여러 개의 회전차를 설치한 것(고양정)

3) 펌프의 전양정

1. 실양정

$$H_a = H_s + H_d$$

H_s : 흡입 실양정, H_d : 송출 실양정

2. 전양정

① 펌프 자체에 대한 양정

$$H = H_a + h_l = (H_s + H_d) + h_l = \frac{P_d - P_s}{\gamma} + y + \frac{U_d^2 - U_s^2}{2g}$$

P_d : 송출 노즐의 압력,

P_s : 흡입 노즐의 압력,

y : 압력계와 진공계의 압력차,

U_d, U_s : 송출·흡입관의 유속,

h_l : 손실 수두

② 펌프의 전관로를 고려한 양정

$$H_r = H_a + h_l + \frac{P_2 - P_1}{r} + \frac{U_d^2 - U_s^2}{2g}$$

[펌프의 양정]

회전차 내에서의 유체유동

속도 3각형
- V : 절대속도 : 유체입자의 지면과의 상대속도
- W : 상대속도 : 유체입자의 회전차에 대한 상대속도
- u : 주속도 : 회전차의 원주속도

절대속도 V는 상대속도(W)와 주속도(u)와의 Vector 합

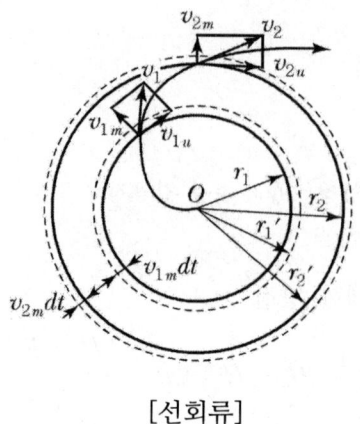

[선회류]

회전차의 회전운동으로 깃과 유체 사이에 energy 전달이 이루어지려면 깃의 전면과 후면에 압력차가 생겨야 한다.

회전수 일정, 즉 u_2가 일정할 때 H_{lh}의 값 여하에 따라 유량 Q의 변화와 함께 다음과 같이 변한다.

① $\beta_2 > 90°$일 때: $v_{2m}\cot\beta_2 < 0$으로서 $H_{th\infty}$는 유량이 증대함에 따라 증가한다.
② $\beta_2 = 90°$일 때: $v_{2m}\cot\beta_2 = 0$으로서 $H_{th\infty}$는 유량과 관계없이 일정하다.
③ $\beta_2 < 90°$일 때: $v_{2m}\cot\beta_2 > 0$으로서 $H_{th\infty}$는 유량이 증대함에 따라 감소한다.

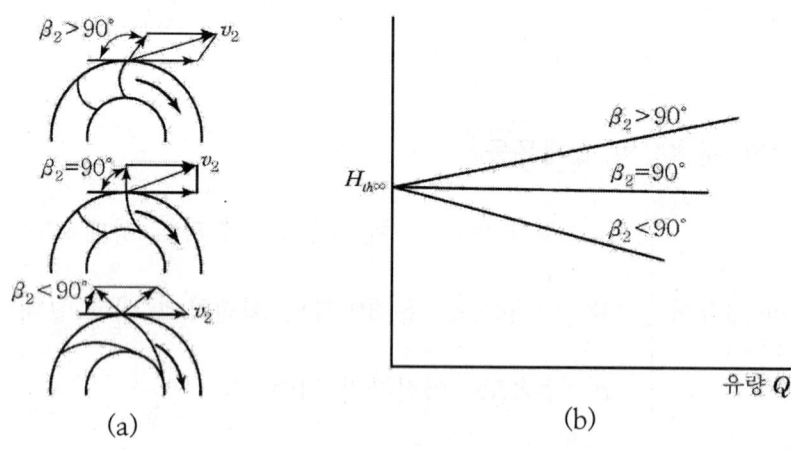

EX 01 비중이 0.988인 물을 20m 높은 곳으로 양수 하자면 펌프의 전양정을 몇 m로 하면 되는가?
(단, 흡수면에는 대기압, 송수면에는 5atg의 압력이 작용하고, 전손실수두는 4m이며, 흡입, 송출판단의 유속은 같다.)

해 설 : 계기압으로 계산하면 $p_x = 0$, 송수면의 압력 $p'' = 5kg/cm^2$,
$H_a = 20m$, $h = h_d + h_s = 4m$, $u_d - u_s = 0$

$$H = H_a + h + \frac{p''}{\gamma} = 20 + 4 + \frac{5 \times 10^4}{988} = 74.6[m]$$

EX 02 운전 중인 펌프의 압력계가 송출쪽은 4m, 흡입쪽은 5m의 진공이었다. 송출쪽 압력계는 흡입쪽의 압력계보다 300mm 높은 곳에 있다고 하면, 펌프의 전양정은 몇 m가 되는가?(단, 흡입관과 송출관의 안지름은 같다.)

해 설 : $H = \dfrac{p_d + p_s}{\gamma} + \dfrac{u_d^2 - u_s^2}{2g} + z_s = 4 + 5 + 0 + 0.5 = 9.3[m]$

(4) 원심 펌프의 이론 수두 및 운동량 모멘트

1) 운동량 모멘트

운동량 모멘트는 $T = F \times r$ 이므로 $T = \dfrac{d(mv_u r)}{dt} = \dfrac{(2\pi r\, v_{2m}\, dt\, \rho)}{dt}$ 이 성립한다.

지금 반지름 r_1, r_2의 두 원을 지나는 유체의 유량을 각각 Q_1, Q_2라 하면 $Q_2 = 2\pi r_1 v_{1m'}$ $Q_2 = 2\pi r_2 v_{2m}$ 이므로, 이것을 위식에 대입하면 $T = \rho_2 Q_2 v_{2u} r_2 - \rho_1 Q_1 v_{1u} r_1$ 이 된다.

또한 운동량 모멘트 T가 반지름 r_1, r_2 사이에 작용하지 않는다면 $T = 0$ 이므로 $r_1 v_{1u} = r_2$, $v_{2u} = C$ 이 되고, $\rho_1 = \rho_2 = \rho$ 에서 $2\pi r_1 v_{1m} \rho = 2\pi r_2 v_{2m} \rho$ 이므로 $\therefore \gamma_1 v_{1m} = \gamma_2 v_{2m}$ 이 된다.

그러므로 $rv_m = $ 일정이 된다. 그러므로 $\dfrac{U_m(\text{반경속도})}{U_u(\text{접선속도})} = C$ 이 된다. 즉, 흐름은 항상 원주와 일정한 각도를 가지고 확대되어 간다. 이와 같은 흐름은 自由 소용돌이(free vortex)라고 한다.

$$T = F \times r = \rho Q V_2 \cos \alpha_2 \times r_2 - \rho Q V_1 \cos \alpha_1 \times r_1$$

$$= \dfrac{\gamma Q}{g}(r_2 V_2 \cos \alpha_2 - r_1 V_1 \cos \alpha_1) = \dfrac{\gamma Q}{g}(r_2 V_{2u} - r_1 V_{1u})$$

동력 $\quad L = T\omega = T\dfrac{u_2}{r_2} = \dfrac{\gamma Q}{g}(u_2 V_{2u} - u_1 V_{1u}) = \gamma Q H$

2) 날개수 무한인 경우의(Euler의) 이론 수두

$H_{th\infty} = \dfrac{1}{g}(u_2 v_2 \cos \alpha_2 - u_1 v_1 \cos \alpha_1)$ 실제의 경우는 $\alpha_1 \fallingdotseq 90°$ 이므로

$\therefore H_{th} = \dfrac{1}{g}(u_2 v_2 \cos \alpha_2)$

3) 날개수 유한인 경우의 이론 수두

$H_{th} = \mu H_{th\infty}$

μ: 미끄럼 계수 $(\mu = 0.8 \sim 0.9)$

4) 전양정

$H = \eta_k H_{th\infty}$

η_k: 수력 효율

5) 원심 펌프의 동력

1. 수동력

$$L_w(PS) = \frac{rQH}{75 \times 60} \qquad L_w = (kW) = \frac{rQH}{102 \times 60}$$

r: 유체의 비중량[kg/m³], Q: 송출량[m³/min], H: 전양전[m]

2. 축동력

$$L = \frac{rQH}{\eta} = \frac{L_w}{\eta}$$

6) 펌프의 전효율

1. 전효율

$$\eta = \frac{(수동력)L_w}{(축동력)L} = 0.65 \sim 0.85, \qquad \eta = \eta_k \eta_v \eta_m$$

2. 수력 효율

$$\eta_k = \frac{H(펌프의\ 전양정)}{H_{lh}(날개수\ 유한인\ 경우의\ 이론\ 수두)} = 0.8 \sim 0.96$$

3. 체적 효율

$$\eta_v = \frac{펌프와\ 토출\cdot 유량}{회전차를\ 지나는\ 유량} = \frac{Q}{Q + \Delta Q} = 0.9 \sim 0.95$$

4. 기계 효율

$$\eta_m = \frac{L - (\Delta L_m + \Delta L_d)}{L} = 0.9 \sim 0.97$$

EX 01 자유소용돌이의 궤적을 극 좌표(r , θ)로서 표시하시오.

해 설 : $v_m = \dfrac{dr}{dt}$, $v_u = \dfrac{rd\theta}{dt}$ 이므로, $\dfrac{v_m}{v_u} = \dfrac{dr/dt}{rd\theta/dt} = C$

$\dfrac{v_m}{v_u} = \dfrac{dr}{rd\theta} = C$ 에서 $\dfrac{dr}{r} = C\,d\theta$ (단, C=상수)

양변을 적분하 $\theta = 0$일 때 $\gamma = \gamma_0$의 조건을 대입하면

$$\int_{r_0}^{r} \dfrac{dr}{r} = \int_{0}^{\pi} C\,d\theta$$

$\log \dfrac{r}{r_0} = c\pi$ 에서 $r = r_0 e^{c\pi}$

펌프의 크기와 흡입송출구경

펌프의 크기 : 펌프의 흡입구경 D_1 (mm), 송출구경 D_2 (mm)로 표시

예 : 200×175 원심펌프 : 흡입구경 200 mm, 송출구경 175 mm

　　200원심펌프 : 흡입, 송출구경 모두 200mm

종래, 현재 소형펌프 $D_1 = D_2$ 최근 대형펌프, 고양정펌프의 경향 $D_2 < D_1$ 구경이 같은 치수의 펌프에서는 송출구에 원추확대관을 붙여 유속이 점차 떨어지도록 배관

- 송출구 치수 → 펌프의 용량과 직접적인 관계가 없게되어 용량을 표시하는데 쓰이지 않음

- 흡입구경 → 최근 펌프의 양수량을 흡입구경으로 표시, 일반적으로 양정에 관해서 정함

펌프 구경결정에서는 제일먼저 흡입구와 송출구의 유속을 결정한다.

유속 대 → 마찰손실 대

유속 소 → 구경이 커지기 때문에 비경제적

일반적으로 점성이 큰 액체, 고온수, 흡입양정이 커서 공동현상이 발생할 염려가 있을 때는 유속을 느리게 하여 손실수두가 적어지도록 굵은관 사용

7) 펌프에서의 각종 손실

1. 수력 손실
① 회전차 유로에서의 마찰 손실과 부차적 손실과 충돌 손실로서 펌프 자체 내에서 발생하는 손실이다.
② 양정의 손실을 뜻하며 펌프의 성능에 가장 큰 영향을 미친다.

2. 누설 손실
① 누설된 유체에 펌프가 준 에너지를 말한다.
② 누설 부분
(회전차 입구의 웨어링 부분, 축추력 평행장치부, 패킹박스, 봉수용에 쓰이는 압력수, 부시)

3. 기계손실
① 마찰 손실과 회전차의 케이싱 사이의 원판 마찰 손실을 합한 동력의 손실이다.

펌프의 최대 설치높이

$$h_{max} = \frac{P_a}{r} = 10.33\,\text{m}\ (p=0,\ 완전진공)$$

실제 : 펌프 내부 완전진공 불가능
$$\left.\begin{array}{l}\text{흡입관 속의 손실수두}\\ \text{양수액체의 증기압}\\ \text{설치 위치의 표고}\end{array}\right\}\ \text{등의 영향으로}$$

$h_{max} ≒ 7\text{m}$ 정도

EX 01

회전차의 바깥지름이 460mm인 원심펌프가 1150rpm으로 회전하고 있다. 펌프의 전양정 및 수동력을 구하시오. 단, 물은 회전차 입구에서는 반지름 방향으로 들어오고, 회전차 출구에서 상대유속은 반지름 방향인 것으로 한다. $H/H_{th\infty}=0.85$이며 유량은 $5.1\text{m}^3/\text{min}$이다.

해 설: 물은 회전차 입구에서 반지름 방향으로 들어오므로 $\alpha_a = 90°$이다. 또한

$$u_2 = \frac{\pi D_2 N}{60} = \frac{\pi \times 0.46 \times 1150}{60} = 27.7[\text{m/s}]$$이며 회전차 출구에서

상대유속은 반지름 방향이므로 $v_2 \cos\alpha_2 = u_2$이다.

그러므로 $H_{lh\infty} = \frac{1}{g}u_2 v_2 \cos\alpha_2 = \frac{1}{g}U_2^2 = \frac{27.7^2}{9.80} = 78.1[\text{m}]$

구하는 전양정 H는 다음과 같다.
$H = 0.85 H_{lh\infty} = 0.85 \times 78.1 = 66.4[\text{m}]$

수동력 L_w는 $L_2 = \gamma H Q = \frac{9.8 \times 66.4 \times 5.1}{60} = 55.3[\text{kW}]$

EX 02 3000rpm으로 회전하고 있는 직경 980mm의 1단 축류펌프가 있다. 물론 $v_1 =$ 4.01m/s의 속도로서 축방향으로 회전차 입구에서 들어오고, $v_2 = 4.48$m/s의 속도로 회전차 출구에서 나가며 전양정은 3m일 때, 수력효율을 구하시오.

해 설: $u = \dfrac{\pi DN}{60} = \dfrac{\pi \times 0.980 \times 300}{60} = 15.4[\text{m/s}]$

축방향으로 유입되므로, $v_{1n} = 0[\text{m/s}]$

$v_{2u} = \sqrt{v_2^2 - v_m^2} = \sqrt{v_2^2 - v_1^2} = \sqrt{4.48^2 - 4.01^2} = 2[\text{m/s}]$

$H_{lh} = \dfrac{1}{g}u(v_{2u} - v_{1u}) = \dfrac{1}{g}uv_{2u} = \dfrac{1}{9.8} \times 15.4 \times 2 = 3.14[\text{m}]$

$\eta_k = \dfrac{H}{H_{th}} = \dfrac{3}{3.14} = 0.956 = 95.6[\%]$

8) 펌프와 상사 법칙

1. 한 개의 회전차의 경우

① 유량　　　　　② 양정　　　　　③ 축동력

$\dfrac{Q'}{Q} = \dfrac{n'}{n}$　　　　　$\dfrac{H'}{H} = \left(\dfrac{n'}{n}\right)^2$　　　　　$\dfrac{L'}{L} = \left(\dfrac{n'}{n}\right)^3$

2. 두 개의 회전차인 경우

① 유량: $\dfrac{Q_1}{D_1^{\,3}N_1} = \dfrac{Q_2}{D_2^{\,3}N_2}$

② 양정: $\dfrac{H_1}{D_1^{\,2}N_1^{\,2}} = \dfrac{H_2}{D_2^{\,2}N_2^{\,2}}$

③ 축동력: $\dfrac{L_1}{r_1 D_1^{\,5} N_1^{\,3}} = \dfrac{L_2}{r_2 D_2^{\,5} N_2^{\,3}}$

3. 비교 회전도(비속도)

$n_s = \dfrac{NQ^{\frac{1}{2}}}{H^{\frac{3}{4}}}[\text{m}^2/\text{min, m, rpm}]$

EX 01 어떤 펌프가 매분 2000 회전으로 전양정 100m에 대하여 0.17m³인 수량을 방출한다. 이것과 상사로서 치수가 2배인 매분 1500 회전이고, 다른 조건은 동일상태로 운전될 때의 전양정을 구하시오.

해 설: $H_2 = H_1 \left(\dfrac{D_2}{D_1}\right)^2 \left(\dfrac{N_2}{N_1}\right)^2 = 100 \times \left(\dfrac{2}{1}\right)^2 \times \left(\dfrac{1500}{2000}\right)^2 = 225 \, [m]$

EX 02 어떤 펌프 2000rpm로서, 전양정 100m에 대하여 0.2m³/s의 유량을 방출하고, 축동력은 200kW이다. 이 펌프와 상사로서 치수가 2배인 펌프가 1500rpm로서 회전하면서 다른 조건은 동일 상태로 운전되고 있을 때의 축동력을 계산하시오.

해 설: $L_2 = L_1 \left(\dfrac{D_2}{D_1}\right)^5 \left(\dfrac{N_2}{N_1}\right)^3 = 200 \times \left(\dfrac{2}{1}\right)^2 \times \left(\dfrac{1500}{2000}\right)^3 = 2700 \, [kW]$

비속도

회전차 형상을 나타내는 척도로서 펌프의 성능을 나타내거나 최적합한 회전수를 결정하는데 이용 상사인 두 대의 회전차에서 유동상태가 상사일 때 한 회전차를 형상과 운전상태를 상사하게 유지하면서 그 크기를 바꾸어 단위 송출량에서 단위양정을 내게 할 때 그 회전차에 주어져야 할 회전수 비속도가 같은 회전차는 모두 상사형 Q, H
→일반적으로 성능곡선 상에서 최고효율점(회전차 형상 설계 기준)에 대한 값을 나타내게 되어 있음. 양흡입일 경우 $Q \rightarrow \dfrac{Q}{2}$ 다단일 경우 H→H/Z사용

4. 누설 방지 장치

패킹상자
- 그랜드 패킹(grand packing) : 축둘레 틈에 패킹 끼움(일반용)
- 메카니칼 시일(mechanical seal) : 사용액의 독성, 인체해독, 또는 가연성일 경우 많이 사용
- 브레이크다운 부슈(breakdown bush) : 밀봉균형을 미는 스프링이 축과 함께 회전하는 방식(고압용)

5. 공동현상(cavitiation)과 최대 허용 흡입 높이

관속유동액체 → 어느 부분의 압력이 포화증기압 이하 → 기포발생
→ 유로 벽면의 고압부분에서 파괴

㉠ 진동 및 소음발생
㉡ 침식 및 부식작용(기계적, 화학적 손상)
   원심펌프 : 깃입구, 슈라우드
   터빈펌프 : 안내깃 입구
   축류펌프 : 깃후면, 안내깃 입구
㉢ 펌프 효율 저하

② cavitation 발생조건

㉠ 펌프와 흡수면의 수직거리(흡입높이)가 너무 길 때

㉡ 과속운전으로 인하여 유량이 증가할 때

㉢ 유동액체의 어느 부분이 고온일 때

㉣ 저항이 클 때(strainer, valve 등) → 압력 강하

③ cavitation 방지책
㉠ 펌프 설치높이를 될 수 있는 대로 낮춤
㉡ 압축 펌프사용, 회전과 수중에 잠금
㉢ 펌프의 회전수 낮춤
㉣ 양흡입 펌프사용
㉤ 두 대 이상 펌프 사용
㉥ 저항을 작게 하여 손실수두를 줄임(밸브 적게, 흡입관 구경 크게 등)

6. 서징현상(surging)
유체기체 운전시 송출량 및 압력이 주기적으로 변화하는 현상
(진동을 일으키고 숨을 쉬는 것 같은 현상)

① 발생조건
㉠ H-Q곡선이 우향상승 특성을 가진 펌프
㉡ 관로 중 수조나 공기조가 있을 때
㉢ 수조 다음에 송출밸브가 있을 때

② 방지책
㉠ 배관시 주의하여 발생조건을 피한다.
㉡ By pass 관로를 설치하여 운전점이 항시 우향하강 특성이 있게 한다.
㉢ 깃출구각 (β_2)을 될 수 있는대로 작게 →효율이 저하하므로 잘 이용하지 않는다.

7. 수격현상(water hammering)

밸브를 갑자기 닫으면 속도가 줄면서 감량된 운동에너지가 압력에너지로 변화되어 A부에서 고압이 발생하고 음속으로 B부로 진행 → 다시A → B A부는 상당한 고압을 받아 위험한 상태에 이른다.

① 방지책
㉠ 유속을 작게(관지름 크게)
㉡ 밸브 닫는 속도 천천히
㉢ 펌프에 fly wheel 설치(관성을 주기 위해, 정전시)
㉣ surge tank를 관선에 설치
㉤ 밸브를 펌프 송출구 가까운 곳에 설치, 밸브를 적당히 조작

9) 축추력 및 방지법

1. 축추력
단흡입 회전차에 있어서 전면축벽과 후면축벽에 작용하는 정압에 차이가 있어 축방향으로 작용한 힘을 축추력이라 한다.

2. 축추력 방지법
① 드러스트 베어링을 사용한다.
② 평형공을 설치한다.
③ 후면측벽에 방사상의 리브를 설치한다.
④ 평형 원판을 사용한다.
⑤ 다단 펌프인 경우, 회전차의 수를 서로 반대방향으로 배열한다.

10) 펌프의 특성 곡선
(1) 특성 곡선

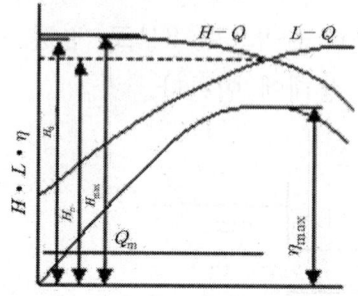

$H - Q$: 양정 곡선
$L - Q$: 축동력 곡선
$\eta - Q$: 효율 곡선

SECTION 03 축류 펌프

(1) 축류 펌프의 개요

1) 원리
선풍기의 fan과 같은 형상의 회전차가 회전함으로써 발생하는 양력에 의해 유체에 압력, 속도에너지공급, 속도에너지는 고정 안내깃에 의하여 압력에너지로 변환

2) 용도
$ns = 1200 \sim 2200$

$H \Rightarrow 10\,m$ 이하 구경 $\varnothing 300$ 이상 대용량

증기터빈 복수기 순환수펌프, 상하수도용, 농업용 양수 배수용

3) 구조
회전차, 축, 안내깃, 동체, 베어링

회전차 : 전면슈라우드 없고 깃수는 2~6매(단면 익형)

안내깃 : boss와 casing 결합되어 지지 깃수 3~8매

casing $\begin{cases} \text{입축형} \rightarrow \text{나팔관·안내깃 등, 송출곡 등} \\ \text{횡축형} \rightarrow \text{흡입곡 등(나팔관 부분에)} \end{cases}$

4) 분류

1. 축방향에 따라

① 입축형
- 회전차 수중에 있어 시동 용이
- 흡입조건이 좋아 cavitation 특성 양호
- 회전차 원주장 위치에서 압력차 없음
- 대구경에 적합, 설치, 진동기 배치에 이점

② 횡축형
- 분해, 수리 점점 용이
- 펌프실의 높이 낮아도 됨
- 전동기가 표준형으로 족함

2. 회전차 날개 각도변화에 따라

① 고정익 축류펌프
② 가동익 축류펌프

5) 축류 펌프의 특징

(1) 대유량, 저양정에 적합하다.

(2) 비속도가 크며 저양정에 대해서도 고속운전 가능하여 원동기와 직결 가능하다.

(3) 양정 변화에 대해 유량 변화가 적고 효율 저하도 적다.

(4) 소형 경량 구조간단 취급 용이, 가격이 싸다.

(5) 가동익으로 하면 양정에 관계없이 축동력을 일정하게 하여 넓은 유량에 걸쳐 높은 효율을 얻을 수 있다.

(6) 체절점에서 양점 및 축동력이 급상하여 체절운전 불가능하다.

(2) 익(날개)형의 양력과 항력

1) 양력(揚力)

$$L = C_L l \rho \frac{w_\infty^2}{2}$$

C_L : 양력 계수, w_∞ : 유동의 유효 상대 속도
b : 날개폭, l : 날개현의 길이, A : 날개 면적($= b \cdot l$)

2) 항력(抗力)

$$D = C_D l \rho \frac{w_\infty^2}{2}$$

C_D : 항력계수

(3) 축류 펌프의 특성 곡선

1) 양정 곡선
2) 동력 곡선
3) 효율 곡선

축류펌프의 이론

ℓ: 익현장(chord length)

c: 최대점(max camber)

h: 최대두께(max thickness)

x: 익선단에서 최대점까지 거리

α: 영각(attack angle)

b: 익폭(span)

L: 양력(lift)

D: 항력(drag)

b/ℓ: 종횡비(aspect ratio)

R: 합력

w_∞: 깃의 영향을 받지 않는 곳의 깃에 대한 상대속도

SECTION 04 왕복펌프

(1) 왕복 펌프의 개요

1) 용적식 펌프이며 피스톤이나 플런저의 왕복운동에 의하여 액체를 흡입하고 고속으로 송출하는 펌프이다.

2) 분류

- 피스톤 형상
  - 피스톤 펌프
  - 플런저 펌프(초고압에 사용)
  - 버킷 펌프

3) 구성

피스톤, 플런저, 실린더, 흡입 밸브, 송출 밸브 등이 주체로 구성

4) 특징

(1) 구조상 저속운전, 동일유량을 낼 때 원심펌프에 비해 대형

(2) 회전수에 제한을 받지 않아 고양정을 낼 수 있음

(3) 소유량, 고양정에 적합
 (원심 펌프로서 미칠 수 없는 만큼 고압요구시 왕복 펌프가 적당)

(4) 송출 압력이 매우 클 때 플런저 펌프 사용

(2) 왕복 펌프의 효율

1) 체적 효율

$$\eta_v = \frac{V}{V_0} = \frac{V_0 - \Delta V}{V_0}$$

V : 피스톤 1왕복 중 실제로 송출한 양,
V_0 : 행정 용적,
ΔV : 왕복 중 누수량

2) 수력 효율

$$\eta_m = \frac{p}{p_m}$$

p : 펌프에 의한 최종적으로 얻어진 압력증가량
p_m : 평균유효압력

3) 기계 효율

$$\eta_k = \frac{L_1}{L} = \frac{p_m V_0 N/60}{L}$$

4) 전 효율

$$\eta = \eta_v \eta_k \eta_m$$

(3) 송출량의 변화

1) 순간 송출량

$$Q_i = Ar\omega \sin\theta$$

A : 피스톤 단면적, r : 크랭크 반지름, w : 크랭크 각속도

2) 순간 최대 유량

$$Q_{max} = AR\omega = \frac{\pi V_0 N}{60} = \pi Q_{ih}$$

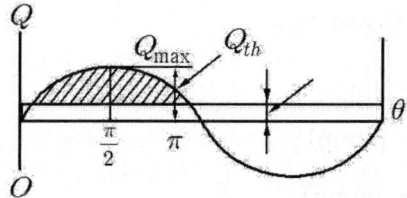

3) 이론 평균 유량

$$Q_{ik} = \frac{AlN}{60} = \frac{V_0 N}{60}$$

4) 과잉 송출 제적비

$$\delta = \frac{\Delta}{Q_{th}} = \frac{\Delta}{Al}$$

(4) 공기실(air chamber)

1) 개요

피스톤 또는 플런저가 송출하는 유량변동을 일정하게 하기 위해 실린더 뒤쪽에 설치하는 상부가 공기로 충만된 밀폐용기 평균 배수량을 넘은 과잉 배수체적 ΔV는 공기실의 공기를 압축하여 저장하고 평균 배수량보다 적게 되었을 때 저장된 물이 송출관으로 송수

SECTION 05 회전 펌프 및 특수 펌프

(1) 회전 펌프

1) 회전 펌프의 개요

1. 특징
① 저유량, 고압의 양정에 적합
② 맥동이나 서어징 현상이 없음
③ 원동기로서 역작용이 가능

2. 종류
① 기어 펌프(gear pump)
② 베인 펌프(vane pump)
③ 나사 펌프(screw pump)

[유압 회전 펌프]

[나사 펌프] [베인 펌프] [기어 펌프]

(2) 펌프의 용량

1) 기어 펌프

① 송출 압력 : 100 [kg/cm^2] 이상
② 송출량 : 보통 3~100 [m^3/hr]
③ 효율 : η =70~80 [%]

3) 회전 펌프의 이론 토출량

1. 기어펌프

$$V_{lh} ≒ 2\pi m^2 bZN$$

a : 골의 단면적, b : 이폭, Z : 잇수, m : 모듈, N : 회전수

2. 베인 펌프

$$V_{lh} = 2\pi DbeN$$

D : 케이싱 안지름, b : 날개폭, e : 편심량, N : 회전수

4) 회전 펌프의 동력과 효율

1. 체적 효율

$$\eta_v = \frac{V}{V_{lh}} = \frac{V_{ih} - \Delta V}{V_{lh}}$$

V : 펌프 1회전 당의 유량, V_{ih} : 펌프 1회전 당의 이론 송출량
ΔV : 누설량

2. 기계 효율

$$\eta_m = \frac{L_{lh}}{L} = \frac{pV}{60}$$

L_{lh} : 이론 동력, L : 축 동력

3. 전효율

$$\eta = \eta_v \eta_m = \frac{PQ}{60L}$$

(2) 특수 펌프

1) 마찰 펌프

1. 특징

① 소형, 가정용 우물 펌프에 적합하다.

② 구조가 간단하다.

③ 저용량이나 원심 펌프에 비하여 고양정을 얻을 수 있다.

2) 분사 펌프

제트 펌프라고도 하며, 고압의 액체 분출시 분사류에 따라 송출되게 하는 펌프

3) 기포 펌프·수격 펌프

1. 기포 펌프

① 구조가 간단하며 고장이 거의 없으며 효율이 낮다.

2. 수격 펌프

① 관성 작용을 이용하여 높은 높이로 수송하는 무동력 펌프를 수격 펌프라고 한다.

SECTION 06 수차 및 공기기계

(1) 수차

1) 수차의 분류

1. 충격 수차

펠톤 수차

2. 반동 수차

프란시스 수차

3. 축류 수차

카플란 수차, 프로펠러 수차

2) 충격 수차

1. 노즐로부터 분출된 분류를 버킷(bucket)에 충돌시켜 회전력을 발생시키는 수차이다.
2. 대표적인 수차는 펠톤(Pelton) 수차
3. 소유량, 고낙차(H=200~1800 [m])에 적합

3) 반동 수차

1. 속도 에너지와 압력 에너지를 기계적 일로 변화시키는 수차이다.
2. 중낙차(H=30~400 [m])이며 이용도가 높다.

3. 대표적인 수차는 프란시스(Francis) 수차이다.

4) 프로펠러 수차

1. 저낙차(H=30 [m] 이하), 대유량인 곳에 적합하다.

2. 대표적인 수차는 카플란(Kaplan) 수차이다.

3. 가동날개형과 고정날개형이 있어 운전중에도 회전차의 날개각을 조정할 수 있다.

5) 펌프 수차

1. 개요

회전차의 회전방향을 바꾸어 펌프와 수차의 역할을 하는 기계

2. 용도

양수 발전소에 주로 사용

6) 수차의 법칙

수차의 상사 법칙

① $\dfrac{Q_1}{D_1^3 N_1} = \dfrac{Q_2}{D_2^3 N_2}$ [유량]   ② $\dfrac{H_1}{D_1^2 N_1^2} = \dfrac{H_2}{D_2^2 N_2^2}$ [낙차]

③ $\dfrac{L_1}{D_1^5 N_1^3} = \dfrac{L_2}{D_2^5 N_2^3}$ [출력]   ④ $N_1 \dfrac{L_1^{\frac{1}{2}}}{H_1^{5/4}} = N_2 \dfrac{L_2^{\frac{1}{2}}}{H_2^{5/4}}$ [회전수]

⑤ 비교회전수 $n_s = N \dfrac{L^{\frac{1}{2}}}{H^{5/4}}$

$\therefore L = \dfrac{\text{n}\gamma HQ}{102}$ [kW]

(2) 공기기계

1) 공기 기계의 분류

공기기계는 사용 풍량에서의 압력 기준으로 송풍기와 압축기로 구분하며, 송풍기는 팬(fan)과 블로워(blower)로 구분하며 팬(fan)은 $1,000 mmAq$ 미만을, 블로워(blower)는 $1,000 \sim 10,000 mmAq$로 분류하며, $10,000 mmAq$ 이상을 압축기로 분류한다(혹은 압력 상승이 $1\ kg/cm^2$ 이상인 것을 말한다).

한편 압축기의 경우 온도의 상승이 크므로 냉각방법을 고려해야지만 블로어의 압력범위에서는 보통 냉각을 고려할 필요가 없다.

1. 저압식 공기 기계

조압식 공기기계는 비압축성으로 해석한다.

① 송풍기 ② 풍차

2. 고압식 공기 기계

① 압축기 ② 진공펌프 ③ 압축 공기 기계

2) 공기 기계의 특징

1. 왕복 압축기
① 구조가 간단하며, 대형인데 비하여, 시설비가 비싸다.
② 풍량이 작고 초고압에 널리 사용되고 있다.

2. 회전 압축기
① 가스에 관계없이 압력 상승의 변화가 없다.
② 회전수가 일정해도 풍량 변화가 없다.

3. 축류 압축기
① 회전속도가 크며 최고 송출 압력은 $4\ [kg/cm^2]$ 정도이다.
② 소형 경량으로 할 수 있으며, 소음을 수반한다.

4. 축류 송풍기
① 송출 압력이 $1.1\ [kg/cm^2]$ 이상이며, 성능이 좋다.

5. 원심 송풍기
① 소음이 작고 큰 용량이다.

(3) 원심 송풍기

1) 다익 팬
① 이 회전차는 풍압이 10~100 [mmHg]에 적합하다.

② 구조는 대형이나 효율이 다익 팬보다 높다.

③ 반지름 방향 날개형의 대표적 송풍기이다.

2) 터보 팬
① 레이디얼 팬과 비슷하나 날개수가 다익 팬과 레이디얼 팬의 중간이다.

② 원심송풍기 중 가장 대형이며 효율도 가장 높다.

③ 후경사 날개형 송풍기이다.

3) 에어포일 팬(airfoil fan)
① 날개가 비행기 날개 모양으로 제작된 송풍기이다.

② 효율이 좋고 소음이 적으나 고가이다.

(4) 축류 송풍기
1. 저압, 대풍량에 적합하다.
2. 원심 송풍기에 비해 소음이 크고 효율이 낮다.
3. 프로펠러 팬은 도풍관이 없는 가장 간단한 축류 송풍기이다.

연습문제

01 왕복 압축기의 특징이 아닌 것은?
① 압력비가 낮다.
② 대풍량에 적합하다.
③ 기계적 접촉 부분이 많다.
④ 압력 변화에 따라 풍량의 변화가 없다.

02 고압식 공기 기계가 아닌 것은?
① 송풍기
② 압축기
③ 진공펌프
④ 압축 공기 기계

03 공기 기계의 설명으로서 옳지 않은 것은?
① 공기 터빈 : 회전력을 이용한 압축 공기 기계
② 송풍기 : 압력과 속도 에너지를 기계적인 에너지로 변환시키는 기계
③ 진공 펌프 : 절대 진공에 가까운 저압의 기체를 대기압까지 압축하는 기계
④ 압축 공기 기계 : 압축기에 의하여 얻은 압축공기를 동력원으로 하여 일을 하는 기계

1.
왕복 압축기의 특징
① 압력비가 높다.
② 회전 속도가 낮으며 공기탱크가 필요하다.

2.
① 저압식 공기 기계 : 송풍기, 풍차

3.
기계적 에너지를 기체에 공급, 기체를 압력 및 속도 에너지를 증가시키는 장치

정답 01 ① 02 ① 03 ②

04 풍량의 변화에 대한 축동력이 변화가 가장 큰 송풍기는?
① 다익 팬
② 한계부하 팬
③ 레이디얼 팬
④ 터보 팬

4.
축동력의 변화는 다익팬이 가장 크며 터보팬이 가장 적다.

05 원심 송풍기를 분류한 팬에 들지 않는 것은?
① 다익 팬
② 레이디얼 팬
③ 터보 팬
④ 축류 팬

5.
축류 팬은 축류 송풍기에 속한다.

06 풍량의 단위는?
① kg/m^3
② m^3/hr
③ m^3/kg
④ $kg\text{-}sec^2/m^4$

07 축류 송풍기에 관한 설명 중 틀린 것은?
① 날개수가 증가하면 비속도가 감소한다.
② 날개의 두께는 풍압·풍량에 큰 영향을 준다.
③ 날개의 설치각이 증가하면 풍량은 증가하나 효율은 변하지 않는다.
④ 원호 날개 모양의 정익은 출구 설치각이 변하여도 축동력, 소음은 변하지 않는다.

7.
축류 송풍기에서 동익의 두께는 풍압, 풍량 및 효율에 영향이 없다.

정답 04 ① 05 ④ 06 ② 07 ②

08 200~1,800 [m]의 고낙차 지점에 적용되는 수차는?

① 카플란 수차

② 펠톤 수차

③ 프로펠러 수차

④ 프란시스 수차

8.
① 프로펠러, 카플란 수차 : 3~70 [m]의 저낙차

② 프란시스 수차 : 40~600 [m]의 중낙차

09 축류 수치는 보통 어느 정도의 낙차 범위에서 사용되는가?

① 20~40 [m]

② 40~180 [m]

③ 40~600 [m]

④ 500~1,000 [m]

9.
축류 수차는 저낙차, 대유량에 적합하다.

10 사류 수차에 대한 설명이 아닌 것은?

① 반동 수차에 속한다.

② 200 [m] 이상의 중낙차에 적용된다.

③ 비교적 유량이 많은 경우에 사용된다.

④ 기본적인 구조는 축류 수차와 비슷하다.

10.
사류 수차는 40~180 [m]의 중낙차에 적용된다.

11 수차의 유효 낙차를 바르게 설명한 것은?

① 총낙차에서 도수로의 손실 수두를 뺀 것

② 총낙차에서 방수로의 손실 수두를 뺀 것

③ 총낙차에서 수압 관내의 손실 수두를 뺀 것

④ 총낙차에서 도수로, 수압관, 방수로의 손실 수두를 뺀 것

정답 08 ② 09 ① 10 ② 11 ④

12 낙차를 H[m], 유량을 Q[m2/sec], 출력을 L[PS]라 할 때 펌프의 비교 회전도 n_s를 나타낸 공식은?

① $n_s = \dfrac{n\sqrt{Q}}{H^{\frac{3}{4}}}$ ② $n_s = \dfrac{n\sqrt{L}}{H^{\frac{3}{4}}}$

③ $n_s = \dfrac{n\sqrt{Q}}{H^{\frac{5}{4}}}$ ④ $n_s = \dfrac{n\sqrt{L}}{H^{\frac{3}{4}}}$

12.
① 수차의 비교 회전도
$n_s = \dfrac{n\sqrt{L}}{H^{\frac{5}{4}}}$
② 펌프의 비교 회전도
$n_s = \dfrac{n\sqrt{Q}}{H^{\frac{3}{4}}}$

13 회전식 펌프에 속하는 것은?

① 축류 펌프   ② 사류 펌프
③ 왕복 펌프   ④ 기어 펌프

13.
회전식 펌프는 기어 펌프, 베인 펌프, 나사 펌프이다.

14 기어 펌프에 사용하는 치형 곡선은 인벌류트 곡선 외에 여러 가지 특수 치형이 사용된다. 따라서 특수 치형 곡선이 아닌 것은 어느 것인가?

① 정접(正接) 곡선   ② 트로코이드 곡선
③ 정현(正弦) 곡선   ④ 슈크로이드 곡선

15 수력 발전소에 대한 설명으로 잘못된 것은?

① 수로식 : 주로 고중 낙차의 발전소에 많이 사용된다.
② 댐식 : 주로 조석 간만의 차를 이용하여 해수의 위치 에너지로 수차로 구동시키는 방법을 말한다.
③ 댐-수로식 : 일반적으로 서징 탱크를 설치하는 것이 특징이다.
④ 펌프 양수식 : 저수지와 댐 사이에 압력 관로에 의해서 연결되어 있어 경제적으로 높은 이용가치가 있다.

15.
댐식 :
조석간만의 차는 조력 발전소이다.

정답 12 ① 13 ④ 14 ① 15 ②

16 충격 수차의 대표적인 것은?
① 카플란 수차　　② 펠톤 수차
③ 프란시스 수차　　④ 프로펠러 수차

16.
중력 수차에는 펠톤 수차, 빵끼 수차가 있다.

17 발전용 댐-수로식의 특징은 어느 것인가?
① 서징 탱크를 설치한다.
② 산간의 고층 낙차와 발전소에 많이 사용된다.
③ 하천의 상류에서 기울기가 큰 지점에 적합하다.
④ 물탱크에서 수압관을 거쳐 터빈실로 물을 유도한다.

17.
일반적으로 댐-수로식은 수로가 압력 수로가 되고 서징 탱크를 설치한다.

18 수차란 물이 지니고 있는 에너지를 무엇으로 변화하는 기계인가?
① 운동 에너지　　② 전기 에너지
③ 열 에너지　　④ 기계적 에너지

18.
수차는 물이 가지고 잇는 위치 에너지를 기계적 에너지로 전환시키는 기계이다.

19 물의 흐름이 반경류인 수차는?
① 프란시스 수차　　② 카플란 수차
③ 펠톤 수차　　④ 프로펠러 수차

19.

수 차	흐름의 방향
펠톤 수차	접 선
카플란 수차	축 류
프란시스 수차	
프로펠러 수차	축 류

20 물의 중력에 관계없이 물의 회전차를 지나는 사이에 물이 가지는 압력과 속도의 에너지를 수차에 주어서 수차를 회전시키는 수차는?
① 충격 수차　　② 중력 수차
③ 반동 수차　　④ 펠톤 수차

20.
반동 수차 : 프란시스 수차, 프로펠러 수차, 카플란 수차

정 답　16 ②　17 ①　18 ④　19 ①　20 ③

21 단동 왕복 펌프의 평균 송출량 q_{mean}과 순간 최대 송출량 q_{max}은 어떤 관계가 있는가?

① $q_{max} = q_{mean}$
② $q_{max} = \pi q_{mean}$
③ $\pi q_{max} = q_{mean}$
④ $q_{max} = \pi^2 q_{mean}$

22 왕복 펌프에 있어서 피스톤의 단면적으로 $A\,[m^2]$, 행정을 $L\,[m]$, 회전수를 $n\,[rpm]$이라 할 때 펌프의 이론 송출량 $Q_{lh}\,[m^3/\text{sec}]$를 나타낸 식은?

① $Q_{lh} = \dfrac{ALn}{60}$
② $Q_{lh} = \dfrac{1}{60}AL^2n$
③ $Q_{lh} = \dfrac{\frac{\pi}{4}D^2n}{60}$
④ $Q_{lh} = ALD^2n$

22.
$Q_{ih} = \dfrac{ALn}{60}\,[m^3/\text{sec}]$

23 공기실을 설계하기 위하여 압력 변동률은 대략 얼마 정도로 해야 하는가?

① $\beta = 0.01 \sim 0.02$
② $\beta = 0.01 \sim 0.03$
③ $\beta = 0.1 \sim 0.5$
④ $\beta = 0.5 \sim 0.7$

23.
일반적으로 압력 변동률 β는 0.01~0.03로 한다.

정답   21 ②   22 ①   23 ②

24 다음 그림은 왕복 펌프에 따른 배수 곡선을 나타낸 것으로 복동 단식형식인 것은?

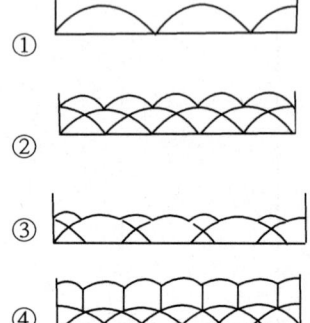

24.
② 복동 곡선(위상차 90°)
③ 단동 3연식 (위상차 120°)
④ 단동 4연식 (위상차 72°)

25 다음은 회전 펌프의 특징을 설명한 것으로서 틀린 것은?
① 밸브가 필요 없다.
② 소유량 고압의 양정에 적합하다.
③ 송출량의 맥동이 거의 없다.
④ 구조는 간단하나 취급이 어렵다.

25.
회전 펌프는 용적형으로 구조가 간단하고 취급이 편리하다.

26 나사 펌프의 특징을 설명한 것이 아닌 것은?
① 체적 효율이 비교적 좋다.
② 고속 회전이 가능하므로 소형이 되고 값이 싸다.
③ 왕복동 부분이 없으므로 흐름은 정적이고, 소음 진동이 적다.
④ 양축이 좌우 나사이므로 추력이 생기기 쉽다.

26.
양축이 좌우 나사이므로 수압이 평형되어 추력이 발생하지 않는다.

정답 24 ① 25 ④ 26 ④

27 기어 펌프의 결점이 아닌 것은?
① 효율이 낮다.
② 소음과 진동이 심하다.
③ 고점액의 수송 성능이 좋다.
④ 기름 속에 기포가 발생한다.

27.
기어펌프의 장점은 고점액의 수송성능이다.

28 베인 펌프의 특징으로서 옳지 않은 것은?
① 본질적으로 소유량의 기름 수송에 알맞다.
② 10매 정도의 베인을 가지며 송출 압력에 맥동이 적다.
③ 펌프의 구동 동력에 비하여 형상이 소형이다.
④ 베인의 선단이 마모해도 압력저하가 일어나지 않는다.

28.
베인 펌프는 대유량의 기름 수송에 적합하다.

29 축류 펌프의 날개형에서 익현 길이 l 과 익렬의 피치 t 와의 비를 무엇이라 하는가?
① 간접계수
② 항력
③ 종횡비
④ 솔리디티

29.
솔리디티(solidity)
$= \dfrac{\text{익현 길이}(l)}{\text{익렬 피치}(t)}$

30 다음 중 왕복식 펌프에 속하는 것은?
① 기어 펌프
② 베인 펌프
③ 터빈 펌프
④ 플런저 펌프

정답 27 ③ 28 ① 29 ④ 30 ④

31 왕복 펌프에 있어서 공기실의 작용은 다음 중 어느 것인가?
① 피스톤이나 플린저의 운동을 원활하게 하기 위하여
② 송출관 속의 유량을 일정하게 하기 위하여
③ 송출관 내의 공기를 한 곳에 모아 놓기 위하여
④ 액체를 저장하였다가 필요시에 대비하기 위하여

31.
왕복펌프인 피스톤이나 플린저가 송출하는 유량은 변동이 심하므로 유량을 일정하게 하기 위하여 송출관측에 공기실을 설치한다.

32 왕복 펌프의 밸브로서 구비하여야 할 조건에 해당하지 않는 것은?
① 내구성이 있을 것
② 밸브의 개폐가 정확해야 할 것
③ 누설물을 막기 위하여 밸브의 중량이 클 것
④ 물이 밸브를 지날 때의 저항을 최소한으로 할 것

33 왕복 펌프에 있어서 실제 송출 유량을 Q, 체적 효율을 η_v이라 할 때 이론 송출량 Q_{lh}을 나타낸 식은?
① $Q_{lh} = \dfrac{\eta_v}{Q}$
② $Q_{lh} = \dfrac{Q}{\eta_v}$
③ $Q_{lh} = Q\eta_v$
④ $Q_{lh} = (\eta_v - 1)Q$

33.
왕복 펌프의 체적 효율 $\eta_v = \dfrac{Q}{Q_{lh}}$ 이다.
∴ $Q_{lh} = \dfrac{Q}{\eta_v}$

34 왕복 펌프의 효율은 보통 몇 [%]인가?
① 60~65 ② 65~70
③ 70~75 ④ 77~90

정답 31 ② 32 ③ 33 ② 34 ④

35 축류 펌프의 특징이 아닌 것은?
① 유량이 매우 크고, 양정이 높은 경우에 적합하다.
② 구조가 간단하고 효율이 크면 원심 펌프보다 훨씬 크다.
③ 양수 펌프, 배수 펌프, 상하수도용 펌프 등에 사용된다.
④ 일반적으로 고속 운전에 적합하며 형태가 적다.

35.
축류 펌프는 유량이 매우 크고, 저양정에 적합하다.

36 축류 펌프에 있어서 송출관 밸브를 닫고서 시동할 때의 경우가 아닌 것은?
① 펌프를 물 없이 공운전하여 배기 만수하며 펌프를 사용한다.
② 최초 저속도로 시동 운전하고 밸브를 연 후 회전 속도를 규정 속도로 상승시킨다.
③ 저속도로 운전을 시작하여 회전 속도가 상승비율에 따라 밸브를 연다.
④ 시동시 바이패스관에 의해 방수함으로써 양정의 과도상승을 방지한다.

36.
②, ③, ④항은 송출관 밸브를 닫고 시동할 때이며, ①은 송출관 밸브를 열어 놓고 시동할 때이다.

37 축류 펌프에 대한 설명 중 옳지 않은 것은?
① 양정의 변화에 대한 유량의 변화가 적다.
② 고정익 축류 펌프와 왕복 펌프는 체질 상태로 시동할 수 있다.
③ 공동 현상은 날개의 선단 상면에서 발생한다.
④ 비속도가 작기 때문에 저양정에서도 회전 속도를 크게 할 수 있다.

37.
축류 펌프는 비속도가 크다.

정답   35 ①   36 ①   37 ④

38 다음 중 축류 펌프에 속하는 것은 어느 것인가?
① 플런저 펌프
② 기어 펌프
③ 프로펠러 펌프
④ 피스톤 펌프

38.
① 축류 펌프 : 프로펠러 펌프
② 왕복식 펌프 : 피스톤 펌프, 플런저 펌프
③ 회전 펌프 : 기어 펌프, 베인 펌프

39 축류 펌프의 날개형에 있어서 C_D를 항력 계수라고 할 때 항력 D를 나타내는 식은?

① $D = C_D \rho \dfrac{w_\infty^2}{2}$

② $D = C_D l \rho \dfrac{w_\infty}{2}$

③ $D = C_D l^2 \rho \dfrac{w_\infty^2}{2}$

④ $D = C_D l \rho \dfrac{w_\infty^2}{2}$

40 사류 펌프의 양정은 대략 어느 범위에 속하는가?
① 1~5 [m]
② 5~8 [m]
③ 10~12 [m]
④ 20~30 [m]

40.
· 축류 펌프 : 1~5 [m]
· 사류 펌프 : 5~8 [m]
· 볼류트 펌프(혼류형) : 10~12 [m]
· 터빈 펌프 : 20~30 [m]

정답 38 ③ 39 ④ 40 ②

41 다음 그림은 회전차의 형상을 표시한 것이다. 터빈 펌프에 해당되는 것은?

①   ②

③   ④

41.
① : 터빈 펌프(반경유형)
② : 볼류트 펌프(혼류형)
③ : 사류 펌프(사류형)
④ : 축류 펌프(축류형)

42 다음 중 축추력 방지법이 아닌 것은?
① 평형 원판을 사용한다.
② 회전차 축의 지름을 크게 한다.
③ 드러스트 베어링을 장치한다.
④ 양흡입형의 회전차를 사용한다.

43 원심 펌프의 연합 운전시 직렬로 연결하여 운전하면 무엇이 증가하는가?
① 유속   ② 양정
③ 유량   ④ 효율

43.
직렬로 결합한 경우는 다단 펌프로 양정이 증가하며, 병렬로 연결시키면 다연 펌프로 유량이 증가한다.

정답 41 ① 42 ② 43 ②

44 캐비테이션 방지책이 될 수 없는 것은?
① 펌프의 설치 높이를 될 수 있는 대로 낮춘다.
② 양흡입 펌프를 사용한다.
③ 펌프의 회전수를 높게 한다.
④ 압축 펌프를 사용하고, 회전차를 수중에 완전히 잠기게 한다.

44.
펌프의 회전수를 낮추어 비교 회전도를 작게 하여 속도를 적게 하고 압력을 증가시킨다.

45 다음 그림은 회전수와 양정이 일정할 때 원심 펌프의 성능 곡선이다. ②는 무슨 곡선에 해당하는가?
① 축동력 곡선
② 효율 곡선
③ 양정 곡선
④ 유량 곡선

45.
① 양정곡선
② 효율 곡선
③ 축동력 곡선

46 수동력 L_w[PS], 축동력 L[PS], 펌프의 효율 η 사이의 관계를 옳게 나타낸 식은 다음 중 어느 것인가?
① $\eta = \dfrac{L + L_w}{L}$
② $\eta = L_w \times L$
③ $\eta = \dfrac{L}{L_w}$
④ $\eta = \dfrac{L_w}{L}$

46.
효율 = $\dfrac{\text{출력}}{\text{입력}} = \dfrac{\text{수동력}}{\text{축동력}}$

정답 44 ③ 45 ② 46 ④

47 기계 효율을 η_m, 체적 효율을 η_v, 수력 효율을 η_h이라 할 때 펌프의 전효율 η를 구하는 식은?

① $\eta = \eta_m \times \eta_v \times \eta_h$

② $\eta = \eta_v \times \dfrac{\eta_m}{\eta_h}$

③ $\eta = \dfrac{\eta_m}{\eta_h \times \eta_v}$

④ $\eta = \eta_m \times \eta_v \eta_k$

47.
전효율은 각효율의 곱이다.

48 회전차 출구 속도를 u_2, 양정을 H라 할 때 양정 계수 ϕ를 나타내는 식은?

① $\phi = \dfrac{H}{u/g}$

② $\phi = \dfrac{H}{u_2{}^2/g}$

③ $\phi = \dfrac{u}{H/g}$

④ $\phi = \dfrac{g}{u \cdot H}$

49 실양정 36 [m], 총 손실 양정 6 [m]인 펌프 장치에서 전양정은 몇 [m]인가?

① 25 ② 30
③ 36 ④ 42

49.
$H = H_a + h_i = 36 + 6 + 42$ [m]

정답 47 ① 48 ② 49 ④

50 축류 펌프의 비교 회전도는 대략 어느 범위의 것에 쓰이는가?

① 120~350　　② 200~700
③ 500~1,500　　④ 1,200~2,500

50.
$n_s = 120~350$: 터빈펌프
$n_s = 200~700$: 사류형 벌류트 펌프
$n_s = 500~1,500$: 사류 펌프
$n_s = 1,200~2,500$: 축류 펌프

51 흡입 비교 회전도를 S, 비교 회전도를 n_s라고 할 때 토오마의 캐비테이션 계수 σ는 어느 것인가?

① $\sigma = \left(\dfrac{n_s}{S}\right)^{1/2}$　　② $\sigma = \left(\dfrac{n_s}{S}\right)^{1/3}$

③ $\sigma = \left(\dfrac{n_s}{S}\right)^{5/4}$　　④ $\sigma = \left(\dfrac{n_s}{S}\right)^{3/4}$

52 80 [m/sec]의 속도로 흐르는 물의 속도 수두는 약 몇 [m]인가?

① 300　　② 327
③ 430　　④ 510

52.
$h_v = \dfrac{v^2}{2g} = \dfrac{80^2}{2 \times 9.8} = 326.5[\mathrm{m}]$

53 용적식 기계에 속하는 것은?

① 회전형　　② 축류형
③ 사류형　　④ 혼류형

53.
① 용적식 기계 :
회전형, 왕복형

② 터보식 기계 :
사류형, 혼류형, 축류형

54 동력을 이용하여 물 등의 액체에 에너지를 주는 기계는?

① 공기 기계　　② 펌프
③ 수차　　④ 유압기계

정 답　50 ④　51 ④　52 ②　53 ①　54 ②

55 다음 중 특수형 펌프에 속하는 것은?

① 사류 펌프, 분사 펌프, 베인 펌프, 축류 펌프
② 볼류트 펌프, 터빈 펌프, 사류 펌프, 축류 펌프
③ 피스톤 펌프, 플런저 펌프, 기어 펌프, 베인 펌프
④ 제트 펌프, 마찰 펌프, 기포 펌프, 수격 펌프

55.
특수 펌프는 분사 펌프, 재생 펌프, 기포 펌프(air lift pump), 마찰 펌프, 제트 펌프, 수격 펌프 등이 있다.

56 원심 펌프를 케이싱에 의하여 분류한 것이 아닌 것은?

① 원통형 펌프
② 원뿔형 펌프
③ 배럴형 펌프
④ 상하 분할형 펌프

56.
케이싱에 의한 분류는 분할형, 상하분할형, 원통형, 배럴형이 있다.

57 임펠러(회전차)의 바깥둘레에 안내깃이 달린 펌프는?

① 베인 펌프
② 터빈 펌프
③ 벌류트 펌프
④ 피스톤 펌프

57.
터빈 펌프를 디퓨져 펌프라고 하며 안내깃이 있다.

58 원심 펌프의 양수 장치에 구성되어 있지 않는 것은?

① 흡입관
② 송출관
③ 게이트 밸브
④ 니들 밸브

58.
니들 밸브는 펠톤 수차 부품이다.

59 펌프 운전 중 수격 작용의 발생을 방지하기 위한 방법으로서 맞지 않는 것은?

① 관로에서 일부는 고압수를 방출한다.
② 회전체의 관성 모우먼트를 크게 한다.
③ 조압 수조(surge tank)를 관로에 설치한다.
④ 펌프 송출측에 푸트 밸브를 단다.

59.
푸트 밸브(foot valve)는 흡입측 입구에 설치해서 액체의 누설을 방지하는 밸브이며 보통 스트레이너 위에 있다.

정답 55 ④ 56 ② 57 ② 58 ④ 59 ④

60 펌프의 송출 유량이 $Q\,[m^3/\text{sec}]$, 양정이 $H\,[m]$, 액체의 비중량이 $r\,[kg/m^3]$일 때 펌프의 수동력 $L_w\,[kW]$를 구하는 식은?

① $L_w = \dfrac{rHQ}{75}$

② $L_w = \dfrac{rHQ}{102}$

③ $L_w = \dfrac{rHQ}{550}$

④ $L_w = \dfrac{rHQ}{4,500}$

60.
$L_w = \dfrac{rHQ}{102}$ [kW]

$L_w = \dfrac{rHQ}{75}$ [PS] [HP]

61 원심 펌프에서 실제적으로 날개 출구 각도 β_2는 몇 도 범위인가?

① $25° > \beta_2 > 20°$
② $30° > \beta_2 > 25°$
③ $50° > \beta_2 > 15°$
④ $60° > \beta_2 > 45°$

61.
날개 출구 각도는 대략
$25° > \beta_2 > 20°$

입구 안내깃 범위는
$50° > \beta_1 > 15°$ 정도이다

62 원판 주위에 다수의 버킷(bucket)을 노즐로부터 분출되는 분류의 충격력으로 날개차를 회전시키는 충동수차는?

① 펠턴 수차(Pelton Turbine)
② 프란시스 수차(Francis Turbine)
③ 카프란 수차(Kaplan Turbine)
④ 프로펠러 수차(Propeller Turbine)

정답 60 ② 61 ① 62 ①

CHAPTER 02 유체기기

SECTION 01 유압기기의 개요

(1) 유압이란

유압은 알맞은 성질을 가진 작동 유체(Working Fluid)를 매개체로 하여 동력원(Power Unit)으로 부터 출력된 동력을 작동유체의 압력에너지로 변환시키고 작동유체의 적절한 제어와 흐름을 통 하여 기계적으로 변환시켜서 필요한 일(Work)을 수행하는 결합체이다. 즉, 유압이란 유체역학에서 언급하는 힘과 운동량을 제어하여 동력을 전달하는 것으로서 유압을 이용한 구성품을 유압기기라고 한다.

(2) 유압시스템의 구성요소(Components of Hydraulic System)

① 동력원(Power Unit) : 전기에너지를 기계적 에너지로 변화시켜서 유압펌프를 구동시키는 전동 기와 유압유에 압력에너지를 공급하는 유압펌프로 구성된다.
② 유압제어 밸브(Hydraulic Control Valves) : 유압제어 밸브에는 펌프에서 나오는 유체의 압력 을 제어하는 압력제어, 밸브유량을 제어하는 유량제어 밸브와 방향을 제어하는 방향제어 밸브 가 있다. 즉 제어 밸브에는 압력제어 밸브, 유량제어 밸브, 방향제어 밸브의 3가지가 있다.

[유압장치 구성]

③ 유압구동기기(Hydraulic Actuator) : 유압유의 압력에너지를 기계적 에너지로 변화시켜서 필요한 일을 하는 것으로 유압모터, 유압실린더, 요동엑추에이터가 있다.
④ 부속기기(Accessories) : 유압유를 저장하는 오일탱크(Oil Tank)와 작동유체를 순환시키기 위 한 배관, 압력게이지, 축압기, 냉각기, 피트 등의 부속기기가 있다.

SECTION 02 유압의 기초지식

(1) 유체의 정의

물질은 유체(fluid)와 고체(solid)로 구분하며 유체는 액상(liquid)과 기상(gas)로 구분되나 보통 액상을 액체, 기상을 기체라고도 한다. 유체역학에서는 마찰력(전단력)으로 발생되는 물질입자의 상대변위의 크기와 흐름으로 고체와 유체를 분류한다. 즉, 고체는 마찰력(전단력)이 작용하면 비교적 작은 변형을 한 후 물질 내부의 응력(전단응력)이 외력과 평형을 이룬 상태에서 정지하지만 유체는 아무리 작은 전단력이라도 작용하면 변형을 일으키며 마찰력이 없어지지 않는 한 계속해서 변형한다(흐름발생).

따라서 유체의 정의는 다음과 같다.

"아무리 작은 마찰력(전단력)이라도 존재하면 연속적으로 변형하는 물질이다."

1) 연속체 (Continuum)

액체는 분자 간의 응집력이 기체보다 커서 분자와 분자가 서로 연결되어 있으므로 하나의 연속물질로 취급하여 액체분자의 거동을 해석할 수 있지만 기체의 분자는 무질서한 운동을 하면서 분자 상호 간에 또 용기의 벽면과 충돌한다. 이와 같이 분자운동을 하면서 기체 전체는 어떤 유동을 갖는데 대부분의 공학에서는 분자 개개의 운동보다는 유체 전체의 평균 거동을 해석한다.

즉, 유체를 하나의 등방성 질량체로 해석하여 연속체란 분자운동의 통계적 특성이 보존되는 경우이며 유체 분자 전체의 운동으로 인한 평균효과를 다루는 학문을 연속체라고 한다. 유체를 연속체로 취급할 수 있는 조건은 다음과 같다.

① 분자 간의 거리: 분자의 평균자유행로(Molecular Mean Free Path)가 문제의 대표길이(용기의 치수, 관의 지름 등)에 비해 매우 작은 경우(1%) 미만
② 충돌과 충돌 사이에 소요되는 시간: 충돌 간의 시간이 충분히 짧은 경우

2) 압축성에 따른 분류

압축성 유체(compressible fluid)
유체에 힘이나 압력이 가해졌을 때 밀도, 비체적 등의 성질의 변화를 쉽게 일으키는 유체 (예: 기체, 고속의 강제흐름)

비압축성 유체(incompressible fluid)
유체에 힘이 가해졌을 때 밀도, 비체적 등의 성질의 변화를 무시할 수 있는 유체 (예: 상온의 액체, 저속의 자유흐름)

☞ 물의 밀도가 $102\,[kg_f s^2/m^4]$, $1000\,[kg_m/m^3]$ 또는 비중량이 $1000\,[kg_f/m^3]$, $9800\,[N/m^3]$이라는 것은 상수이므로 비압축성이라는 것이고 압력이나 힘에 따라 값이 변하면 압축성 유체라고 생각하면 편리하다.

SECTION 03 유압시스템의 특징

동력전달 방식에는 유압, 전기, 공압 등의 여러 가지 방식이 있지만 각 방식마다 장단점을 충분히 고려하여 가장 적합한 방식을 선택해야 한다. 유압방식은 이들 방법 중 대동력의 전달에 적합하므로 주로 유압방식과 전기방식 혹은 공압을 조합하여 사용한다.

〈장점〉
① 소형으로 대동력의 전달이 가능하며 전달의 응답이 빠르다.
② 출력의 크기와 속도를 무단으로 간단히 제어할 수 있다.
③ 자동제어, 원격제어가 가능하다.
④ 여러 가지 움직임을 동시에 일어나게 하거나 연속운동이 가능하다.
⑤ 과부하 안전장치가 간단하다.
⑥ 가동 시의 관성이 작아 가동, 정지를 빠르게 할 수 있다.
⑦ 동력의 축척이 가능하다(어큐레이터).

〈단점〉
① 기름의 점도 변화 시 출력부의 속도가 변하기 쉽다.
② 동력전달 효율이 나빠 손실동력이 크다.
③ 배관 시 주의를 요한다.
④ 소음, 진동이 발생하기 쉽다.
⑤ 작동유의 선정 시 주의해야 한다.

(1) 유압유

1) 유압유의 역할

① 다양한 사용조건에서 동력을 정확하게 전달하여야 한다 (동력전달작용).

② 요소의 운동부분에 대한 윤활작용이 좋아야 한다 (윤활작용).

③ 유압장치에서 발생된 열을 방출하여야 한다 (냉각작용).

④ 압력을 유지하도록 유압류는 쉽게 누설되지 않아야 한다 (밀봉작용).

⑤ 유압시스템 요소에 대한 방청성, 방식성이 좋아야 한다.

2) 유압유의 조건

① 동력을 정확하게 전달하고 유압시스템의 성능이 최적인 상태로 운전될 수 있도록 적당한 점성(Viscosity)을 갖추어야 한다.

② 온도의 변화에 따른 점성의 변화가 작아야 한다. (점도지수가 커야 한다.)

③ 유동점(Pour Point)이 낮아야 한다.

④ 요소의 운동을 원활하게 하기 위하여 윤활성(Lubricity)이 좋아야 한다.

⑤ 동력의 전달이 정확하고 제어계에서 응답성을 좋게 하기 위해서 압축성(Compressibility)이 작아야 한다. (체적 탄성계수가 커야 한다.)

⑥ 장시간의 사용에 대하여 물리적·화학적 변화가 작아야 한다. 즉, 열안정성(Thermal Stability), 전단안정성(Shear Stability), 산화안정성(Oxidation Stability) 등이 좋아야 한다.

⑦ 수분 등의 불순물과 분리성이 좋고 소포성이 좋아야 한다.

⑧ 방청·방식성이 좋아야 한다.

⑨ 화기에 쉽게 연소되지 않도록 내화성(耐火性)이 좋아야 한다.(인화점, 연소점이 높아야 한다.)

⑩ 발생된 열이 쉽게 방출될 수 있도록 열전달률이 높아야 한다.

⑪ 열에 의한 유압유의 체적변화가 크지 않도록 열팽창계수가 작아야 한다.

⑫ 값이 싸고 이용도가 높아야 한다. 즉, 다시 말해서 유압유(작동유)로서 고려해야 할 사항은 밀도, 압축률, 점도, 유동점, 인화 점, 소포성, 산가, 내유화성 등이다.

4) 유압유의 성질

① 점도

㉮ 점도가 너무 높은 경우

㉠ 유압유의 내부 마찰이 증대하고 온도가 상승한다.
㉡ 에너지의 손실이 증대한다.
㉢ 관내 유동저항에 의한 압력이 상승한다.
㉣ 유압유의 유동성이 저하된다.
㉤ 기계효율이 저하한다.

㉯ 점도가 너무 낮은 경우

㉠ 유압유의 누설이 증가한다.
㉡ 윤활성능의 저하에 따라 마찰부분의 마모가 심해진다.
㉢ 유압펌프의 체적효율이 저하한다.
㉣ 필요한 압력의 발생이 곤란하므로 정확한 작동과 정밀한 제어가 어려워진다.

㉰ 점도는 온도에 따른 영향이 크기 때문에 작동유의 적정온도는 30~55°C이다.

② 점도지수 유압유의 온도 변화에 대한 점도변화의 관계를 나타내는 값을 점도지수(VI)라 한다. 점도지수가 높다는 것은 온도 변화에 따른 점도 변화의 값이 작다는 것이다.

$$VI = \frac{L-U}{L-H} \times 100$$

L : 210°F에서 시료유와 같은 점도인 VI=0인 유압유(Naphthen계 유)의 100°F에서의 점도(SSU)

H : 210°F에서 시료유와 같은 점도인 유압유(Paraffin계 유)의 100°F에서의 점도(SSU)

U : 점도지수 VI를 구하기 위한 유압유의 100°F에서의 점도(SSU)

③ 첨가제
⑦ 점도지수 향상제 : 고분자 중합체
㉯ 마찰방지제 : 에스테르류의 극성화합물
㉰ 산화방지제 : 이온화합물, 인산화합물, 아민 및 페놀화합물
㉱ 방청제 : 유기산에스테르, 지방산염, 유기인화합물
㉲ 소포제 : 실리콘유, 실리콘의 유기화합물
㉳ 유동점 강하제 : 파라핀, 유동점 강하제(결정의 성장방지)

5) 점도의 측정방법

점성계수를 측정하는 점도계로는 스토크스 법칙을 기초로한 낙구식 점도계, 하겐-포아젤의 법칙을 기초로 한 Ostwald 점도계와 세이볼트 점도계, 뉴턴의 점성법칙을 기초로 한 MacMichael 점도계와 Stomer 점도계 등이 있다.

6) 윤활유

① 윤활유의 종류
⑦ S.A.E 분류법 미국 자동차 공학협회(Society of Automotive Engineer)의 분류방법으로 분류번호가 클수록 점도가 커진다.

S.A.E(Society of Automotive Engineer) 분류 점도에 따른 분류

10, 20 ·· 점도가 묽은 오일(동계용)
30 ·· 춘추용
40 ·· 점도가 높은 오일(하계용)

② A.P.I 분류법과 S.A.E 신분류법

㉮ 미국석유협회(American Petroleum Gas Institite)

구분	S.A.E 신분류	A.P.I 구분류	사용도
가솔린	SA	ML	경화중, 보통 운전조건
	SB	MM	중하중
	SC, SD	MS	가장 가혹한 조건 시(중화중 고속회전)
디젤기관	CA	DG	경부하 조건에 사용(유화분이 적은 연료)
	CB, CC	DM	중간부하
	CD	DS	가장 가혹한 조건 시 사용 (고온, 고부하, 장시간)

■ API 신분류

(가솔린) SJ > SK > SL > SM > SN(최신)

(디 젤) CH-4 > CL-4 > CJ-4(최신)

4 = 4 cycle

㉕ 기타 용어(유압적용)

에어레이션(Airation)	공기가 유압유에 미세한 기포로 혼입되어 있는 상태
플레싱(Flashing)	작동유를 새로운 오일로 교환하는 작업
채터링	릴리프 밸브 등으로 밸브시트를 두들겨서 비교적 높은 음을 발생시키는 일종의 자력진동(自力 振動)현상
점핑	유량제어밸브(압력보상 붙이)에서 유체가 흐르기 시작할 때 유량이 과도적으로 설정값을 넘어서는 현상
정격압력	연속하여 사용할 수 있는 최고 압력
정격유량	일정한 조건하에서 정해진 보증 유량
유압(동력)원	▶—
공기압(동력)원	▷—
전동기	Ⓜ=
원동기	[M]=

(2) 유압펌프(Hydraulic Pump)

1) 유압펌프란 전동기나 내연기관 등의 원동기로부터 공급받은 기계적 에너지(축토크)를 밀폐된 케이싱(Casing) 내에서 회전차(Rotor)의 회전이나 실린더(Cylinder) 내에서 피스톤의 왕복운동에 의해 기계적 에너지를 유압유의 압력에너지로 변환시키는 기능을 한다.

2) 성능상의 분류

① 용적형 펌프(Hydrostatics Pump : 정적펌프) 입구부와 출구부가 분리되어 토출량이 일정하고 기계 제어에 이용된다. 즉, Pump의 구동회전수에 결정하는 토출량이 부하 압력에 관계없이 일정하기 때문에 동력원으로 이용된다.

② 비용적형 펌프(Hydrodynamics Pump : 동적펌프) 입구부와 출구부가 통해 있어 토출량이 변화하는 펌프로서 유체수송용으로 이용된다. 즉, 펌프의 구동회전수에 결정되는 토출량이 부하 압력에 따라 변한다.

③ 펌프의 종류 구분

3) 용적식 펌프

① 기어펌프:

케이싱 안에서 물리는 두 개 이상의 기어에 의하여 액체를 흡입쪽으로부터 토출쪽으로 밀 어내는 형식의 펌프이다.

㉮ 장단점

㉠ 장점 : 구조가 간단하고 운전보수가 용이하며 가격이 저렴하다.

㉡ 단점 : 정토출량이며 저압·소토출량이다.

[기어펌프]

㉔ 폐입현상 두 개의 이가 동시에 접촉하는 경우에 두 점 사이의 밀폐공간에 유체가 유입되고 밀폐 된 공간은 흡입구나 송출구로 통하지 않으며 폐입된 유체의 압력이 밀폐용적의 변화에 의하여 변화하는데, 이러한 현상을 폐입현상(Trapping)이라 한다. 폐입용적의 변화를 그대로 두면 유체의 압축, 팽창이 반복되고 압력의 변화에 의하여 베어링의 하중의 증 대, 기어의 진동, 소음 등의 원인이 된다. 제거방법은 케이싱 측벽이나 측판에 릴리프 토출용 홈을 만들거나 전위기어를 사용한다.

[폐입현상과 용적변화]

㉕ 기어 펌프의 송출유량 외접현 기어 펌프의 1회전 토출유량(Displacement)은 다음과 같다.

$$D_p = \frac{\pi}{4}(d_u^2 - d_d^2) \cdot b$$

여기서, D_u: 이끝원의 지름 D_d: 이뿌리원의 지름

b: 기어 이의 폭

그러므로 단위시간당 이론적 송출량 Q_{th}은 다음과 같다.

$$Q_{th} = \frac{\pi(D_u^2 - D_d^2)}{4}bN$$

여기서, $D\left(=\dfrac{D_u + D_d}{2}\right)$: 기어의 피치원지름

Z : 잇수

$m(=D/Z)$: 모듈(Module)

이라 놓으면 다음과 같이 구할 수 있다.

$$Q_{th} = 2\pi m^2 Zb N \text{ (무부하유량)}$$

$$Q_{th} = 2\pi m^2 Zb N\eta \text{ (부하유량)}$$

공기혼입	액체에 공기가 아주 작은 기포 상태로 섞여져 있는 현상	Airation
공동현상	유동하고 있는 액체의 압력이 국부적으로 저하되어, 포화 증기압 또는 공기 분리압에 달하여 증기를 발생시키거나 또는 용해 공기 등이 분리되어 기포를 일으키는 현상, 이것들이 흐르면서 터지게 되면 국부적으로 초고압이 생겨 소음 등을 발생시키는 경우가 많다.	Cavitation

② 베인펌프:

베인을 사용하여 체적의 증감을 이용하여 액체를 송출하는 펌프

㉮ 장점 및 단점

㉠ 장점
- 적당한 입력포트, 캠링을 사용하므로 송출 압력에 맥동이 작다.
- 펌프의 구동동력에 비하여 형상이 소형이다.
- 베인의 선단이 마모되어도 압력저하가 일어나지 않는다.
- 비교적 고장이 적고 보수가 용이하다.
- 가변 토출량형으로 제작이 가능하다.

㉡ 단점
- 베인, 로더, 캠링 등이 접촉 활동을 하므로 공작 정도를 높게 해야 하고 좋은 재료를 선택할 필요가 있다.
- 사용 유압유의 점성계수, 청결도 등에 세심한 주의가 필요하다.
- 부품수가 많고 가공도가 높아서 고가이다.
- 베인과 캠링의 접촉으로 가공 정도를 높게 하고, 양질의 재료를 선택해야 한다.

㉯ 분류

㉠ 로터 주위의 압력분포에 의한 분류 압력 평형형과 압력 비평형형으로 나뉜다.

(a) 압력 평형 베인 펌프　　　(b) 압력 비평형 베인 펌프

[베인펌프]

㉯ **송출유량**

㉠ 비평형형 베인펌프

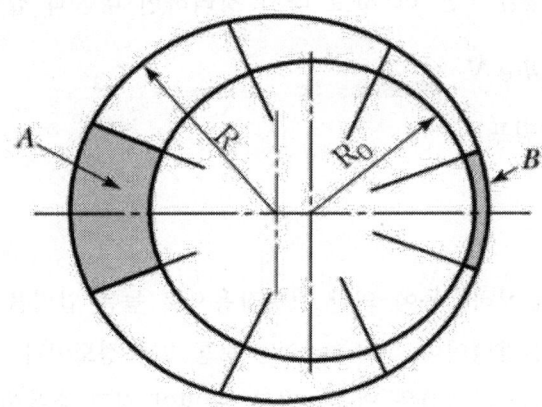

비평형형 베인펌프의 1회전당 배제 용적(V_{lk})은 다음과 같다.

$$V_{lk} = Z(V_A - V_B)$$

여기서, Z : 깃의 수

V_A와 V_B : 캠링과 깃 사이의 배제되는 유체의 용적

그리고 V_A와 V_B는 다음과 같이 설계된다.

$$V_A = b\left[\frac{1}{Z}\pi(R+e) - \pi R_0^2 - (R+e-R_0)t\right]$$

$$V_A = b\left[\frac{1}{Z}\pi(R-e)^2 - \pi R_0^2 - (R-e-R_0)t\right]$$

여기서, R : 캠링의 내경에 대한 반지름

R_0 : 로터의 반지름

b : 로터의 폭

e : 편심량

t : 두께

간단하게 정리하면 배제 용적은 다음과 같다.

$$V_{lk} = 2eb(2\pi R - Z_t)$$

이때 이론송출량(Q_{lk})은 다음과 같이 정리된다.

$$Q_{lk} = V_{lk} \cdot N = 2eb(2\pi R - Zt) \cdot N$$

위 식에서 $2R = D$ 라 하고 다시 정리하면 다음과 같다.

$$Q_{lk} = 2\pi DbeN$$

③ 피스톤 펌프

㉮ 특징

　㉠ 장점

　　• 피스톤의 상하운동에 의한 펌핑작용으로 높은 압력을 발생한다.
　　• 가변 토출량형이며, 피스톤 수는 보통 9개 정도이다.
　　• 고효율(85~95[%])을 낼 수 있고, 수명이 길고 소음이 작다.

　㉡ 단점 구조가 복잡하여 제작단가가 높다.

　㉢ 사용규격

　　• 압력 : 140~350kgf/cm^2
　　• 토출량 : 2~1350l/min

㉯ 분류

㉠ 레이디얼 피스톤 펌프(Radial Piston Pump)
- 로터가 축을 중심으로 회전하면서 그 반경방향으로 삽입된 플런저(피스톤)가 왕 복운동으로 펌핑 작용을 한다.
- 실린더블록(Cylinder Block)의 회전, 비회전에 의한 분류 : 회전실린더형과 고정실린더형
- 배제용적의 가변기구의 유무에 의한 분류 : 정용량형과 가변용량형

㉡ 엑시얼 피스톤 펌프(Exial Piston Pump)
- 여러 개의 피스톤이 동일원주상의 축방향에 평형하게 배열된 펌프이다.
- 피스톤에 왕복운동을 주는 기구에 의한 분류 : 경사판식과 경사축식
 - 사축식 : 사축식 경사에 의하여 왕복운동이 일어난다.
 - 사판식 : 사판캠의 경사각에 의하여 왕복운동을 하며 진동에 대한 안정성이 좋으나 사축식에 비해 구조가 복잡하다.
- 배제용적의 가변기구 유무에 의한 분류 : 정용량형과 가변용량형
- 실린더의 회전, 비회전에 의한 분류 : 회전실린더형과 고정실린더형

(a) 경사판식 플런저펌프 (b) 경사축식 플런저펌프

[엑시얼 피스톤 펌프]

㉢ 가변용량형 펌프, 모터의 제어A방식
- 출력 일정 제어 방식 – 가장 많이 이용함
- 일정 압력 유지 제어 방식
- 일정 유량 유지 제어 방식
- 외부 파일럿 제어 방식
- 전동 제어

- 수동 제어
- 기계식 제어

④ 나사펌프

㉮ 특징

㉠ 장점
- 송출유가 연속 이송이 되어 진동이나 소음을 동반하지 않고 고속운동에서도 매우 조용하다(대용량에 적합)
- 나사가 맞물려 회전하면 유체를 폐입한 부분이 축방향으로 이동하면서 연속적으로 펌핑작용을 한다.

[나사펌프]

㉡ 단점

축방향으로 하중이 걸리므로 설계 시 추력을 고려해야 한다.

㉢ 사용규격
- 최고압력 : $175 kg_f/cm^2$
- 용량 : $2 \sim 900 l/min$

㉯ 송출유량

$Q_{lk} = ApN$

여기서, A : 송유단면적, p : 나사의 피치, N : 회전수

⑤ 펌프의 연결방식

㉮ 다단 펌프 동일축상에 2개 펌프 작용 요소를 가지며, 제각기 독립하여 펌프 작용을 하는 형식의 펌프로서 2개 이상의 펌프를 직렬로 연결하는 것으로 부하를 균일하게 할 때 사용한다.

㉯ 다연 펌프 2개 이상의 펌프를 동일축으로 구동시키며 각각이 독립된 펌프 작용을 하는 펌프에서 고압과 저압을 동시에 사용하고자 할 때 사용한다. 고압축에 R형 펌프 저압축에 기어 펌프를 조합시킨 고저압 2연 펌프이다.

㉰ 복합 펌프 동일 케이싱 속에 2개 이상의 펌프의 작용 요소를 가지며, 부하의 상태에 따라서 각 요소의 운전을 상호 관련시켜 제어하는 기능을 가지는 펌프로서 부하의 상태에 따라 펌프를 운전한다.

(a) 다연펌프

(b) 복합펌프

[펌프 연결 방식]

(3) 동력과 효율

1) 동력

① 축동력(Shaft Power) 유압펌프가 전동기로부터 받아들인 단위 시간당 기계적 에너지를 말한다.

② 유동력(Oil Power) 유압유가 유압펌프로부터 얻은 동력이다.

$$L_P = \rho Q kg_f m/\sec$$

동력 : $\gamma QH \rightarrow 1\,HP = 75\,kg_f m/s$

$$1[kW] = 102\,kg_f m/s$$

펌프동력(L_p) : 실제로 펌프에서 기름에 전달되는 동력

$$L_P = \frac{PQ_\alpha}{75}ps = \frac{PQ_\alpha}{102}kW$$

P : 실제 송출 압력(kg_f/m^2)

Q_α : 실제 송출 유량(m^3/s)

펌프 축동력(L_s) : 펌프로 운전하는데 필요한 동력

$$L_P = \frac{PQ_\alpha}{75\eta}[ps] = \frac{PQ_\alpha}{102}kW$$

이론동력(L_{th}) : 펌프 내부의 누설손실이 전혀 없을 때의 동력

$$L_{th} = \frac{PQ_{th}}{75}ps = \frac{PQ_{th}}{102}kW$$

2) 효율

① 체적 효율(Volumetric Efficiency)

유압펌프로 유입되는 이론적 유량과 펌프로부터 송출되는 실제유량의 비를 말한다.

$$\eta_v = \frac{Q}{Q_{th}} = 1 - \frac{\triangle Q}{Q_{th}}$$

$$\triangle Q = C_s V_{th} \frac{\triangle p}{\mu}$$ C_s : 무차원의 누설 계수

② **토크 효율**(Torque Efficiency)

유압펌프의 축이 작용하는 이론적 토크와 실제로 작용하는 토크와의 비를 말한다.

$$\eta_T = \frac{T_{th}}{T} = \frac{T_{th}}{T_{th} + \triangle T}$$

③ **기계 효율**(Mechanical Efficiency)

축동력과 이론동력의 비이다.

$$\eta_m = \frac{L_{th}}{L}$$

$$\eta_m = \frac{L_{th}}{L} = \frac{T_{th}}{T} = \eta_m$$

④ **전 효율**(Total Efficiency)

유압펌프가 축을 통하여 받은 축동력과 유압유에 준 유동력의 비이다.

$$\eta = \frac{L_o}{L}$$

$$\eta = \eta_v \, \eta_T = \eta_p \, \eta_m$$

(4) 유압펌프의 고장원인

1) 펌프에서 유압유가 나오지 않는 경우

① 펌프의 회전방향과 원동기의 회전방향이 다른 경우

② 유압유가 탱크 내에서 유면이 기준 이하로 내려가 있는 경우

③ 흡입관이 막히거나 공기가 흡입되고 있는 경우

④ 펌프의 회전수가 너무 작은 경우

⑤ 유압유의 점도가 너무 큰 경우

⑥ 여과기(Strainer)가 막혀 있는 경우

2) 설정된 압력이 형성되지 않는 경우
① 릴리프 밸브의 설정압이 잘못되었거나 작동불량인 경우
② 유압회로 중 실린더 및 밸브에서 누설이 되고 있는 경우
③ 펌프 내부의 고장에 의해 압력이 새고 있는 경우

3) 펌프가 소음을 내는 경우
① 펌프의 회전이 너무 빠른 경우
② 유압유의 점도가 너무 큰 경우
③ 여과기가 너무 작은 경우
④ 흡입관이 막혀 있는 경우
⑤ 유중에 기포가 있는 경우
⑥ 흡입관의 접합부에서 공기를 빨아들이는 경우
⑦ 펌프축과 원동기축의 중심이 맞지 않는 경우

4) 펌프의 외부로 유압유가 누설되는 경우
① 실(Seal)과 패킹(Packing)이 마모 또는 파손된 경우
② 펌프 접합부의 볼트가 풀려진 경우

(5) 유압펌프의 소음 절감방법
① 펌프 내부의 급격한 압력 변화를 주지 않는다.
② 맥동을 흡수하기 위해 펌프출구에 머플러를 설치한다.
③ 방진고무를 설치한다.
④ 송출 관로의 일부에 고무호스를 설치한다.
⑤ 공동 현상이 일어나지 않도록 한다.

(6) 기타 용어
① 유효 차압 : 입구측과 출구측의 압력차가 1기압일 때의 압력
② 토크 정수 : 유효 차압이 가해졌을 때 발생하는 출력 토크
③ 정격성능 : 심한 수명저하를 가져오지 않는 범위에서 연속 운전이 가능한 한계치

SECTION 04 유압제어 밸브
(Hydraulic Control Valve)

(1) 개요(Introduction)

유압작동기가 필요한 일을 정확하게 하기 위해서는 유압유의 유량, 압력, 흐름의 방향을 제어해야 한다. 이와 같이 유압을 필요한 목적에 맞도록 제어하기 위하여 사용되는 기기를 유압제어 밸브라 한다.

(2) 유압제어 밸브의 분류(Types of Hydraulic Control Valve)

1) 기능상 분류

① 압력제어 밸브(Pressure Control Valve) : 압력 일정 유지. 최고압력을 제한한다.

② 방향제어 밸브(Directional Control Valve) : 유로차단, 연결 그리고 변환한다.

③ 유량제어 밸브(Flow Control Valve) : 유압 작동기의 운동속도를 제어한다.

2) 구조상의 분류

① 시트밸브 － 볼밸브 : 볼의 방향을 제어하여 흐름방향 전환
　　　　　　 － 포펫밸브 : 볼을 이용하여 흐름의 방향 및 양을 조절

② 슬라이드밸브 － 스풀밸브 : 스풀이 왕복 이동하여 유로를 개폐
　　　　　　　　 － 회전밸브 : 스풀이 회전 이동하여 유로를 개폐

3) 밸브의 제어방법에 따른 분류

① 밸브에 레버를 부착하여 작동시키는 수동적인 방법

② 전기·전자적인 신호에 의한 전자력에 의한 방법

③ 유·공압을 이용한 자동적인 방법

4) 조작방식상의 분류

① 수동조작 밸브(Manually Operated Valve) 스풀(Spool) 끝단에 레버, 페달 등을 접속하여 인력에 의하여 스풀 등을 이동시켜서 조작하는 형식의 밸브이다.

② 기계조작 밸브(Mechanical Operated Valve) 기계조작 밸브는 캠(Cam), 링크(Link)와 같은 기계적인 조작기구로서 밸브를 조작하는 밸브이다.

③ 파일럿조작 밸브(Pilot Operated Valve) 유압의 힘을 이용하여 파일럿라인에 유압을 공급하여 스풀이 이동함으로써 밸브를 제어하는 방법으로서 큰 조작력이 얻어지는 점에서 대용량의 밸브에 적합하다.

④ 전자조작 밸브(Solenoid Operated Valve) 유압제어 밸브에 전기적인 신호를 입력하여 전자입력으로 솔레노이드(Solenoid)를 움직여서 밸브의 스풀을 조작하는 전자변환 밸브이다.

5) 유압기호 및 기능요소와 접속구

① 기호요소

〈기호요소〉

명칭	기호	용도
선, 실선	———	(1) 주관로(귀한관로 포함) (2) 파일럿 밸브에의 공급관로 (3) 전기신호선
파선	- - - - -	(1) 파일럿 조작관로 (2) 드레인 관로 (3) 필터 (4) 밸브의과도위치
1점 쇄선	—·—·—·—	포위선 (2개 이상의 기능을 갖는 유닛을 나타내는 포위선)
복선	$\frac{1}{5}l$	기계적 결함
원, 대원	l ◯	에너지 변환기기 (펌프, 압축기, 전동기 등)
중간원	$\frac{1}{2} \sim \frac{3}{4}l$	(1) 계측기 (2) 회전이음
소원	$\frac{1}{4} \sim \frac{1}{3}l$	(1) 체크밸브 (2) 링크 (3) 롤러(중앙에 점을 찍는다).
점	$\frac{1}{8} \sim \frac{1}{5}l$	(1) 관로의 접속 (2) 롤러의 축
반원	l	회전 각도가 제한을 받는 펌프 또는 액추에이터

모양	그림	용도
정사각형	(그림: 정사각형, 변 l)	(1) 제어기기 (2) 전동기 이외의 원동기
	(그림: 마름모, 변 l)	유체 조정기기 (필터, 드레인 분리기, 주유기, 열교환기 등)
	(그림: 작은 정사각형, $\frac{1}{2}l \times \frac{1}{2}l$)	(1) 실린더 내의 쿠션 (2) 어큐뮬레이터 내의 추
직사각형	(그림: 직사각형, $m \times l$)	(1) 실린더 (2) 밸브
	(그림: 세로 직사각형, l)	피스톤
	(그림: 가로 직사각형, $m \times \frac{1}{2}l$)	특정의 조작방법
기타, 요형(대)	(그림: 요(凹)형 대, m, $\frac{1}{2}l$)	유압유 탱크(통기식)
요형(소)	(그림: 요(凹)형 소, $\frac{1}{2}l$, $\frac{1}{4}l$)	유압유 탱크(통기식)의 국소 표시
캡슐형	(그림: 캡슐형, $2l \times l$)	(1) 유압유 탱크(밀폐식) (2) 공기압 탱크 (3) 어큐뮬레이터 (4) 보조가스용기

② 기능요소와 접속구

〈기능요소와 접속구〉

명칭	기호	용도
정삼각형	■ 유체 에너지의 방향 ■ 유체의 종류 ■ 에너지원의 표시	
흑	▶	유압
백	▷	공기압 또는 기타의 기체압
화살표 표시 직선 또는 사선	↗ ↑ ↕	(1) 직선 운동 (2) 밸브 내의 유체의 경로와 방향 (3) 열류의 방향
곡선		회전 운동
사선	↗	가변조작 또는 조정수단
접속		
교차 (·접속하고 있지 않음)		
처짐 관로 (·호스)		

공기구멍	· 연속적으로 공기를 빼는 경우 · 어느 시기에 공기를 빼고 나머지 시간은 닫아놓는 경우 · 필요에 따라 체크 기구를 조작하여 공기를 빼는 경우	
배기구 (· 공기압 전용)	(· 접속구가 없는 경우) (· 접속구가 있는 경우)	
급속이음	(· 체크밸브 없음) (· 체크밸브 붙이(셀프실이음))	
회전이음 1관로 3관로	(· 스위블 조인트 및 로터리 조인트) (1방향 회전) (2방향 회전)	

6) 조작 기구와 기기의 관계

① 단일 조작기구와 기기의 관계

㉮ 밸브의 조작기호는 조작하는 기호요소에 접하는 임의의 위치에 써도 좋다.

㉯ 가변기기의 가변조작을 나타내는 화살표는, 조작기호와 관련되어 있으면 늘리거나 구부 려도 좋다.

㉰ 2방향 조작의 조작요소가 실제로 하나인 경우에는, 조작기호는 원칙적으로 하나 밖에 쓰지 않는다.

㉱ 복동 솔레노이드로 조작되는 밸브의 기호에서, 전기신호와 밸브의 상태와의 관계를 명 확히 할 필요가 있는 경우에는, 복동 솔레노이드의 기호를 사용하지 않고 2개의 단동 솔레노이드의 기호를 사용하여 그린다.

 전기신호와의 관계를 나타낼 필요가 없는 경우

 전기신호와의 관계를 나타낼 필요가 있는경우

② **복합 조작기구와 기기의 관계**

㉮ 1방향 조작의 조작기호는 조작하는 기호요소에 인접해서 쓴다.

㉯ 3개 이상 스풀의 위치를 갖는 밸브의 중립위치의 조작은, 중립위치를 나타내는 직4각형 의 경계선을 위 또는 아래로 연장하고, 여기에 적절한 조작기호를 기입함으로써, 명확 히 할 수가 있다.

㉰ 3위치 밸브의 중앙위치 조작기호는, 외측 직4각형의 양쪽 끝 면에 기입해도 좋다.

㉱ 프레셔센터의 중앙위치의 조작기호는, 기능요소의 정3각형을 사용하여 나타내고, 외측 의 직4각형 양쪽 끝 면에 3각형의 정점이 접하도록 그린다.

㉲ 간접 파일럿 조작기기의 내부 파일럿과 내부 드레인 관로의 표시는, 간략기호에서 생략한다.

㈎ 간접 파일럿 조작기기에 1개의 외부 파일럿 포트와 1개의 외부 드레인포트가 있는 경우 의 관로 표시는 간략기호에서는 한쪽 끝에만 표시한다. 단, 이외에 다른 외부 파일럿과 외부 드레인포트가 있는 경우에는 이것을 다른 끝에 표시한다. 또한, 기기에 표시하는 기호는 모든 외부 접속구를 표시할 필요가 있다.

㈏ 선택 조작의 조작기호는 나란히 병렬로 표시하거나, 필요에 따라 직사각형의 경계선을 연장하여 표시하여도 좋다.

<조작방식>

명칭	기호	비고
인력조작		조작방법을 지시하지 않은 경우 또는 조작 방향의 수를 특별히 지정하지 않은 경우의 일반 기호
누름조작		1방향 조작
당김버튼		1방향 조작
누름당김버튼		2방향 조작
레버		2방향 조작(회전운동을 포함)
페달		1방향 조작(회전운동을 포함)
2방향 페달		2방향 조작(회전운동을 포함)
기계조작		화살표는 유효조작 방향을 나타낸다. 기입을 생략하여도 좋다.
플런저		1방향 조작
가변행정 제한기구		2방향 조작
스프링		1방향 조작
롤러		2방향 조작
편측자동 롤러		1방향 조작

전기조작 직선형 전기 액추에이터		솔레노이드, 토크모터 등
단동 솔레노이드		1방향 조작 사선은 우측으로 비스듬히 그려도 좋다.
복동 솔레노이드		2방향 조작 사선은 위로 넓어져도 좋다.
단동 가변식 전자 액추에이터		1방향 조작 비례식 솔레노이드, 포스모터 등
복동 가변식 전자 액추에이터		2방향 조작 토크모터
회전형 전기 액추에이터		2방향 조작 전동기
파일럿 조작 압력을 가하여 조작하는 방식		· 수압면적이 상이한 경우 필요에 따라 면적비를 나타내는 숫자를 직4각형 속에 기입한다.
직접 파일럿 조작		
내부 파일럿		· 조작유로는 기기의 내부에 있음
외부 파일럿		
간접 파일럿 조작		· 조작유로는 기기의 외부에 있음

유압 파일럿		· 외부 파일럿 · 1차 조작 없음
유압2단 파일럿		· 내부 파일럿, 내부 드레인 · 1차 조작 없음
공기압 · 유압 파일럿		· 외부 공기압 파일럿, 　내부 유압 파일럿, 외부 드레인 · 1차 조작 없음
전자 · 공기압 파일럿		· 단동 솔레노이드에 의한 　1차 조작 붙이 · 내부 파일럿
전자 · 유압 파일럿		· 단동 솔레노이드에 의한 　1차 조작 붙이 · 외부 파일럿, 내부 드레인
압력을 빼내어 조작하는 방식		· 내부 파일럿, 내부 드레인 · 1차 조작 없음
유압 파일럿		· 외부 파일럿 · 원격조작용 벤트포트
전자 · 유압 파일럿		· 단동 솔레노이드에 의한 　1차 조작 붙이 · 외부 파일럿, 외부 드레인
파일럿 작동형 압력 제어밸브		· 압력조정용 스프링 붙이 · 외부 드레인 · 원격조작용 벤트포트 붙이
파일럿 작동형 비례 전자식 압력제어 밸브		· 단동 비례식 액추에이터
피드백 전기식 피드백		· 일반기호 · 전위차계, 차동 변압기 등의 　위치검출기

(5) 유체 조정기기 및 기타 기기

〈유체조정기기〉

명칭	기호	
필터	(1) 일반 기호	◇
	(2) 자석 붙이	※—◇—
	(3) 눈막힘 표시기 붙이	⊗ 위의 ◇
드레인 배출기	(1) 수동 배출	※ ◇
	(2) 자동 배출	※ ◇
드레인 배출기 붙이 필터	(1) 수동 배출	◇
	(2) 자동 배출	◇
기름분무 분리기	(1) 수동 배출	※ ◇
	(2) 자동 배출	※ ◇
에어드라이어		※ ◇
루브리케이터		※ ◇
열교환기 냉각기	(1) 냉각액용 관로를 표시하지 않는 경우 ◇ (2) 냉각액용 관로를 표시하는 경우 ◇	
가열기		◇
온도 조절기	가열 및 냉각	◇

〈보조기기〉

명칭	기호	비고
압력 계측기 압력 표시기		계측은 되지 않고 단지 지시만 하는 표시기
압력계		
차압계		
유면계		평행선은 수평으로 표시
온도계		
유량 계측기 검류기		
유량계		
적산 유량계		
회전 속도계		
토크계		
압력 스위치	(오해의 염려가 없는 경우에는 다음과 같이 표시하여도 좋다.)	
리밋 스위치	(오해의 염려가 없는 경우에는 다음과 같이 표시하여도 좋다.)	
아날로그 변환기	(・공기압)	

소음기	(·공기압) ※ ─⊏═╗─	
경음기	(·공기압용) ※ ─□)))	
마그넷 세퍼레이터	※ ▭	

(3) 압력제어 밸브 (Pressure Control Valve)

- 회로 내의 압력을 설정압력 이하로 유지하는 밸브 릴리프 밸브(Relief Valve), 감압 밸브(Reducing Valve)
- 회로 내의 압력이 설정치에 달하면 회로를 전환시키는 밸브 순차작동 밸브(Sequence Valve), 무부하 밸브(Unloading Valve), 카운터밸런스 밸브(Counter Balance Valve), 압력스위치(Pressure Switch)

1) 릴리프 밸브(Relief Valve)

유압펌프에서 작동유의 압력이 규정압력보다 높아지는 경우에 유압기기에 무리가 따르는데 이것을 보호하기 위하여 유압회로 내의 압력을 설정된 압력 이하로 제한시켜주는 밸브이다.

① 릴리프 밸브의 구조

[직동형 릴리프 밸브]

② 채터링 현상(Chattering)

피스톤이 회로압력에 의하여 열리기 시작하면 피스톤 하부의 압력이 갑자기 저하되므로 피스톤은 급속히 스프링의 힘에 의하여 닫히게 된다. 그러면 회로압력이 상승되어 피스톤 은 다시 열리고 또 닫히는 작동이 연속적으로 반복되면서 심한 진동과 소음이 발생하는데, 이러한 현상을 채터링 현상(Chattering)이라 한다.

2) 감압밸브(Pressure Reducing Valve)

유압회로의 일부를 유압시스템의 주릴리프 밸브의 설정압력보다 저압으로 사용하고자 할 때 사용하는 밸브로서 상시 개방되어 있어서 흡입구의 1차 측 주회로에서 토출구의 2차 측 유압 회로에 유압유가 흐른다. 2차 측의 압력이 감압밸브의 설정압력보다 높아지면 밸브는 유압유 의 유로가 닫히도록 작동한다. 감압밸브에서 스풀(Spool)은 흡입구측 압력의 영향을 받지 않고 토출구측 압력만으로 작동하도록 되어 있다.

① 감압밸브의 구조

[직동형 감압밸브]

3) 무부하 밸브(Unloading Valve)

유압회로 내에서는 항상 릴리프 밸브에서 설정된 압력이 필요한 것은 아니므로 회로 내의 압 력이 일정한 압력에 달하면 유압유를 유압펌프로부터 직접 오일탱크로 귀환시키면서 펌프를 무부하 상태로 만들고 회로압력이 일정한 압력까지 낮아지면 다시 회로에 압력을 형성시켜주는 것이 바람직하며, 이러한 역할을 하는 밸브가 무부하밸브(Unloading Valve)이다.

① 무부하 밸브의 설치목적

동력의 절감과 유압유의 온도상승을 막기 위한 것이 주목적이다.

② 무부하 밸브의 구조

4) 순차작동 밸브(Sequence Valve)

주회로의 압력을 일정하게 유지하면서 분기회로의 압력을 조절하여 2개 이상의 작동기를 순차 적으로 작동시키기 위하여 사용되는 밸브이다.

① 순차작동 밸브의 구조

5) 카운터 밸런스 밸브(Counter Balance Valve)

유압회로의 한 방향의 흐름에 대해서는 설정된 배압이 형성되고 다른 방향의 흐름은 체크밸브 를 설치하여 만든 밸브이며 유압작동기와 탱크로 가는 귀환 유로 사이에 설치한다. 이 구조와 작동원리는 순차작동밸브와 유사하다. 카운터 밸런스 밸브의 특징은 유압작동기에 걸려 있는 부하가 급격히 제거되었을 때 그 자중이나 관성력으로 인하여 작동기의 제어가 불가능한 상태 가 되는 것을 방지하기 위하여 시스템 내에 배압을 형성하여 작동기의 운동속도를 제어하는 역할을 한다.

① 카운터 밸런스 밸브의 구조

6) 압력스위치(Pressure Switch)

유압시스템의 압력이 설정압력에 도달하였을 때 시스템의 전기회로에 신호를 보내서 전기적 인 신호가 다음 일을 수행하게 하는 역할을 하는 전환 스위치이다.

① 압력스위치를 이용한 회로의 예

[압력스위치 기호]

7) 압력제어밸브의 고장원인

① 유압유 중의 먼지나 공기로 인하여 밸브의 작동이 불안정하게 된다. 주물의 모래 등이 밸브 시트에 끼이면 밸브의 압력 변동이 발생하며 먼지가 드레인 구멍 및 오리피스를 막으면 밸 브는 작동불량이 된다.
② 스프링의 피로로 작용력이 약해지면 설정압력이 형성되지 않아서 작동이 불량해질 가능성 도 있다.
③ 밸브 내의 포트와 스풀 사이의 틈새가 커지면 누설이 많아져서 밸브의 성능이 저하된다.
④ 밸브의 설정압력보다 너무 높으면 회로의 효율이 나빠지고 사용목적을 달성할 수 없으므로 밸브 용량에 알맞은 설정압력을 선정해야 한다.

〈압력 제어 밸브〉

밸브의 종류	특징	기호
릴리프 밸브	1차압을 일정하게 유지하기 위해 여분의 기름을 빼 돌리는 안전 밸브이다. 직동형과 밸런스 피스톤형이 있다.	
감압 밸브	2차압을 희망하는 압력으로 유지하기 위해 여분의 기름을 통과시키지 않는 밸브이다.	
시퀀스 밸브	1차압이 정해진 압력에 도달하면 밸브를 통해 2차측 회로에 들어가고 다음 동작이 행해지는 순서 제어 밸브이다. 언로드 밸브와 다른 점은 2차측이 접속 되어 있는 점이다.	
카운터 밸러스 밸브	1방향의 흐름에는 정해진 배압을 주고 역방향의 흐름에는 자유 흐름이 되는 밸브로서 반드시 체크 밸브가 부착되고 드레인은 내부 방식이다.	
언로드 밸브	정해진 압력에 도달하면 전유량을 탱크에 되돌리는 밸브이다.	

Part 01 유체기계 및 유압기기-유압기기 87

(4) 유량제어 밸브(Flow Control Valve)

유압 작동기의 작동속도를 제어하기 위해서는 유량을 조절해야 하며 유량의 조절을 목적으로 하 는 밸브를 유량제어 밸브(Flow Control Valve)라 한다.

- 유량 조절 방법

① 가변용량 펌프를 이용하는 직접제어 방법

② 유량제어 밸브를 이용한 간접제어 방법

정용량 펌프와 유량제어 밸브 및 릴리프 밸브를 사용하여 회로를 구성한다.

1) 교축 밸브(Throttling Valve)

유동의 유로 단면적을 변화시켜서 유량을 제어하는 밸브로서 구조에 따라서 오리피스 밸브 (Orifice Valve)와 니들밸브(Needle Valve), 볼밸브(Ball Valve)로 나눈다.

2) 압력보상형 유량조정 밸브(Pressure Compensated Flow Control Valve)

3) 압력-온도 보상형 유량조정 밸브
   (Pressure-Temperature Compensated Flow Control Valve)
4) 유량분배 밸브(Flow Dividing Valve)

명칭		기호	비고
교축밸브	가변 교축밸브		· 간략 기호에서는 조작방법 및 밸브의 상태가 표시되어 있지 않음 · 통상 완전히 닫혀진 상태는 없음
	스톱 밸브		
	감압밸브 (기계 조작 가변 교축 밸브)		· 롤러에 의한 기계 조작 · 스프링 부하
	1방향 교축 밸브 속도 제어 밸브(공기압)		· 가변 교축 장착 · 1방향으로 자유 유동, 반대 방향으로는 제어 유동
유량조정밸브	직렬형 유량 조정 밸브		· 간략 기호에서 유로의 화살표는 압력의 보상을 나타낸다.
	직렬형 유량조정 밸브 (온도 보상 붙이)		· 온도 보상은 ↓에 표시한다. · 간략 기호에서 유로의 화살표는 압력의 보상을 나타낸다.
	바이패스형 유량 조정 밸브		· 간략 기호에서 유로의 화살표는 압력의 보상을 나타낸다.

체크 밸브붙이 유량 조정 밸브(직렬형)		· 간략 기호에서 유로의 화살표는 압력의 보상을 나타낸다.
분류 밸브		· 화살표는 압력 보상을 나타낸다.
집류 밸브		· 화살표는 압력 보상을 나타낸다.

5) 유량제어 밸브의 회로

① 미터인 회로(Meterin Circuit)

유량조정 밸브를 유압실린더와 방향제어밸브 사이에 설치하여 실린더 피스톤의 속도를 제 어하는 회로로서 피스톤의 이동방향과 부하의 작용방향이 서로 반대되는 경우에 사용한다. 유압펌프로부터 항상 유압작동에서 요구되는 유량 이상을 송출하여야 하고 유량의 나머지 는 릴리프 밸브를 통하여 오일탱크로 귀환시킨다. 그러므로 동력손실을 줄이기 위해서는 릴리프 밸브의 설정압력을 실린더의 요구압력보다 유량 밸브의 교축 저항만큼 크게 설정한다. 그리고 미터인 회로는 동작 중 부하가 항상 정부하일 때만 사용되며 구동기기 근처 에 설치해야 한다. (예: 연삭테이블 이송)

$$\eta_{MI} = \frac{(Q-Q_R)p_2}{p_1 Q}$$

η_{MI} : 미터인 회로의 효율

Q : 펌프의 송출량

Q_R : 릴리프를 통한 유출량

p_1 : 펌프의 송출압력

p_2 : 실린더 입구 측의 압력

② 미터아웃 회로(Meter-Out Circuit)

유량제어 밸브를 유압유의 귀환 측인, 유압실린더와 유압탱크 사이에 설치하여 실린더로부터 유출되어 귀환하는 유량을 제어하는 회로로서 실린더는 항상 배압을 받게 된다. 항상 실린더에 배압이 작용하고 있으므로 유압실린더 내의 피스톤이 역부하를 받는 회로에서 사용하여 갑작스런 후진을 막는 역할을 한다 (예: 드릴링 머신, 프레스).

$$\eta_{MO} = \frac{(p_1 - p_2)(Q - Q_R)}{p_1 Q}$$

Q : 펌프의 송출량

Q_R : 릴리프를 통한 유출량

p_1 : 펌프의 송출압력

p_2 : 펌프의 배압

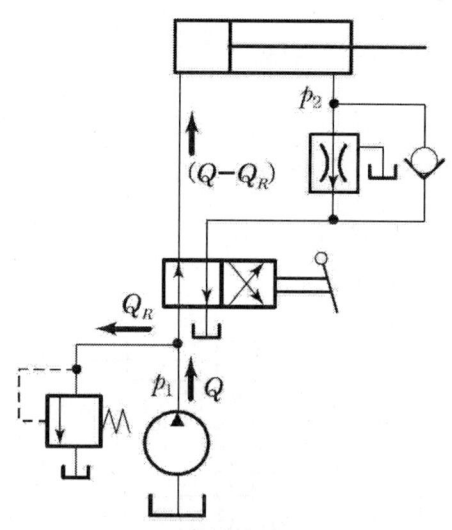

③ 블리드오프 회로(Bleed Off Circuit)

실린더와 병렬로 유량조정밸브를 설치하여 펌프의 송출량의 일부를 기름탱크로 귀환(Bypass)시키고 나머지 유량을 실린더로 유입시켜 유량을 제어함과 동시에 실린더의 속도 를 제어한다. 즉 펌프에서 송출되는 일정유량 중에서 탱크로 일부를 유출시키고 나머지를 실린더에 보냄으로써 유량을 조정하는 것이다. 이 회로는 피스톤의 이동방향과 부하의 작 용 방향이 서로 반대인 경우에 사용이 적합하나 부하변동이 크면 정확한 속도 제어는 곤란하다. 여분의 기름이 릴리프 밸브로 통하지 않고 유량조정 밸브를 통하여 흐르므로 동력손실이 다른 회로보다 적고 효율이 높다. 그러나 펌프의 송출압력이 실린더의 부하압력과 같으므로 실린더의 부하변동이 크면 송출량이 변동된다. 따라서 실린더의 부하변동이 심한 경우 에는 정확한 유량제어가 곤란해진다.
(예: 호닝 머신, 윈치).

$$\eta_{BO} = \frac{(Q-Q_1)}{Q}$$

Q : 펌프의 송출량

Q_1 : 밸브를 통해 탱크로 유출되는 양

6) 유량제어 밸브의 고장과 사용상의 주의

① 유압유 내에 먼지가 있으면 포핏 작동성능이 떨어지므로 유량제어 능력이 저하된다.
② 유량제어 밸브 내에서 내부누설이 많아지면 오리피스를 조정해도 제어가 곤란해진다.
③ 압력보상형 유량제어 밸브를 사용할 경우 압력차가 $10[kgf/cm^2]$ 이상이 되지 않으면 유량 제어기능을 충분히 발휘하지 못하므로 주의해야 한다.
④ 유량조정범위가 넓은 밸브는 미세한 제어가 곤란하다.
⑤ 유압유의 온도가 현격하게 변화하는 경우는 압력온도보상형 밸브를 사용해야 한다.

(5) 방향제어 밸브(Directional Control Valve)

유압 작동기(Hydraulic Actuator)의 운동방향을 제어하는 밸브로서 유압유의 흐름 방향을 바꾸어서 유압 작동기의 왕복운동과 회전운동 시에 시동, 정지, 방향을 제어하는 밸브이다.

■ 기능상의 분류

① 방향전환 밸브(Directional Control Valve, Selector Valve) : 흐름의 방향을 변화시키거나 흐름을 정지시키는 밸브이다.
② 역지(止) 밸브(Check Valve) : 한 방향의 흐름은 가능하지만 역방향의 흐름은 저지하는 역할을 하는 밸브이다.
③ 감속 밸브(Deceleration Valve) : 작동기의 시동, 정지, 속도변환 시에 움직임을 감속 또는 가속하기 위해 유량제어 밸브와 함께 사용된다.
④ 셔틀 밸브(Shuttle Valve) : 2개의 입구측 포트 중에서 한쪽 포트를 막아서 고압우선형 셔틀 밸브와 저압우선형 셔틀 밸브로 선택적으로 한쪽으로만 유압유를 통과시킨다.

1) 방향전환 밸브(Directional Control Valve)

유압시스템 내에서 유동의 방향을 전환시키거나 유동을 정지시키는 밸브로서 작동기의 운동의 방향을 전환 또는 정지시키는 밸브이다.

① 밸브형식에 의한 분류

㉮ 로터리형 스풀 밸브(Rotary Spool Type)

로터리형 스풀(Rotary Spool, Rotor)이 회전하면서 유로를 개폐하여 유동의 방향을 변 화시키는 밸브이다.

㉯ 슬라이드형 스풀 밸브(Slide Spool Type)

중공원통(Sleeve) 내부에서 슬라이드형 스풀(Slide Spool)이 축방향으로 직선운동을 함 으로써 유로를 개폐하여 유동의 방향을 변화시키는 밸브이다.

② 포트의 수에 의한 분류

㉮ 2포트 밸브(Two Port Valve)

2포트 2위치인 밸브만이 구성되며 유로를 연결하거나 차단하는 단순한 기능만을 수행 하며 밸브 내의 유로가 하나밖에 없기 때문에 한 방향 밸브(One Way Valve)라고도 한 다. 2포트 밸브는 중립상태(Normal Position)에서 열림형과 닫힘형의 형식이 있고 감속 밸브가 그 예이다.

㉯ 3포트 밸브(Three Port Valve)

중립상태(Normal Position)에서는 입력포트(P)가 실린더포트(B)와 연결되고 포트는 막혀 있다가 밸브전환이 되면 P포트와 A포트가 연결되고 B포트가 닫히게 된다. 밸브 내 의 유로가 A포트와 B포트로 2개의 유로가 형성되기 때문에 이러한 밸브를 2방향 밸브 (Two Way Valve)라고도 한다.

[포트의 수에 따른 밸브의 형식]

㉔ 4포트 밸브(Four Port Valve)

유압시스템의 방향전환밸브에서 유압 작동기를 직접 작동할 때 가장 많이 사용되는 밸브로서 포트는 펌프측(P), 탱크측(T), 유압 작동기측(A), B인 4개의 포트로 구성되어 있으며 밸브 내부에 있는 스풀의 전환에 따라 4가지의 유로를 형성하므로 4방향 밸브 (Four Port Valve)라고도 한다.

③ 위치의 수에 의한 분류

밸브의 작동위치의 변환수에 의하여 포트와 포트를 연결하는 흐름의 수가 변화할 수 있으며, 이 밸브의 작동위치의 변환수를 위치의 수(Number of Position)라 한다. 일반적으로 2 위치 밸브, 3위치 밸브, 다(多)위치 밸브로 분류할 수 있으며 4포트 3위치 밸브가 가장 많이 사용된다. 2위치 밸브는 유압실린더의 전진과 후진을 연속적으로 행할 때 주로 사용하며 우측 위치가 밸브의 중립상태를 나타낸다. 3위치 밸브는 실린더의 전후진을 행할 뿐만 아니라 중립 위치가 있어서 2위치 밸브보다 시스템을 정지시킬 때 유리하다. 3위치 밸브에서는 중앙위치가 밸브의 중립상태를 나타낸다.

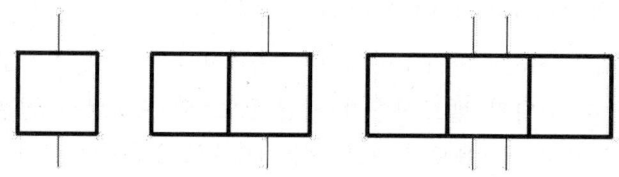

[위치의 수에 의한 밸브의 형식]

④ 밸브의 중립위치의 형상(스풀형식)에 따른 분류

㉮ 열림 센터형(Open Center Type)

중립위치에서 모든 포트가 공통으로 탱크포트와 연결된다. 이 형식에서는 유압탱크에서 나온 유압유가 탱크로 직접 귀환하므로 시스템의 정지 시에 펌프 축 동력의 손실은 작지만 시스템운전 시에 설정압력을 유지하기 위한 시간이 지연된다.

㉯ 닫힘 센터형(Closed Center Type)

모든 포트가 각각 분리되어 있으므로 항상 시스템이 설정압력을 유지할 수 있으나 시스템의 정지 시에도 동력의 손실이 크고 유압유의 발생열량이 크다.

㉰ 탠덤 센터형(Tandem Center Type)

중립위치의 형태가 펌프측 포트와 탱크측 포트는 연결되고 실린더측인 포트는 서로 분리 된 구조이다.

㉱ 펌프 닫힘 센터(Pump Closed Center)

중립위치가 펌프측 포트만 막혀 있고 실린더 A와 B, 그리고 탱크측 포트 T가 연결된 경우로서 ABT접속형 또는 압력 닫힘형이라고도 한다.

㉲ 탱크 닫힘 센터(Tank Closed Center)

중립위치가 실린더 탱크측 T포트만 막혀 있고, 실린더 A, B측과 펌프 측 P포트가 연결 되는 형식이다. 이 형식에서는 실린더 B에서 나온 유압유가 탱크로 귀환하지 않고 펌프 P에서 나온 유압유와 함께 실린더 A측 포트로 흐르므로 실린더의 작동속도를 빠르게 할 수 있다. 그러므로 이 형식을 재생센터(Regenerative Center) 또는 ABP접속형이 라고도 한다.

㉳ 실린더 닫힘 센터(Cylinder Closed Center)

중립위치가 실린더 A측 포트만 막혀 있고, 실린더 B측과 펌프 P측 및 탱크 T측이 연결되어 있는 형식으로 접속형이라고도 한다.

2) 역지(逆止) 밸브(Check Valve)

한 방향의 흐름은 가능하지만 역 방향의 흐름은 저지하는 역할을 하는 밸브이다. 이 밸브의 구조는 포핏이나 볼이 스프링으로 시트에 밀착되어 있으며 밸브의 입구측에서 출구쪽으로 흐를 때는 스프링의 힘에 대항하여 포핏을 밀어서 흐르게 된다. 이때의 압력을 체크밸브의 크래킹 압력(Cracking Pressure)이라 한다. 체크밸브는 유압시스템의 관로의 일부분에 설치하여 시스템의 안정과 효율을 높이는 데 주로 사용한다.

3) 셔틀 밸브(Shuttle Valve)

① 고압 우선형 셔틀 밸브
2개의 입구측 포트 중에서 저압측 포트를 막아서 항상 고압측의 유압유만을 통과시키는 밸브이다.

② 저압 우선형 셔틀 밸브
2개의 입구측 포트 중에서 고압측 포트를 막아서 항상 저압측의 유압유만을 통과시키는 밸브이다.

4) 감속 밸브(Deceleration Valve)

유압 작동기의 운동위치에 따라 캠(Cam) 조작으로 회로를 개폐시키는 밸브로서 작동기의 시동, 정지, 속도 변환 시에 움직임을 감속 또는 가속하기 위해 유량제어 밸브와 함께 사용된다.

5) 방향제어 밸브의 고장원인

① 귀환 포트(Return Port)에 규정 이상의 배압이 걸리면 작동불량이 된다.
② 스프링의 힘으로 스풀을 중앙위치로 되돌리는 경우에 스프링의 강도가 약해져서 작동 불량이 발생할 가능성이 있다.

③ 유압유 중의 먼지가 스풀과 본체 사이의 틈새에 끼이면 작동 불량의 원인이 될 수 있다.
④ 유압유의 온도가 너무 높아서 이동부 극단에 열팽창을 일으키면 작동 불량이 된다.
⑤ 서브 플레이트(Sub Plate)가 외부 열에 의하여 변형이 되면 스풀의 움직임이 둔해질 가능성이 있다.
⑥ 파일럿압이 저하하거나 파일럿 드레인이 막히면 작동 불량이 된다.
⑦ 전자에 통전된 전압이 강화되면 작동이 불량해진다.
⑧ 전자조작 밸브의 푸시로드(Push Rod)에 이물질이 묻으면 움직임이 둔해지고 스풀의 전환이 불량해진다.

명칭	기호	
	상세기호	간략기호
체크 밸브 →한쪽 방향으로만 유체의 흐름을 가능하도록 하고, 반대 방향으로는 흐름을 저지시키는 밸브		
파일럿 조작		
체크 밸브		
고압우선형 셔틀 밸브 →1개의 출구와 2개 이상의 입구가 있고, 출구가 최고 압력쪽 입구를 선택하는 기능을 가진 밸브		
저압우선형 셔틀 밸브		
급속 배기 밸브		
교축밸브	가변 교축 밸브	
	스톱 밸브	

교축 밸브	감압 밸브 (기계조작가변 교축 밸브)		
	1방향 교축 밸브 속도 제어 밸브 (공기압)		
유량조정 밸브	직렬형 유량조정 밸브		
	직렬형 유량조정 밸브 (온도, 보상 붙이)		
	바이패스형 유량조정 밸브		
	체크 밸브 붙이 유량조정 밸브(직렬형)		
	분류 밸브		
	집류 밸브		

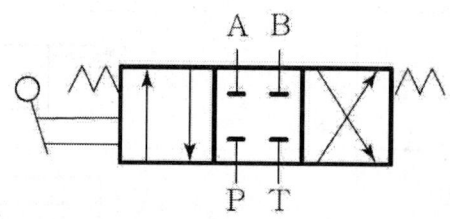

각 포트의 기호는 다음과 같은 사항을 나타낸다.

P = 프레셔 포트(펌프 포트)

T = 탱크 포트(R로 나타내기도 한다.)

A, B = 액추에이터 포트

〈전환 밸브〉

명칭	기호	비고
2포트 수동 전환 밸브		· 2위치 · 폐지 밸브
3포트 전자 전환 밸브		· 2위치 · 1과도 위치 · 전자조작 스프링 리턴
5포트 파일럿 전환 밸브		· 2위치 · 2방향 파일럿 조작
4포트 교축 전환밸브		· 3위치 · 스프링 센터 · 무단계 중간위치
서보 밸브 →전기 그밖의 입력 신호에 따라 유량 또는 압력을 제어하는 밸브		대표 보기

노멀 크로즈드 (정상폐쇄)	노멀 위치에서는 압력 포트가 닫혀있는 형태. 이러한 형태의 밸브를 노멀 클로즈드 밸브 또는 정상폐쇄 밸브라고 한다.
노멀 오픈 (정상열림)	노멀 위치에서는 압력 포트가 출구 포트를 통하여 있는 모양. 이 형태의 밸브를 노멀 오픈 밸브 또는 정상열림 밸브라고 한다.
클로즈드 센터	변환 밸브의 중립 위치에서 모든 포트가 닫혀 있는 흐름의 형태. 이 형태의 밸브를 클로즈드 센터 밸브라고 한다. 4포트 3위치 밸브를 예시하면 P포트(귀환구), A, B포트(실린더구)가 모두 닫혀 있는 상태
오픈센터	변환 밸브의 중립 위치에서 모든 포트가 서로 통하고 있는 흐름의 형태. 이 형태의 밸브를 오픈센터 밸브라고 한다.
BR접속	변환 밸브의 중립 위치에서, 포트는 포트로 통하고, 포트와 포트는 닫혀 있는 흐름의 형태. 이 형태의 밸브를 BR접속 밸브라고 한다.

SECTION 05 구동기기(엑추에이터)

유압유의 압력에너지로 기계적인 일을 하는 기기이다.

(1) 구동기기 분류

1) 구조상의 분류

직선운동으로 변환하는 기기를 유압 실린더, 연속회전 운동을 하는 기기를 유압 모터, 회전운동의 각도가 제한되어 있는 요동 엑추에이터로 분류한다.

2) 작동기능상의 분류

연속회전형, 요동형, 왕복동형으로 구분한다.

(2) 유압 실린더의 구조(Construction Hydraulic Cylinder)

① 실린더 튜브 ⑧ 피스톤 너트   ⑮ 공기 뽑기
② 헤드 커버   ⑨ 피스톤 패킹(I 패킹) ⑯ 체크 밸브
③ 로드 커버   ⑩ 로드 패킹(J 패킹)   ⑰ 쿠션 밸브
④ 부시   ⑪ 피스톤 개스킷   ⑱ 타이 로드
⑤ 피스톤 로드 ⑫ 튜브 개스킷   ⑲ 로크 너트
⑥ 피스톤   ⑬ 더스트 와이퍼   ⑳ 누름판
⑦ 쿠션 링   ⑭ 기름 와이퍼   ㉑ 인사이드 플레어

[유압 실린더]

(3) 피스톤에 사용되는 밀봉장치

1) 피스톤 링(Piston Ring)

피스톤링을 사용한 피스톤은 끼워 맞춤을 적절하게 하면 누유를 최소한으로 줄일 수는 있으나 완벽하게 누유를 막을 수 없는 단점이 있다.

2) 컵 패킹(Cup Packing)

피스톤의 양측 면에 합성고무나 피혁으로 만든 L형 패킹을 붙인 구조이다.

3) V 패킹(V Packing)

합성고무나 피혁재질의 V형 패킹을 여러 개 겹쳐서 리테이너링(Retainer Ring)으로 고정시켜 놓은 피스톤 형태이다.

4) O링(O - ring)

피스톤 외주에 설치한 O링 한 개만으로 양면의 압력에 견딜 수 있으므로 피스톤의 두께가 얇아질 수 있다.

(a) V형   (b) L형   (c) U형
(d) J형   (e) O형   (f) 피스톤 링

[패킹의 종류]

(4) 유압 모터(Hydraulic Motors)

유압유의 압력에너지를 이용하여 연속회전운동의 기적 일로 변환시키는 작동기로서 유압 모터의 구조는 앞장에서 다룬 유압펌프와 비슷하다. 유압 모터와 유압 펌프의 다른 점은 다음과 같다.

① 내부 포트의 작동시간이 다르며 내부 부품의 배열도 약간의 차이가 있다.
② 펌프는 기계적 에너지를 압력에너지로 변환하는 압력원이므로 드레인(Drain) 포트가 없다. 그러나 모터는 외부의 압력에너지로 부토 기계적 에너지를 생성시키는 것이므로 축의 밀봉장치를 보호하기 위하여 케이스

드레인(Case Drain)이 필요하다.

③ 유압 모터는 펌프에 비하여 무단계로 회전수를 조정할 수가 있고 역회전도 가능하다. 그리고 필요한 출력의 크기는 회로상의 압력조절 밸브로 조정한다.

1) 유압 모터의 분류(Types of Hydraulic Motor)

① 유량의 변화에 의한 분류

㉮ 정용량형(Fixed Displacement Type) 유압 모터

유압 모터를 1회전시키기 위한 유량이 일정한 모터로서 압력이 일정하면 출력토크(Torque)가 일정하여 변동시킬 수 없다. 그러므로 항상 일정한 유량과 출력 토크를 요하는 곳에 쓰여지며 기어 모터(Gear Motor), 베인 모터(Vane Motor), 피스톤 모터(Piston Motor) 등이 있다.

㉯ 가변용량형(Variable Displacement Type) 유압 모터

유압 모터를 1회전시키기 위한 유량이 변화하는 것으로 일정한 압력에서 토크를 변화 시키는 데 사용되며 피스톤 모터가 여기에 속한다.

② 구조에 의한 분류

㉮ 기어 모터(Gear Motor)

기어 모터는 외접형과 내접형이 있으며 구조는 기어 펌프와 유사하다. 고압의 유압유가 공급되면 두 기어의 맞물림 점을 경계로 하여 입구측 압력 p_1이 출구측 압력 p_2보다 높고, 또 압력은 잇면에 수직방향으로 작용하므로 두 기어를 회전시키면서 토크가 발생 한다. 기어 모터의 특징은 소형 경량에 비하여 발생 토크는 크고 관성력은 작으므로 응답성이 좋다. 또 구조가 간단하고 가격이 저렴하므로 건설기계, 산업차량, 공작기계 등에 많이 이용된다. 그러나 구조상 불균형이 많고 100rpm 이하의 저속에서는 토크축력 및 회전속도의 맥동률이 커져서 사용할 수 없는 것이 단점이다. 기어모터의 전효율은 70~80%이며, 회전속도는 1000~3000rpm이지만 최근에는 3000rpm이 넘는 것도 개발되고 있다.

[기어 모터의 구조]

㉯ 베인 모터(Vane Motor)

베인 모터(Vane Motor)의 구조는 베인 펌프와 유사하다. 항상 캠링 접동면에 압착되어 있으므로 고압의 유압유가 입구에서 베인, 로터, 캠링으로 둘러싼 용적을 채운다. 이때 입구로 유입된 고압의 유압유가 베인면에 작용하여 출구와의 전압력차에 비례한 토크가 발생하여 축이 회전하게 된다. 베인 모터의 전효율은 70~80% 정도이고 150prm 이하의 저속에는 적당하지 않으며 크 기와 출력은 기어 모터와 피스톤 모터의 중간 정도이다. 베인 모터는 선박용 윈치(Winch), 공작기계 등에 사용되고 있다. 베인 모터의 장점은 구조가 비교적 간단하고, 토크변동이 적으며, 로터에 작용하는 압력이 평형을 유지하므로 베어링 하중이 작다. 또한 베인이나 캠링이 마모되더라도 스프링 등에 의하여 베인과 캠링의 접촉이 유지되므로 누설이 증가하지 않는다.

(a) 사판식   (b) 사출식

[엑시얼 피스톤 모터]

[레이디얼 피스톤 모터]

베인 모터의 단점으로는 가동 시나 저속 시에 토크효율이 낮고 각 부분의 치수, 직각도 등은 상당한 정도(精度)가 요구된다.

㉯ 피스톤 모터(Piston Motor)

피스톤 펌프와 거의 유사하며 엑시얼형(Axial Type)과 레이디얼형(Radial Type), 그리고 정용량형과 가변용량형으로 분류할 수 있다. 피스톤 모터는 기어 모터나 베인 모터에 비하여 고압작동에 적합하고 회전 실린더형은 가변용량형으로 만들기가 쉬운 특징이 있다.

〈실린더 종류〉

명칭	기호	명칭	기호
단동 실린더	상세기호 / 간략기호	복동 실린더 (쿠션 붙이)	
단동 실린더 (스프링 붙이)		단동 텔레스코프형 실린더	
복동실린더		복동 텔레스코프형 실린더	
		램형 실린더	

피스톤 모터는 사용조건에 따라 중·고속 저 토크에 사용되는 것과 저 속도 고 토크에 사용되는 것이 있다. 현재 회전 실린더형 엑시얼 피스톤 모터는 중 고속 저 토크용으로 많이 사용되고, 레이디얼 피스톤 모터와 사판식 엑시얼 피스톤 모터는 저속 고 토크용 으로 사용된다.

명칭	기호	비고
펌프 및 모터	유압 펌프 공기압 모터	· 일반기호
유압 펌프		· 1방향 유동 · 정용량형 · 1방향 회전형
유압 모터		· 1방향 유동 · 가변 용량형 · 조작기구를 특별히 지정하지 않는 경우 · 외부 드레인 · 1방향 회전형 · 양축형
공기압 모터		· 2방향 유동 · 정용량형 · 2방향 회전형
정용량형 펌프 · 모터		· 1방향 유동 · 정용량형 · 1방향 회전형
가변용량형 펌프 · 모터 (인력조작)		· 2방향 유동 · 가변 용량형 · 외부 드레인 · 2방향 회전형
요동형 액추에이터 (공압)		· 공기압 · 정각도 · 2방향 요동형 · 축의 회전방향과 유동방향과의 관계를 나타내는 화살표의 기입은 임의

유압 전도장치	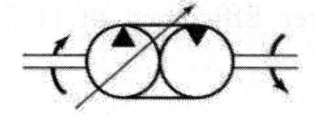	· 1방향 회전형 · 가변용량형 펌프 · 일체형

(5) 유압요동 모터(Hydraulic Oscillating Motor)

360° 이내의 제한된 회전운동을 하는 유압 엑추에이터이다. 유압요동 모터를 사용하면 불필요한 링크(Link)기구가 필요 없게 되고, 감속기구도 필요 없이 비교적 작은 공간 내에서 회전운동을 얻을 수 있다.

1) 유압요동 모터의 종류(Type of Hydraulic Oscillating Motor)

① **베인형 요동 모터(Vane Type Oscillating Motor)**

내부누설이 다소있고 부하 상태에서 중립위치 정지를 장시간 유지하기가 어렵다. 그러나 구조가 간단하고 소형이기 때문에 설치공간이 적게 요구되므로 많이 사용한다. 내부 누설은 보통 압력 $70kg_f/cm^2$에서 유량은 $50~300cc/\min$정도의 누설이 있다.

단일 베일형 요동 모터로서 280°까지 요동각을 취할 수 있으나 내부가 유압평형이 이루어져 있지 않기 때문에 베어링은 불평형력을 받게 된다. 그러나 베어링은 유압유에 의한 레이디얼 하중을 받지 않으므로 기계적 효율이 단일 베인형보다 높다. 이중 베인형 요동 모터로서 요동각이 100° 이하이다. 삼중 베인형은 요동각이 60° 이하이다. 일반적으로 전효율은 단일 베인형이 75~80%이고 이중 베인형이 85~90%이다.

② **피스톤형 요동 모터(Piston Type Oscillating Motor)**

베인형에 비해 요동각은 자유로이 얻을 수 있으나 외관형상이 길어지고 설치공간이 많이 요구된다. 구조는 유압 실린더와 같이 유압에 의한 피스톤의 직선운동으로 각종 기구를 사용하여 회전운동으로 변환시키는 구조로 되어있다. 랙과 피니언형 요동 모터로서 구조에 따라 단일형(a)과 이중형(b)으로 나눌 수 있다. 그 작동방법은 랙과 피스톤이 일체가 되어서 피니언기어를 회전시켜서 출력축에 회전력을 전달 시킨다. 요동각은 랙의 길이에 따라서 다르며 360°까지 가능하다.

(6) 유압 모터의 동력과 효율(Power Efficiency of Hydraulic Motor)

1) 동력(Power)

① 유동력(Oil Power)

유압 모터에 공급되는 유압유의 압력은 P, 유량은 Q일 때 유압유의 동력, 즉 유동력 L_p는 다음과 같다.

$$L_p = PQ$$

유압 모터의 구동 시에 누설과 마찰에 의한 손실을 무시하면 유압 모터의 이론 (축)동력 L_{th}는 다음과 같다.

$$L_p = PQ = 2\pi N T_{th}$$

N : 회전수 T_{th} : 이론토크

② 축동력(Shaft Power) : L

실제로는 기계적 마찰손실과 누설손실이 발생하므로 실제 유압 모터의 출력, 즉 축동력 L은 다음 식으로 표시된다.

$$L = 2\pi NT$$

T : 실제출력토크

그러므로 토크효율 η_T는 다음과 같다.

$$\eta_T = \frac{T}{T_{th}} = 1 - \frac{\Delta T}{T_{th}}, \quad T_{th} = \frac{P_q}{2\pi}(P[kg/m^2], q[m^3/rev])$$

③ 전효율(Total Efficiency)

유압 모터의 전효율은 다음과 같이 표시할 수 있다.

$$\eta = \frac{L}{L_{th}} = \frac{L}{L_o} = \eta_v \eta_T$$

SECTION 06 부속기기(Accesories)

유압시스템에서 중요한 구성요소는 유압 펌프, 유압제어 밸브, 유압 엑추에이터를 들 수 있지만, 이외에도 여러 가지의 부속기기들이 필요하다. 일반적으로 유압시스템에 필요한 부속기기로는 다음의 것들이 있다.

- 기름탱크(Oil Tank, Reservoir)
- 축압기(Accumulator)
- 증압기(Booster)
- 여과기(Filter and Strainer)
- 열교환기(Heat Exchanger)
- 배관(Piping)

(1) 기름탱크(Oil Tank, Reservoir)

공압시스템에서는 작동기를 거친 공기는 대기로 방출하면 되지만 유압시스템에서 유압유는 장시간 반복적으로 기기와 배관을 순환하게 된다. 유압유를 저장하는 기능을 주로 하지만 기름 속에 포함되는 불순물이나 기포를 분리시키고 마찰과 압력상승에 의하여 발생하는 열을 발산하여 유온을 유지시키는 역할도 하여야 한다.

1) 유압탱크 설계 시 고려사항

① 탱크는 먼지, 수분 등의 이물질이 들어가지 않도록 밀폐형으로 하고 통기구(Air Bleeder)를 설치하여 탱크 내의 압력은 대기압을 유지하도록 한다.
② 탱크의 용적은 충분히 여유있는 크기로 하여야 한다. 일반적으로 탱크 내의 유량은 유압펌프 송출량의 약 3배로 한다. 유면의 높이는 2/3 이상이어야 한다.
③ 탱크 내에는 다음과 같이 격판(Baffle Plate)을 설치하여 흡입 측과 귀환 측을 구분하며 기름은 격판을 돌아 흐르면서 불순물을 침전시키고, 기포의 방출, 유압유의 방역 및 온도의 균일화가 이루어진다.
④ 흡입구와 귀환구 사이의 거리는 가능한 한 멀게 하여 귀환유가 바로 유압펌프로 흡입되지 않도록 한다.
⑤ 펌프 흡입구에는 기름 여과기(Strainer)를 설치하여 이물질을 제거하고 통기구(Air Bleeder)에는 공기 여과기를 설치하여 이물질이 혼입되지 않도록 한다(대기압 유지).

⑥ 유온과 유량을 확인할 수 있도록 유면계와 유온계를 설치하여야 한다.

[기름탱크의 구조]

(2) 축압기(Accumulator)

1) 축압기의 사용목적

축압기의 가장 중요한 사용목적은 유압에너지의 보조원으로 사용되는 것이다. 유압 엑추에이터에서 순간적으로 큰 압력이 요구될 때 펌프에서 발생되는 압력으로는 순간적인 압력상승이 어려우므로 축압기의 압력을 이용한다. 또한 작업이 간헐적으로 이루어지는 경우에는 축압기를 사용하여 펌프를 소형화 할 수 있다. 축압기는 유압펌프에서 발생하는 맥동압력을 흡수하여 회로 내의 압력을 일정하게 유지할 수 있다. 부하의 변동이나 밸브의 개폐를 급하게 하면 회로 내 맥동압력이 발생되는데 이 압력은 불필요한 고압으로서 회로상의 기기를 손상시킬 염려가 있다. 이러한 서지압을 흡수하여 배관 등의 기기의 파손을 방지할 수 있다. 펌프가 송출하는 유량보다도 순간적으로 많은 유량이 요구되는 작동기에서는 부족한 유량을 축압기에서 보충해주어야 한다. 그 밖에 누설로 인한 손실 유량이나 온도변화에 따른 체적 변화의 보상용으로도 사용된다. 또한 축압기는 정전이나 동력원의 고장으로 인한 비상 동력원이 될 수도 있으며 유압펌프를 정지시킨 채 회로상의 일정한 소정의 압력을 유지시킬 수도 있다.

2) 축압기의 종류

축압기는 유체를 에너지원으로 사용하기 위하여 가압상태로 저축하는 용기이다.

[축압기의 종류]

① **비분리형 축압기(Nonseparator Type Accumulator)**

유압유와 압축된 기체가 직접 접하고 있는 형식으로 고압에서는 기체가 유압유에 용해되므로 고압용으로 사용할 수 없으나 저압에서는 용해가 잘 되지 않으므로 펌프 흡입압력을 높여주기 위하여 사용된다.

② **분리형 축압기(Seperator Type Accumulator)**

유압유와 기체를 분리시킨 형식의 축압기라 하며, 그 종류는 고무막형, 피스톤형, 스프링형, 다이어프램형 등이 있다. 축압기의 목적을 정리하면 다음과 같다.

   ㉠ 유압 에너지의 축적
   ㉡ 2차 회로의 보상
   ㉢ 압력 보상(카운터 밸런스)
   ㉣ 맥동 제어(노이즈 댐퍼)
   ㉤ 충격 완충(Oil Hammer)
   ㉥ 액체 수송(트랜스퍼베리어)
   ㉦ 고장, 정전 등의 긴급 유압원

(3) 증압기(Booster)

압력변환기라고도 하며, 회로 중에 일부의 압력을 고압으로 하고자 할 때 사용한다. 저압대유량의 동력을 고압소유량의 동력으로 변환하는 유압기기이며, 증압기를 고압 펌프 대신 이용하면 경제적인 면에서 유리하다. 증압기는 기능상 한 방향으로 작동할 때만 증압기능을 수행하는 단동 증압기와 왕복행정 시 양방향의 증압기능을 수행하는 복동 증압기로 분류한다. 증압기는 유압실린더의 로드 끝단(Rod End)을 램(Ram)으로 하는 실린더로 되어 있어서 저압과 고압의 압력차는 램의 면적비에 반비례한다.

$$P_1 A_1 = P_2 A_2$$

$$P_2 = P_1 \frac{A_1}{A_2}$$

〈공유압 변환기〉

(4) 여과기(Strainer, Filter)

유압유는 먼지나, 금속편 등의 이물질로 오염될 가능성이 있으며 유압유의 오염은 유압기기의 파손 내지 유압시스템의 작동불량을 일으키는 원인이 된다. 유압시스템에는 이러한 유압유 중의 이 물질을 없애고 청정한 유압유로 만들기 위한 여과기가 필요하다. 여과기 중에서 펌프 흡입측에 설치하여 유압유 중의 이물질을 분리시키는 것을 스트레이너(Strainer), 펌프의 송출측이나 회로의 귀환측에 설치하여 여과작용을 하는 것을 필터(Filter)라 한다. 또한 오일탱크 속에 있는 금속편을 제거하는 목적으로 사용되는 자석봉도 일종의 여과기이다.

1) 유압유의 오염원인

① 제조 중의 조립과정에서 이물질이 들어가는 경우도 있고 단조, 용접, 열처리 과정에서 산화물 찌꺼기와 주물 중의 모래가 끼어드는 것은 완전히 제거하기 힘들다.
② 외부로부터 혼입되는 경우로는 공기 중의 먼지의 침입, 유압유를 급유할 때 통이나 급유장치에 의한 오염, 보수나 수리를 위해 유압장치를 해체해 놓았을 때 외부에서 들어가는 이물 질 등이 있다.
③ 작동 중에 발생되는 경우로는 펌프로부터 마찰에 의하여 금속가루가 생기고 나사나 기계적 연결부의 진동이나 마찰로 역시 금속가루가 생긴다.

2) 필터의 종류
- 탱크용 필터 : 스트레이너
  - 관로용 필터 : 표면식은 여과지와 철망을 사용하며, 적충식은 여과면이 많아 겹쳐 있다.
  - 통기용 필터 : 기름 탱크에 연결한다.

3) 필터 성능표시 시 주의사항
① 엘리먼트의 강도
② 압력 강하
③ 반복압에 의한 내구성
④ 입도

4) 오염이 유압시스템에 미치는 영향
① 유압펌프에서는 베인 펌프의 베인, 기어 펌프의 기어, 피스톤 펌프의 피스톤의 접동부 마모를 빠르게 하여 작동을 열화시킨다.
② 제어 밸브에서도 접동부의 마모를 빠르게 하고 시트(Seat)부나 오리피스(Orifice)부의 작동을 불량하게 하거나 채터링(Chattering)을 발생시킨다.
③ 방향제어 밸브에서도 접동부를 마모시키거나 록(Lock)현상을 일으켜 솔레노이드(Sole-noid)를 손상시킨다.
④ 유량제어 밸브에서는 오리피스의 마모를 빠르게 하거나 오리피스를 막아서 작동이 되지 않는다.
⑤ 유압 실린더에서는 O링이나 U링 등의 손상을 주어 누설의 원인이 된다.

[여과기의 구조]

(5) 냉각기(쿨러)

유압회로에서 유압유의 온도는 일반적으로 30~55[℃]가 적당하나 이 유온의 이상 또는 이하에서는 기능이 저하되므로 열량의 발생 시 냉각기가 필요하다. 일반적으로 릴리프 밸브의 복귀측에 설치하는 것이 보통이다.

(6) 유압 회로도

1) 유압 회로도의 종류

① 단면 회로도

작동유의 흐름이 알기 쉬워 기기의 작동을 설명하기 편리하다. (교육용)

② 기호 회로도

유압기호의 사용 기능 및 조작방법을 정확히 한다. (유압지식이 필요하다.)

③ 조합 회로도

단면 회로도와 기호 회로도를 조합한다.

④ 그림 회로도

그림으로 나타낸 것으로 배관용이나 판매용에 사용한다.

연습문제

01 유압 시스템의 오일 토출량이 매분 49ℓ이고, 실린더 튜브의 내경이 10cm인 유압 실린더의 추력이 2.5kgf라면, 이 유압 실린더의 속도는 몇 cm/sec인가?

① 7.8 ② 8.2
③ 9.6 ④ 10.4

1. $V = \dfrac{4Q}{\pi d^2}$

$= \dfrac{4 \times 49 \times 1000}{60\pi \times 100}$

$= 10.4\, cm/s$

02 보기 기호의 설명으로 가장 적합한 명칭은?

① 4포트 전자 파일럿 전환밸브
② 4포트 공압 파일럿 전환밸브
③ 5포트 전자 파일럿 전환밸브
④ 5포트 공압 파일럿 전환밸브

03 모듈러 시스템에 대한 설명으로 틀린 것은?

① 높이로 쌓을 수 있는 밸브의 수가 10개이다.
② 회로의 추가 변경이 용이하다.
③ 신뢰성이 향상된다.
④ 배관시 조립비용이 경감된다.

3. 일반 직분사 디젤엔진은 매번 그리고 모든 분사 사이클마다 압력을 다시 발생시켜야 하는 반면 커먼레일 엔진은 분사순서에 관계없이 항상 일정한 압력을 유지한다. 이를 위해서는 1300bar이상의 분사압력을 유지하기 위해 특수한 연소실을 필요로 한다. 이에 커먼 연료레일이 도입된 것이다. 연료의 분사시기와 양을 조정하는 고속 솔레노이드 밸브의 끝단에 4개의 분사노즐이 연결되어 있다. 전자적으로 각 엔진 실린더별로 분사가 가능하므로 시스템이 모듈화가 가능하며 이를 모듈라 시스템이라 한다.

정답 01 ④ 02 ③ 03 ①

04 피스톤의 넓이의 비가 1:10이 되는 수압기를 사용해서 200 kg_f의 힘을 얻기 위해서는 작은 피스톤에 몇 kg_f의 힘을 가해야 하는가?

① 200　　　　　　　② 9.8
③ 980　　　　　　　④ 20

4.
$F = \dfrac{1}{10} \times 200 = 20$

05 점성계수의 단위로 올바른 것은?

① $kg_f \cdot m/s^2$　　　　② $kg_f \cdot m^2/s^2$
③ $kg_f \cdot s/m^2$　　　　④ $kg_f \cdot s^2/m^2$

06 다음 중 유량 제어 밸브가 아닌 것은?

① 시퀀스 밸브　　　　② 교축 밸브
③ 니들 밸브　　　　　④ 포트 밸브

6.
시퀀스 밸브는 압력제어 밸브이다.

07 실린더의 전진운동속도와 후진운동속도를 동일하게 하는 방법을 설명한 것 중 틀린 것은?

① 4개의 체크밸브와 1개의 압력보상형 유량조절밸브를 사용하는 렉티파이어(Ractifire)회로 이용
② 압력 릴리브 밸브를 사용하는 카운터 밸런스 밸브와 유량조절밸브를 사용하여 속도 조정
③ 차동 실린더와 방향제어 밸브를 사용하는 재생회로 이용
④ 피스톤 양측의 수압면적이 같은 양 로드형 실린더와 방향제어 밸브 사용

정답　　04 ④　05 ③　06 ①　07 ③

08 실린더의 부하 변동에 관계없이 임의의 위치에 고정시킬 수 있는 회로의 명칭은?
① 부스터 회로
② 언로드 회로
③ 로킹 회로
④ 시퀀스 회로

09 작동유의 안정성에 대하여 가장 중요한 영향을 갖는 것은?
① 온도
② 금속의 촉매작용
③ 압력
④ 외부로부터의 이물질

9.
압력과 밀접한 관계가 있는 인자는 온도이다.

10 유압, 공기압 도면 기호 요소 중 1점 쇄선의 용도는?
① 전자 신호선
② 포위선
③ 전기 신호선
④ 밸브의 과도위치

10.
파선 : 드레인 관로, 파일럿 조작관로, 필터, 밸브의 과도위치
실선 : 주 관로

11 유압장치에서의 설명으로 올바른 것은?
① 힘의 크기를 유량제어 밸브, 속도를 압력제어 밸브, 일의 방향을 방향제어 밸브로 제어한다.
② 힘의 크기를 압력제어 밸브, 속도를 유량제어 밸브, 일의 방향을 방향제어 밸브로 제어한다.
③ 힘의 크기를 유압액추에이터, 속도를 유량제어 밸브, 일의 방향을 방향제어 밸브로 제어한다.
④ 힘의 크기를 유량제어 밸브, 속도를 유압액추에이터, 일의 방향을 방향제어 밸브로 제어한다.

정답   08 ③   09 ①   10 ②   11 ②

12 유압장치에서 장치의 최대 사용압력을 결정하려고 한다. 다음 중 어느 밸브를 사용하여야 하는가?

① 압력 릴리프 밸브
② 3방향 감압밸브
③ 방향제어밸브
④ 압력보상형밸브

13 다음 그림과 같은 명칭으로 가장 적합한 것은?

① 3포트 2위치 전환밸브
② 2포트 3위치 전환밸브
③ 6포트 2위치 전환밸브
④ 2포트 6위치 전환밸브

14 유압기본회로에서 폐회로의 특성 설명으로 틀린 것은?

① 동력손실이 적어 열발생이 적다.
② 회로 내의 압력은 부하에 의해 발생한다.
③ 펌프 한 대에 대하여 유압모터 여러 대를 사용하는 것이 원칙이다.
④ 액추에이터의 속도제어는 가변 펌프의 토출량의 변화로 된다.

15 다음 중 작동유의 점도가 너무 낮을 때 나타나는 현상이 아닌 것은?

① 펌프효율 저하
② 기기의 마모 증가
③ 시동저항 증가
④ 누설손실 증가

정답   12 ① 13 ① 14 ③ 15 ③

16 다음의 유압시스템 구성요소 중 유압에너지를 생성하거나 이용하는 것이 아닌 것은?

① 작업요소 ② 최종제어요소
③ 신호처리요소 ④ 동력공급장치

16.
점도가 높을 경우 관내 유동저항에 의한 압력이 증가되어 시동저항이 증가한다.

17 한쪽 방향의 흐름에는 설정된 배압을 부여하고 반대방향의 흐름에는 자유흐름이 되는 밸브는?

① 릴리프 밸브 ② 시퀀스 밸브
③ 언로드 밸브 ④ 카운터밸런스 밸브

18 직경이 50mm인 유압실린더를 이용하여 1ton으로 장비를 50mm/sec의 속도로 밀어올리려고 할 때, 다음 중 가장 적합한 유압펌프의 펌프동력은 몇 kW인가?

① 0.1 ② 0.5
③ 1   ④ 2

18.
$$H = \frac{FV}{102}$$
$$= \frac{1000 \times 50 \times 10^{-3}}{102}$$
$$= 0.49\,kW$$

19 유압실린더의 작동이 불확실한 이유로서 적당하지 않은 것은?

① 작동유의 온도 상승이 지나치게 크다.
② 실린더 내의 기름이 충만되어 있다.
③ 작동유에 이물이 혼입되어 있다.
④ 패킹이 손상되어 있다.

정답 16 ③ 17 ④ 18 ② 19 ②

20 그림과 같은 유압 기본 로직회로에서 A와 B의 압력이 만족할 때 출력 C가 되는 회로는?

① AND 회로
② OR 회로
③ NOT 회로
④ NOR 회로

21 보기와 같은 유압도시기호의 명칭으로 가장 적합한 것은?

① 다이어프램형 실린더
② 쿠션 장착 실린더
③ 단동 실린더
④ 복동 실린더

22 다음 중 작동유에 수분이 혼입되었을 때 나타나는 현상이 아닌 것은?

① 윤활능력 저하
② 기기의 작동불량
③ 작동유의 산화촉진
④ 작동유의 흑화현상 발생

23 건설기계에서 사용되고 있는 보기와 같은 유압모터 회로의 명칭으로 가장 적합한 것은?

① 탠덤형 배치 회로
② 직렬 배치 회로
③ 병렬 배치 회로
④ 정출력 구동 회로

정답 20 ① 21 ④ 22 ④ 23 ④

24 두 개 이상의 분기회로가 있는 곳에 회로의 입력에 의해 개개의 실린더나 모터의 작동순서를 부여하는 자동제어 밸브는?

① 언로딩 밸브(Unloading Valve)
② 시퀀스 밸브(Sequence Valve)
③ 교축 밸브(Restricting Valve)
④ 카운트 밸런스 밸브(Counter Balance Valve)

25 다음 중 유압제어 밸브가 아닌 것은?

① 릴리프 밸브 ② 시퀀스 밸브
③ 스로틀 밸브 ④ 카운트 밸런스 밸브

25.
스로틀(교축) 밸브는 유량제어 밸브이다.

26 그림에서 실린더 B의 반지름은 실린더 A의 반지름 2배이다. 힘 F_1과 F_2 사이의 관계는?

① $F_2=4F_1$
② $F_2=2F_1$
③ $F_1=F_2$
④ $F_1=4F_2$

27 40PS의 전동기를 사용하여 전 효율은 90%일 때, 배출 압력이 70kg_f/cm^2인 유압펌프의 송출량은 약 몇 $cm^3/\sec$인가?

① 36 ② 360
③ 3600 ④ 642.85

27.
$$Q = \frac{40 \times 75 \times 0.9}{70 \times 10^4} \times 100^3$$
$$= 3600\,cm^3/s$$

정답   24 ②   25 ③   26 ①   27 ③

28 유압 작동유가 갖추어야 할 성질이 아닌 것은?
① 유동성
② 윤활성
③ 압축성
④ 산화안정성

29 유압회로 중 실린더의 부하 변동에 관계없이 임의의 위치에 고정시킬 수 있는 회로의 명칭은?
① 부스터 회로
② 언로드 회로
③ 로킹 회로
④ 시퀀스 회로

30 유압 액추에이터(Actuator) 중 직선 왕복운동을 하는 것은?
① 유압 모터
② 유압 실린더
③ 요동형 액추에이터
④ 피스톤형 요동 모터

31 밸브의 설정압력을 설명하는 것으로 가장 적합한 것은?
① 기기가 작동하기 위한 최저 압력
② 감압밸브 등으로 조절되는 압력
③ 파일럿 관로에 작용하는 압력
④ 기기 또는 시스템에 있어서 사용되는 압력

28.
비압축성이어야 한다.

정답 28 ③ 29 ③ 30 ② 31 ②

32 다음 유압회로 중 동조회로로 사용하는 회로가 아닌 것은?

① 시퀀스 밸브와 전자 변환밸브를 이용한 회로
② 유량 조절밸브를 이용한 회로
③ 유압 실린더의 직렬 회로
④ 유압 모터를 이용한 회로

33 다음 중 압력제어 밸브에 속하지 않는 것은?

① 체크 밸브
② 카운트 밸런스 밸브
③ 릴리프 밸브
④ 시퀀스 밸브

33.
체크 밸브는
방향제어 밸브이다.

34 다음 그림은 압력제어 밸브의 어떤 상태의 기호인가?

① 상시열림
② 상시작동
③ 상시닫힘
④ 틀린기호

35 실린더에 유입되는 유량을 제어하는 속도 제어 회로로서 연삭기, 밀링의 이송에 적합한 회로는?

① 미터 인 회로
② 미터 아웃 회로
③ 블리드 온 회로
④ 블리드 오프 회로

35.
드릴링머신, 프레스 :
미터 아웃 회로

호닝머신, 윈치 :
블리드 오프 회로

정답 32 ① 33 ① 34 ③ 35 ①

36 유압장치 운동부분에 사용되는 비접촉형 실(밀봉장치)은?

① 그랜드 패킹(Grand Packing)
② 메커니컬 실(Mechanical Seal)
③ 셀프실 패킹(Self Seal Packing)
④ 래버린스 패킹(Labyrinth Packing)

37 다음 중 오일의 점성을 가장 중요하게 이용한 기계는?

① 진동 흡수 댐퍼
② 유체 커플링
③ 토크 컨버터
④ 유압 잭

38 유압 실린더의 구성요소가 아닌 것은?

① 실린더 튜브(Cylinder Tube)
② 피스톤(Piston)
③ 로킹 빔(Rocking Beam)
④ 실린더 커버(Cylinder Cover)

39 어큐레이터의 용량은 $5l$ 기체의 봉입압력이 $25 kg_f/cm^2$일 때, 작동유압이 $P_1 = 70 kg_f/cm^2$에서 $P_1 = 50 kg_f/cm^2$까지 변화하면 방출되는 유량은 몇 l인가?

① 0.25   ② 0.71   ③ 1.79   ④ 6.25

39.
$$\triangle V = P_0 V_0 \left(\frac{1}{P_2} - \frac{1}{P_1} \right)$$
$$= 25 \times 5 \left(\frac{1}{50} - \frac{1}{70} \right)$$
$$= 0.71$$

정 답   36 ④   37 ①   38 ③   39 ②

40 유압유(油壓油)의 구비해야 할 조건이 아닌 것은?
① 압축성 유체일 것
② 비압축성 유체에 가까울 것
③ 유체의 마찰저항이 적을 것
④ 녹이나 부식발생을 방지할 수 있을 것

41 건설기계 유압펌프의 종류에 속하지 않는 것은?
① 기어 펌프
② 베인 펌프
③ 플런저 펌프
④ 펠톤 펌프

41.
펠톤 펌프는
비용적식 펌프이다.

42 유압 베인 모터의 1회전당 유량이 $40cc$인 경우 기름의 공급 압력이 $70kg_f/cm^2$, 유량이 $30l/min$이면 발생할 수 있는 최대 토크(Torque)는 약 몇 kg_f/m인가?
① 3.675
② 4.675
③ 3.456
④ 4.456

42.
$H_{kW} = \dfrac{PQ}{102}$

$= \dfrac{70 \times 10^4 \times 30 \times 10^{-3}}{102 \times 60}$

$= 3.43\,kW$

$N = \dfrac{Q}{q} = \dfrac{30 \times 1000}{40}$

$= 750\,rpm$

$T = 974\dfrac{H_{kW}}{N}$

$= 974\dfrac{3.43}{750}$

$= 4.45\,kg_f/m$

43 보기와 같은 유압기호는 어느 것을 나타내는 기호인가?
① 가변용량형 펌프
② 감압밸브
③ 언로드 밸브
④ 카운터 밸런스 밸브

정답 40 ① 41 ④ 42 ④ 43 ②

44 유압 회로에 사용되는 어큐뮬레이터의 사용상의 주의점 설명으로 틀린 것은?

① 수소를 충전해서는 안 된다.
② 산소를 충전해서는 안 된다.
③ 질소를 충전해서는 안 된다.
④ 규정압 이상으로 충전해서는 안 된다.

45 작동유의 산성을 나타내는 척도인 것은?

① 점도지수　　　② 소포성
③ 인화점　　　　④ 중화수

46 유량 제어 밸브를 액추에이터의 입구 측에 설치한 회로로 공급 쪽 관로 내의 흐름을 제어함으로써 속도를 제어하는 회로는?

① 미터 인 회로
② 미터 아웃 회로
③ 브레이크 회로
④ 인터로크 회로

47 지름이 30cm인 관속에 300kgf/s의 유체가 흐르고 있다면 관 내의 평균 유속은 약 몇 m/s인가?
(단, 유체의 비중량은 $1200\,kg_f/m^3$이다)

① 0.354
② 3.54
③ 41.44
④ 4144

47.
$$V = \frac{4\dot{G}}{\gamma \pi d^2}$$
$$= \frac{4 \times 300}{1200 \times \pi \times 0.3^2}$$
$$= 3.54\,m/s$$

정답　44 ③　45 ④　46 ①　47 ②

48 유압기기 중 불필요한 오일을 탱크로 방출시켜 펌프에 부하가 걸리지 않도록 하는 밸브를 무엇이라 하는가?

① 감압 밸브(Pressure Reducing Valve)
② 교축 밸브(Flow Metering Valve)
③ 카운터 밸런스 밸브(Counter Balance Valve)
④ 무부하 밸브(Unloading Valve)

49 다음은 유압펌프 효율에 대한 설명이다. 틀린 것은?

① 용적효율은 이론적 펌프 토출량에 대한 실제 토출량의 비를 말한다.
② 기계적 효율은 구동장치로부터 받은 동력에 대하여 펌프가 유압유에 작용한 이른 동력의 비이다.
③ 유압 펌프의 용적효율은 사용 압력에 관계없이 항상 일정하다.
④ 전효율을 용적효율과 기계적 효율의 곱으로 표시한다.

50 작동유의 점도가 너무 낮을 경우 설명 중 틀리는 것은?

① 유압 펌프나 유압 모터의 용적효율이 증가한다.
② 내부 오일 누설이 증가한다.
③ 압력 유지가 곤란하다.
④ 마모가 증대한다.

50.
점도가 낮을 경우 체적효율은 감소한다.

정답 48 ④ 49 ③ 50 ①

51 두 개 이상의 분기회로를 갖는 회로 중에서 그 작동순서를 회로의 압력 또는 유압실린더 등의 운동에 의해서 규제하는 자동 밸브는?

① 릴리프 밸브(Relief Valve)
② 시퀀스 밸브(Sequence Valve)
③ 언로딩 밸브(Unloading Valve)
④ 카운터 밸런스 밸브(Counter Valance Valve)

52 유압유의 물리적 성질 중에서 동계 운전 시에 가장 중요하게 고려해야 할 성질은?

① 압축성
② 유동점
③ 인화점
④ 비중과 밀도

52.
동계 운전 시에는 유동점이 낮아서 얼지 않아야 한다.

53 다음은 피스톤 펌프의 특징을 설명한 것이다. 이들 중 틀리는 것은?

① 가변용량형 펌프로 제작이 가능하다.
② 피스톤의 배열에 따라 외접식과 내접식으로 나눈다.
③ 고압에서 누설이 적고 체적효율이 좋다.
④ 고속 운전이 가능하고 설치면적이 작다.

53.
피스톤의 배열에 따른 분류는 액셜 피스톤 펌프와 레이디얼 피스톤 펌프, 직동 왕복펌프(수동펌프)로 구분한다.

정답 51 ② 52 ② 53 ②

54 다음 중 펌프에서 토출된 유량의 액동을 흡수하고, 토출된 압유를 축적하여 간헐적으로 요구되는 부하에 대해서 압유를 방출하여 펌프를 소경량화 할 수 있는 기기는?

① 어큐레이터(Accumulator)
② 스트레이너(Trainer)
③ 오일 냉각기
④ 필터(Filter)

55 베인 펌프의 특성을 설명한 것 중 옳지 않은 것은?

① 평균 효율이 피스톤 펌프보다 높다.
② 토출 압력의 맥동과 소음이 적다.
③ 단위 무게당 용량이 커 형상수치가 적다.
④ 베인의 마모로 인한 압력저하가 적어 수명이 길다.

56 서지압 발생원에 가까이 장착하여 충격 압력을 흡수하여 배관, 밸브, 계기류를 보호하는 기기는?

① 디퓨져
② 액추에이터
③ 스로틀
④ 어큐레이터

정답 54 ① 55 ① 56 ④

57 그림과 같은 유압 회로에 대한 일반적인 설명으로 잘못된 것은?

① 동력원 유닛 회로이다.
② 펌프 출구에 릴리프 밸브가 있다.
③ 최소압력을 제한하기 위한 회로이다.
④ 정용량형 펌프의 과부하 방지용으로 사용한 것이다.

57.
최고압력을 제한하기 위한 회로이다.

58 다음 기호와 같은 압력제어 밸브는?

① 감압 밸브
② 릴리프 밸브
③ 언로드 밸브
④ 시퀀스 밸브

59 다음과 같은 유압용어의 설명으로 잘못된 것은?

① 점성계수의 차원은 $[ML^{-1}T]$이다.
② 동점성계수의 단위는 $[St]$를 사용한다.
③ 유압 작동유의 점도는 온도에 따라 변한다.
④ 점도란 액체의 내부 마찰에 기인하는 점성의 정도를 나타낸 것이다.

59.
점성계수의 단위는 kg_m/ms이다.

60 펌프의 압력이 $80kg/cm^2$, 토출유량이 $50l/min$인 레이디얼 피스톤 펌프의 소요동력 PS은?
(단, 펌프 효율은 0.85이다)

① 10.46
② 104.6
③ 7.69
④ 14.25

60.
$$PS = \frac{PQ}{75\eta}$$
$$= \frac{80 \times 10^4 \times 50 \times 10^{-3}}{75 \times 0.85 \times 60}$$
$$= 10.458$$

정답 57 ③ 58 ② 59 ① 60 ①

61 기어펌프의 특성 설명으로 틀린 것은?

① 흡입 능력이 가장 크다.
② 구조가 간단하고, 취급이 용이하다.
③ 가변 용량형으로 만들기가 곤란하다.
④ 피스톤 펌프에 비교하여 효율이 우수하다.

62 체적 탄성계수가 $2 \times 10^8 kg_f/cm^2$인 유체의 체적을 2% 감축시키려면 몇 kg_f/cm^2의 압력이 필요한가?

① 1×10^9　　　② 4×10^9
③ 4×10^6　　　④ 8×10^6

62.
$\triangle P = K_e \times V = 2 \times 10^8 \times 0.02$
$\qquad = 4 \times 10^6$

63 다음 중에서 유압 작동유의 첨가제가 아닌 것은?

① 산화촉진제
② 방청제
③ 유성향상제
④ 점도지수 향상제

63.
산화방지제를 첨가한다.

64 토출압이 $40kg/cm^2$, 토출량이 $40 l/min$, 회전수가 $1200 rpm$되는 용적형 펌프에 있어서 소요동력이 $3.9 kW$이었다면 전체효율은 약 몇 %인가?

① 60　　　② 65
③ 67　　　④ 70

정답　61 ④　62 ③　63 ①　64 ③

65 유량제어 밸브가 부착된 원격제어 불도저의 속도 제어 회로의 명칭은?
① 미터 인 회로(Meter In Circuit)
② 미터 아웃 회로(Meter Out Circuit)
③ 블리드 오프 회로(Bleed Off Circuit)
④ 감속 회로(Deceleration Circuit)

66 유압 계통의 압력이 설정 값에 도달하게 되면 작동유를 기름 탱크로 귀환시켜 펌프를 무부하로 만들고 계통압력이 설정 값 이하로 되면, 다시 유압 계통에 작동유를 공급하는 밸브는?
① 교축 밸브
② 언로드 밸브
③ 감압 밸브
④ 시퀀스 밸브

67 내경 $50mm$의 실린더에서 피스톤 속도가 $4m/min$일 때, 필요한 유압유의 이론 유량 Q는 약 몇 l/min인가?
① 4.89
② 7.85
③ 3.14
④ 2.67

67.
$$Q = \frac{\pi 5^2}{4} \times 400 \times 10^{-3}$$
$$= 7.85$$

68 다음 중 유압장치의 특징 설명으로 틀린 것은?
① 힘의 증폭이 용이하다.
② 사용 압력의 한계는 10bar이다.
③ 일정한 힘과 토크를 낼 수 있다.
④ 제어가 비교적 간단하고 정확하다.

정답 65 ① 66 ② 67 ② 68 ②

69 유체의 흐름이 없을 때에도 일정 압력을 유지하는데 사용하는 유압 기기는?

① 오일 탱크 ② 가변용량 탱크
③ 어큐레이터 ④ 스트레이너

70 그림과 같은 장치에서 A 피스톤에 $400kg_f$의 힘을 가하였을 때, B 피스톤의 압력은 약 몇 kg_f/cm^2인가?
(단, A 피스톤의 지름은 $10cm$이고, B 피스톤의 지름은 $20cm$이다)

① 1.3
② 5.1
③ 6.3
④ 7.1

71 오일 탱크의 부속장치에서 오일 탱크로 돌아오는 오일과 펌프로 가는 오일을 분리시키는 역할을 하는 것은?

① 버플 ② 스트레이너
③ 노치 와이어 ④ 드레인 플러그

72 크래킹 압력의 설명으로 다음 중 가장 적합한 것은?

① 과도적을 상승한 압력의 최대값
② 릴리프 또는 체크밸브에서 압력이 상승하여 밸브가 열리기 시작하는 압력
③ 파괴되지 않고 견디어야 하는 시험압력
④ 실제로 파괴되는 압력 체크 밸브 또는 릴리프 밸브 등으로 압력

72.
체크 밸브 또는 릴리프 밸브 등으로 압력이 상승하여 밸브가 열리기 시작하고 어떤 일정한 흐름의 양이 확인되는 압력이 크래킹 압력이다.

정답 69 ③ 70 ② 71 ① 72 ②

73 굴착기에서 송출 압력이 $55 kg/cm^2$이고, 송출 유량이 $30 l/min$인 펌프의 동력은 약 몇 kW인가?

① 2.1　　　　　② 2.3
③ 2.7　　　　　④ 2.9

73.
$$kW = \frac{55 \times 10^4 \times 30 \times 10^{-3}}{102 \times 60}$$
$$= 2.7$$

74 작동유의 점성에 관계없이 유량을 조절할 수 있으며, 조정 범위가 크고 미세량도 조정 가능한 밸브는?

① 서보 밸브(Servo Valve)
② 체크 밸브(Check Valve)
③ 교축 밸브(Throttle Valve)
④ 안전 밸브(Safety Valve)

75 유압유의 점도지수(Viscosity Index) 설명으로 적합한 것은?

① 압력변화에 대한 점도변화의 율을 나타내는 척도이다.
② 온도변화에 대한 점도변화의 율을 나타내는 척도이다.
③ 공업점도 세이볼트(Saybolt)와 절대 점도 푸아즈(Poise)와의 비이다.
④ 파라핀(Parafin)계 펜실바니아 원유의 함유량을 나타내는 척도이다.

76 유압 실린더와 병렬로 유량제어 밸브를 설치하고 실린더에 유입되는 유량을 제어하는 속도제어 회로의 방식?

① 미터 인 회로　　　　② 미터 아웃 회로
③ 블리드 온 회로　　　④ 블리드 오프 회로

정답　73 ③　74 ③　75 ②　76 ④

77 치차 펌프에서 축동력의 증가, 치차의 진동, 공동현상에 의한 기포발생 등의 원인이 되는 가장 큰 이유는?
① 치차의 치선과 케이싱 사이의 간극
② 치차의 이의 두께
③ 치차의 백래시
④ 치차의 표면 가공 불량

78 유압 브레이크 장치의 주요 구성요소가 아닌 것은?
① 마스터 롤러
② 마스터 실린더
③ 브레이크 슈
④ 브레이크 드럼

79 보기와 같은 유압 공기압 도면기호는 무슨 기호인가?
① 정용량형 유압 펌프
② 공기압 모터
③ 가변 용량형 유압 펌프 모터
④ 진공 펌프

80 유체 컨버터의 장점으로 가장 적합한 것은?
① 원동기 시동의 경우 반드시 무부하 상태에서 실시한다.
② 과부하 때문에 기관이 정지하거나 손상되는 일이 없다.
③ 충격력이나 진동을 유체에 의해 완화할 수 없으며, 원동기의 수명 연장에 도움이 된다.
④ 변속을 위하여 클러치가 필요 없다.

80.
유체 클러치와 토크 컨버터 변환기의 날개 형상을 보면 유체 클러치 날개는 각도가 없이 방사선 상으로 되어 있고, 토크 컨버터는 펌프와 터빈의 날개에 각도가 나 있으며, 또 이들 두 개 사이에는 스테이터가 있다. 또, 토크 변환율은 유체 클러치가 1 : 1을 넘지 못하는데 비해 토크 컨버터는 2~3 : 1)의 토크 변환을 할 수 있다.

정답 77 ③ 78 ① 79 ① 80 ②

81 추의 낙하를 방지하기 위해서 배압을 유지시켜 주는 압력 제어 밸브는?

① 릴리프 밸브
② 체크 밸브
③ 시퀀스 밸브
④ 카운터 밸런스 밸브

82 유압 신호를 전기 신호로 전환시키는 일종의 스위치로 전동기의 기동, 솔레노이드 조작밸브의 개폐 등의 목적에 사용되는 유압 기기인 것은?

① 유압 퓨즈(Fluid Fuse)
② 압력스위치(Pressure Switch)
③ 축압기(Accumulator)
④ 배압형 센서(Back Pressure Sensor)

83 입력 축과 출력 축의 회전력을 변화시키기 위하여 펌프와 터빈의 중간에 스테이터를 설치한 유체 구동기구는?

① 쇼크 업 소버
② 토크 컨버터
③ 진동 개폐 밸브
④ 유압 잭

84 유압호스(Hose)의 사용 목적 설명으로 틀린 것은?

① 유압회로의 서지 압력을 흡수한다.
② 결합부의 상대 위치가 변하는 경우 사용한다.
③ 진동을 흡수한다.
④ 고압 회로로 변화하기 위해 사용한다.

정 답

81 ④ 82 ② 83 ② 84 ④

85 다음 중 유압 작동유의 점도가 너무 높을 경우 나타나는 현상으로 가장 적합한 것은?

① 내부 누설의 증대
② 동력 손실의 증대
③ 마찰부분의 마모 증대
④ 펌프 효율의 상승

86 압력 오버라이드(Pressure Override)에 대한 설명으로 가장 적합한 것은?

① 커질수록 릴리프 밸브의 특성이 좋아진다.
② 설정압력과 크래킹 압력의 차이다.
③ 밸브의 진동과는 관계없다.
④ 전량압력이다.

87 다음 펌프 중 가장 높은 압력을 생성할 수 있는 펌프는?

① 베인 펌프
② 내접기어 펌프
③ 스크루 펌프
④ 피스톤 펌프

88 소형 리프팅장치에서 유압 실린더의 지름이 $10cm$, 펌프의 이른 송출량이 $40l/\min$이면, 추력 $3kg_f$인 유압 실린더의 속도는 몇 cm/s인가?(단, 용적 효율은 93%이다)

① 7.9　　② 8.6
③ 9.4　　④ 10.7

88.
$$V = \frac{4Q\eta}{\pi d^2}$$
$$= \frac{4 \times 40 \times 1000 \times 0.93}{\pi \times 10^2}$$
$$= 7.9\,cm/s$$

정답　85 ②　86 ②　87 ④　88 ①

89 유압기기와 관련되는 유체의 동역학에 대한 다음의 설명 중 올바른 설명은?

① 유체의 속도는 단면적이 큰 곳에서는 빠르다.
② 점성이 없는 비압축성의 액체가 수평관을 흐를 때, 압력수두와 위치수두 및 속도수두의 합은 일정하다.
③ 유속이 크고 굵은 관을 통과할 때 층류가 발생한다.
④ 유속이 작고 가는 관을 통과할 때 난류가 발생한다.

90 보기 기호는 어떤 유압 기호인가?

① 서보 밸브
② 교축전환 밸브
③ 파일럿 밸브
④ 셔틀 밸브

91 윤활유의 성질 개선향상을 위하여 첨가제를 사용하는데 개선향상을 위한 첨가제가 아닌 것은?

① 유동점 향상제
② 전도지수 향상제
③ 산화방지제
④ 청정제

91.
유동점 강하제를 넣는다.

92 출력이 7.5[kW], 회전수 1400[rpm]인 유압 모터의 토크는 몇 [$kg_f \cdot m$]인가?

① 약 2.4 ② 약 4.3
③ 약 5.2 ④ 약 6.1

정답 89 ② 90 ① 91 ① 92 ③

93 다음 중 유체의 점성계수(μ)에 정비례하는 운동은?
① 층류 운동 ② 마찰 운동
③ 점성 운동 ④ 무차원 운동

93.
층류는 뉴턴유체로서 뉴턴의 점성법칙을 만족하는 흐름이다.

94 감압밸브, 체크밸브, 릴리프밸브 등에서 밸브 시트를 두드려 비교적 높은 음을 내는 일종의 자려 진동 현상은?
① 유격 현상
② 채터링 현상
③ 폐입 현상
④ 캐비테이션 현상

94.
① 유격 현상은 물체의 간격이다.
③ 폐입 현상은 두 개의 치차가 동시에 접촉하는 경우에 두 점 사이의 밀폐공간에 유체가 유입되고 밀폐된 공간은 흡입구나 송출구로 통하지 않으며 폐입 된 유체의 압력이 밀폐용적의 변화에 의하여 변화하는 현상
④ 캐비테이션 현상은 압력이 액체의 증기압 이하로 내려가면 기체가 유리되면서 기포를 발생하는 현상이다.

95 유압 시스템에서 실린더가 불규칙적으로 작동되고 있을 때, 그 주요 원인이 아닌 것은?
① 밸브의 작동 불량 ② 펌프의 성능 불량
③ 과부하 작동 ④ 작동유 과다

96 유압펌프 토출압력이 $60 kg_f/cm^2$, 토출유량은 $30 l/\min$인 경우 펌프의 동력은 약 몇 kW인가?
① 0.294 ② 2.94
③ 29.4 ④ 294

97 다음 중 유량조절밸브에 의한 속도 제어회로를 나타낸 것이 아닌 것은?
① 미터 인 회로 ② 블리드 오프 회로
③ 미터 아웃 회로 ④ 최대압력 제한회로

97.
최대압력 제한 회로는 압력제어밸브이다.

정답 93 ① 94 ② 95 ④ 96 ② 97 ④

98 미터-인 속도제어 회로로 실린더의 속도를 조정하는 경우 실린더에 인력(Tractive Force)이 작용하면 실린더 속도는 제어할 수 없게 된다. 이때 이를 제어할 수 있는 밸브는?
 ① 브레이크 밸브
 ② 카운터 밸런스 밸브
 ③ 3방향 감압밸브
 ④ 분류밸브

99 토출압력이 $70kg_f/cm^2$, 토출량은 $50l/min$인 유압 펌프용 모터의 1분간 회전수는 얼마인가?
 (단, 펌프 1회전당 유량은 $Q_n = 20cc/rev$이며, 효율은 100%로 가정한다.)
 ① 1250
 ② 1750
 ③ 2250
 ④ 2500

99.
$N = \dfrac{Q}{q} = \dfrac{50 \times 1000}{20}$
$= 2500\, rpm$

100 다음 중 유체 토크 컨버터의 구성 요소가 아닌 것은?
 ① 스테이터   ② 펌프
 ③ 터빈   ④ 릴리프밸브

101 유압 잭에서 지름(D)이 $D_2 = 2D_1$일 때 누르는 힘 F_1과 F_2의 관계를 나타낸 식으로 올바른 것은?
 ① $F_2 = F_1$
 ② $F_2 = 2F_1$
 ③ $F_2 = 4F_1$
 ④ $F_2 = (1/4)F_1$

101.
$\dfrac{4F_1}{\pi D_1^2} = \dfrac{4F_2}{\pi D_2^2}$
$F_2 = 4F_1$

정답 98 ② 99 ④ 100 ④ 101 ③

102 유압 장치에서 조작 사이클의 일부에서 짧은 행정 또는 순간적으로 고압을 필요로 할 경우에 사용하는 회로는?

① 감압 회로　　　　　② 로킹 회로
③ 증압 회로　　　　　④ 동기 회로

103 다음 중 같은 크기의 실린더를 사용하여 동일압력을 공급하는 동조회로에서 동조하는 데 방해가 되는 요소가 아닌 것은?

① 부하 분포의 균일
② 마찰의 저항의 차이
③ 유압기기의 내부 누설
④ 실린더의 조립상의 공차에 의한 치수 오차

104 베인 펌프의 1회전당 유량이 $40cc$일 때, 1분당 유량이 25리터이면 회전수는 약 rpm인가?

① 62　　　　　　　② 625
③ 125　　　　　　④ 745

104.
$Q = q \cdot N$

$N = \dfrac{Q}{q} = \dfrac{25 \times 10^3}{40} = 625\,rpm$

105 일정한 유량으로 유체가 흐르고 있는 관의 지름을 5배로 하면 유속은 어떻게 변화하는가?

① 1/5로 준다.
② 25배로 는다.
③ 5배로 는다.
④ 1/25로 준다.

105.
$Q = A_1 V_1 = A_2 V_2$

$\dfrac{V_2}{V_1} = \left(\dfrac{d_1}{d_2}\right)^2 = \dfrac{1}{25}$

정답　102 ③　103 ①　104 ②　105 ④

106 유압장치에서 플래싱을 하는 목적은?

① 유압장치 내 점검
② 유압장치의 유량증가
③ 유압장치의 고장방지
④ 유압장치의 이물질 제거

106.
Flashing :
유압장치에서 유압유를 교환하는 작업이다.

107 보기와 같은 단동 실린더를 사용하여 힘 $F=250\,kg_f$를 발생시키는 데는 최소 얼마의 유압이 필요한가?

(단, 실린더의 내경은 $40mm$이다.)

① $19.9kg_f/cm^2$
② $25.7kg_f/cm^2$
③ $32.5kg_f/cm^2$
④ $46.4kg_f/cm^2$

107.
유압 $P_a = \dfrac{F}{A} = \dfrac{250 \times 4}{\pi \times 4^2}$

$= 19.918 kg_f/cm^2$

108 유압 작동유에 혼입된 수분의 영향으로 볼 수 없는 것은?

① 작동유의 열화를 촉진한다.
② 작동유의 방청성을 저하시킨다.
③ 작동유의 산화를 저하시킨다.
④ 작동유의 윤활성을 저하시킨다.

108.
작동유에 수분이 혼입되면 산화를 촉진시킨다.

정답   106 ④   107 ①   108 ③

109 유압 시스템은 비압축성 유체를 사용한다. 다음은 비압축성 유체를 사용하기 때문에 얻어지는 유압시스템의 가장 중요한 특성인 것은?

① 과부하 안전장치가 간단하다.
② 운동방향의 전환이 용이하다.
③ 정확한 위치 및 속도 제어에 적당하다.
④ 무단 변속이 가능하다.

109.
비압축성 유체는 압력변화에 대한 밀도의 변화가 없는 유체로서 유압기기에서 위치 및 속도제어를 가능하게 한다.

110 그림과 같이 펌프 출구단 직후에 릴리프밸브를 설치하여 그 최대 압력을 제한하는 회로의 명칭은?

① 감압 회로
② 압력 설정 회로
③ 시퀀스 회로
④ 카운터 밸런스 회로

110.
릴리프 밸브는 유압기기 전체의 최고 압력설정밸브이다.

111 유압장치의 운동부분에 사용되는 실의 일반적인 명칭은?

① 패킹　　　　　② 개스킷
③ 심레스　　　　④ 필터

111.
고정부의 실은 개스킷이다.

112 유압기기에 쓰여지는 베인펌프 특징 설명으로 틀린 것은?

① 작동유의 점도에 제한이 있다.
② 펌프 출력 크기에 비하여 형상치수가 작다.
③ 비교적 고장이 많고 수리 및 관리가 복잡하다.
④ 베인의 마모에 의한 압력저하가 발생되지 않는다.

112.
베인펌프는 비교적 고장이 적고 보수가 용이하다.

정답　109 ③　110 ②　111 ①　112 ③

113 유압기기에 사용되는 개스킷의 용어설명으로 다음 중에서 가장 적합한 것은?

① 고정부분에 사용되는 실
② 운동부분에 사용되는 실
③ 대기로 개방되어 있는 구멍
④ 흐름의 단면적을 감소시켜 관로 내 저항을 갖게 하는 기구

114 원동기(전기모터나 내연기관 등)로부터 공급받은 동력을 기계적 유압에너지로 변환시켜 작동매체인 작동유(압축유)를 통하여 유압계통에 에너지를 가해주는 기기인 것은?

① 유압펌프　　② 유압실린더
③ 유압모터　　④ 유압밸브

115 유압펌프 토출압력이 $60 kg_f/cm^2$, 토출유량은 $30 l/min$인 경우 펌프의 동력은 약 몇 kW인가?

① 0.294　　② 2.94
③ 29.4　　④ 294

115.
$$kW = \frac{PQ}{102} = \frac{60 \times 10^4 \times 30 \times 10^{-3}}{102 \times 60}$$
$$= 2.94$$

116 유압기기와 관련되는 유체의 동력학에 대한 다음의 설명 중 올바른 것은?

① 유체의 속도는 단면적이 큰 곳에서는 빠르다.
② 점성이 없는 비압축성의 액체가 수평관을 흐를 때, 압력 수도와 위치수두 및 속도 수두의 합은 일정하다.
③ 유속이 크고 굵은 관을 통과할 때 층류가 발생한다.
④ 유속이 작고 가는 관을 통과할 때 난류가 발생한다.

정답　113 ①　114 ①　115 ②　116 ②

117 다음 유압기기 중 오일의 점성을 이용한 기계, 유속을 이용한 기계 및 팽창 수축을 이용한 기계로 분류할 때, 점성을 이용한 기계로 가장 적합한 것은?

① 토크 컨버터　　② 쇼크업소버
③ 압력계　　　　　④ 진공 개폐 밸브

118 유압회로에서 '정규 조작방법에 우선하여 조작할 수 있는 대체 조작수단'으로 정의되는 에너지 제어·조작방식 일반에 관한 용어인 것은?

① 솔레노이드 조작
② 간접 파일럿 조작
③ 오버라이드 조작
④ 직접 파일럿 조작

119 보기와 같은 유압·공기압기호의 명칭은?

① 유압전도장치
② 정용량 펌프
③ 차동실린더
④ 정용량형 펌프·모터

120 1개의 유압실린더에서 전진 및 후진 단에 각각의 리미트 스위치를 부착하는 이유 설명으로 가장 적합한 것은?

① 실린더의 행정거리를 제한하기 위하여
② 실린더내의 온도를 제어하기 위하여
③ 실린더의 속도를 제어하기 위하여
④ 유압장치의 외관을 고려하여

120.
제한스위치 :
행정거리를 제한하기 위한 스위치

정답　117 ②　118 ③　119 ②　120 ①

121 모듈이 10, 잇수가 30개, 이의 폭이 $50mm$일 때, 회전수가 $600rpm$, 체적 효율은 80%인 기어펌프의 송출 유량은 약 몇 인가?

① 0.46
② 0.27
③ 0.66
④ 0.77

121.
$Q = 2\pi m^2 Zbn\eta_v$
$= 2\pi \times (10 \times 10^{-3})^2 \times 30$
$\times 50 \times 10^{-3} \times 600 \times 0.8 = 0.452$

122 다음 중 밸브 몸체가 밸브 시트 시트면에 직각방향으로 이동하는 형식의 밸브로 정의되는 것은?

① 포핏 밸브
② 스풀 밸브
③ 파일럿 밸브
④ 슬라이드 밸브

123 일반적으로 유압 실린더의 작동속도를 바꾸자면 유압유의 무엇을 변환하여야 하는가?

① 유량
② 점도
③ 압력
④ 방향

123.
압력제어밸브 : 힘의 조절
유량제어밸브 : 속도의 조절
방향제어밸브 : 방향의 조절

124 유체 컨버터의 특징 설명으로 틀린 것은?

① 무단 변속을 할 수 있다.
② 원동기와 종동기 모두 수명이 연장된다.
③ 부하를 건 채로 원동기를 시동할 수 없다.
④ 과부하 때문에 기관이 정지하거나 손상되는 일이 없다.

124.
유체컨버터는 유체를 이용하여 토크를 종동축에 전달하는 장치로서 토크 변동이 가능하며 클러치용으로 사용하므로 부하작동시 원동기를 시동할 수 있다.

정답 121 ① 122 ① 123 ① 124 ③

125 밸브의 전환 도중에서 과도적으로 생긴 밸브 포트 간의 흐름을 의미하는 유압 용어는?

① 자유 흐름(Free Flow)
② 인터플로(Inter Flow)
③ 제어 흐름(Controlled Flow)
④ 아음속 흐름(Subsonic Flow)

126 유압회로에서 캐비테이션이 발생하지 않도록 하기 위한 방지대책으로 가장 적합한 것은?

① 흡입관에 급속 차단장치를 설치한다.
② 흡입 유체의 유온을 높게 하여 흡입한다.
③ 과부하시는 패킹부에서 공기가 흡입되도록 한다.
④ 흡입관 내의 평균유속이 $3.5 m/s$ 이하가 되도록 한다.

127 정용량형 유압펌프를 일정압력, 일정유량 하에서 운전하여 가변용량형 유압모터를 구동시키는 유압모터 회로는?

① 일정 마력 구동 회로
② 일정 토크 구동 회로
③ 유압모터 병렬회로
④ 유압모터 직렬회로

128 유압 실린더와 유압 모터의 기능을 바르게 설명한 것은?

① 유압 실린더나 유압 모터는 왕복운동을 한다.
② 유압 실린더나 유압 모터는 회전운동을 한다.
③ 유압 실린더는 직선운동, 유압 모터는 회전 운동을 한다.
④ 유압 실린더는 회전운동, 유압 모터는 왕복 운동을 한다.

126.
Cavitation 발생조건
㉠ 펌프와 흡수면의 수직거리 (흡입 높이)가 너무 길 때
㉡ 과속운전으로 인하여 유량이 증가할 때
㉢ 유동액체의 어느 부분이 고온일 때
㉣ 저항이 클 때 (Strainer, Valve 등) → 압력 강하

Cavitation 방지책
㉠ 펌프 설치높이를 될 수 있는 대로 낮춤
㉡ 압축 펌프사용, 회전과 수중에 잠금
㉢ 펌프의 회전수 낮춤
㉣ 양흡입 펌프사용
㉤ 두 대 이상 펌프 사용
㉥ 저항을 작게 하여 손실수두를 줄임 (밸브 적게, 흡입관 구경 크게 등)

정답 125 ② 126 ④ 127 ① 128 ③

129 보기와 같은 기호는 어떤 조작 방식 유압기호인가?

① 기계조작방식
② 외부 파일럿 조작방식
③ 솔레노이드 조작방식
④ 내부 파일럿 조작방식

130 다음 중 결합부위 위치가 상대적으로 변하는 경우에 가장 적합한 관은?

① 동관
② 고무 호스
③ 강관
④ 스테인리스 강관

130.
상대위치가 변하는 경우의 배관은 고압용 고무호스가 적합하다.

131 보기와 같은 실린더의 피스톤 단면적(A)이 $8cm^3$이고 행정거리(s)는 10cm일 때, 이 실린더의 전진행정 시간이 1분인 경우 필요한 공급 유량은 몇 cm^3/min인가?

(단, 피스톤 로드의 단면적은 $1cm^2$이다.)

① 60
② 70
③ 80
④ 90

132 보기와 같은 유압 · 공기압 도면기호의 명칭은?

① 분리기
② 배출기
③ 필터
④ 윤활기

정답 129 ② 130 ② 131 ③ 132 ③

133 유압 브레이크 장치의 주요 구성요소가 아닌 것은?
① 마스터 롤러
② 마스터 실린더
③ 브레이크 슈
④ 브레이크 드럼

134 베인펌프의 일반적인 구성요소가 아닌 것은?
① 캠링 ② 베인
③ 로터 ④ 모터

135 보기 회로도는 크기가 같은 실린더로 동조하는 회로이다. 이동조회로 명칭으로 가장 적합한 것은?

① 2개의 펌프를 사용한 동조회로
② 2개의 유량제어 밸브를 사용한 동조회로
③ 2개의 유압모터를 사용한 동조회로
④ 래크와 피니언을 사용한 동조회로

정답 133 ① 134 ④ 135 ③

136 체크밸브, 릴리프밸브 등에서 압력이 상승하고 밸브가 열리기 시작하여 어느 일정한 흐름의 양이 확인되는 압력을 의미하는 용어는?

① 서지 압력
② 게이지 압력
③ 크래킹 압력
④ 리시트 압력

137 유압 베인 모터의 1회전당 유량이 $40cc$인 경우 기름의 공급 압력이 $70kg_f/cm^2$, 유량이 $30l/min$이면 발생할 수 있는 최대 토크(Torque)는 약 몇 $kg_f \cdot m$인가?

① 3.675
② 4.675
③ 3.456
④ 4.456

137.
$T = \dfrac{pq}{2\pi}$

$= \dfrac{70 \times 10^4 \times 40 \times 10^{-6}}{2\pi}$

$= 4.456 kg_f \cdot m$

138 보기와 같은 유압기호는 어느 것을 나타내는 기호인가?

① 가변용량형 펌프
② 감압밸브
③ 안로드 밸브
④ 카운터 밸런스 밸브

138.
상시개형은 감압밸브이다.

정답 136 ③ 137 ④ 138 ②

139 유압 회로에 사용되는 어큐레이터의 사용상의 주의점 설명으로 틀린 것은?

① 수소를 충전해서는 안 된다.
② 산소를 충전해서는 안 된다.
③ 질소를 충전해서는 안 된다.
④ 규정압 이상으로 충전해서는 안 된다.

139.
어큐레이터는 축압기로서 일반적으로 기체압축형이며 질소를 충전한다.

140 유압기기 중 불필요한 오일을 탱크로 방출시켜 펌프에 부하가 걸리지 않도록 하는 밸브를 무엇이라 하는가?

① 감압 밸브(Pressure Reducing Valve)
② 교축 밸브(Flow Metering Valve)
③ 카운터 밸런스 밸브(Counter Balance Valve)
④ 무부하 밸브(Unloading Valve)

141 다음은 유압펌프 효율에 대한 설명이다. 틀린 것은?

① 용적효율은 이론적 펌프 토출량에 대한 실제 토출량의 비를 말한다.
② 기계적 효율은 구동장치로 부터 받은 동력에 대하여 펌프가 유압유에 작용한 이론 동력의 비이다.
③ 유압 펌프의 용적효율은 사용 압력에 관계없이 항상 일정하다.
④ 전효율은 용적효율과 기계적 효율의 곱으로 표시한다.

정답 139 ③ 140 ④ 141 ③

142 기어펌프의 특성 설명으로 틀린 것은?

① 흡입 능력이 가장 크다.
② 구조가 간단하고, 취급이 용이하다.
③ 가변 용량형으로 만들기가 곤란하다.
④ 피스톤 펌프에 비교하여 효율이 우수하다.

143 다음 중에서 유압 작동유의 첨가제가 아닌 것은?

① 산화 촉진제
② 방청제
③ 유성 향상제
④ 점도지수 향상제

143.
작동유에는 산화방지제를 첨가해야 한다.

144 유압실린더에서 피스톤 로드가 부하를 미는 힘이 50kN, 피스톤 속도가 5m/min인 경우 실린더 내경이 8cm 이라면 소요동력은 약 몇 kW 인가? (단, 편로드형 실린더이다.)

① 2.5
② 3.17
③ 4.17
④ 5.3

144.
$L = 50 \times \dfrac{5}{60} = 4.17 \text{kW}$

145 두 펌프 사이의 압력을 일정한 비율로 조절하는 밸브는?

① 시퀀스 밸브(Sequence Valve)
② 언로딩 밸브(Unloading Valve)
③ 충격억제 밸브(Shock Suppression Valve)
④ 로드-디바이드 밸브(Load-dividing Valve)

145.
영어단어로 찾는 것임

정답 142 ④ 143 ① 144 ③ 145 ④

146 유압 기계에서 작업장치로 유압 실린더의 압력을 천천히 빼어, 기계 손상의 원인이 되는 회로의 충격을 작게 하는 것을 무엇이라 하는가?
  ① 디컴프레션(Decompression)
  ② 점핑(Jumping)
  ③ 디더(Dither)
  ④ 컷 오프(Cut – Off)

147 유압 응용장치에서 오일의 팽창 및 수축을 이용한 경우에 해당되는 것은?
  ① 진동 개폐 밸브
  ② 쇼크업소버
  ③ 유압프레스
  ④ 토크컨버터

148 유압유의 특성에서 물리적인 것과 화학적인 것이 있다. 다음 중 화학적인 특성인 것은?
  ① 점도지수   ② 밀도
  ③ 유동점   ④ 산화안정성

149 유압 펌프의 특징에 대한 설명으로 틀리는 것은?
  ① 기어 펌프 : 구조가 간단하고 소형이다.
  ② 베인 펌프 : 장시간 사용해도 성능의 저하가 작다.
  ③ 나사 펌프 : 운전이 동적이고 내구성이 작다.
  ④ 피스톤 펌프 : 고압에 적당하고 효율이 좋다.

정답   146 ①   147 ①   148 ④   149 ③

150 다음 중 실린더만으로 전후진 양방향의 힘과 속도가 같은 실린더는?

① 양로드식 복동실린더
② 텔레스코픽 실린더
③ 램형 실린더
④ 디지털 실린더

151 유압 파워 유닛의 주요 구성 요소가 아닌 것은?

① 탱크
② 전동기
③ 필터
④ 매니폴드

152 작동유의 점도가 장치에 대하여 너무 높은 경우 운전성능에 미치는 영향 설명으로 틀린 것은?

① 동력손실의 증대
② 내부 및 외부 누설의 증대
③ 내부 마찰의 증대와 온도상승
④ 장치의 관내(菅內)저항에 의한 압력증대

153 베인펌프의 특징 설명으로 틀린 것은?

① 토출 압력의 맥동이 적다.
② 구동 동력에 비해 형상이 소형이다.
③ 다른 펌프에 비해 부품수가 적은 편이다.
④ 작동유의 점도, 청정도 등에 세심한 주의를 요한다.

정답 150 ① 151 ④ 152 ② 153 ③

154 한쪽 방향의 유동에 대해서는 설정된 배압을 부여하지만 반대방향의 유동은 자유유동을 하는 밸브로 반드시 체크 밸브가 내장된 것은?

① 릴리프 밸브(Relief Valve)
② 스로틀 밸브(Throttle Valve)
③ 무부하 밸브(Unloading Valve)
④ 카운터 밸런스 밸브(Counter Balance Valve)

154.
배압부여 밸브는 카운터 밸런스 밸브이다.

155 기어 펌프의 압력측까지 운반된 유압유의 일부가 기어의 두 치형사이의 틈새에 가두어져 회전하면서 압축과 팽창을 반복하며 발생하는 폐입현상에 관한 설명으로 올바른 것은?

① 기어 소음이 감소한다.
② 기어 진동이 소멸된다.
③ 캐비테이션이 발생한다.
④ 펌프의 효율이 높아진다.

155.
폐입현상은 공동현상(Cavit)이 발생해 소음이 일어난다.

156 유압장치의 심장부로 유압을 발생하는 부분은?

① 제어밸브 ② 유압펌프
③ 어큐레이터 ④ 구동축

156.
유압 발생장치는 펌프이다.

157 다음 펌프 중 용적형 펌프인 것은?

① 원심펌프 ② 혼유형펌프
③ 축류펌프 ④ 베인펌프

157.
유압기기에 사용하는 펌프는 용적식이다.

정답 154 ④ 155 ③ 156 ② 157 ④

158 다음의 유압 회로도에서 ④는 무슨 밸브인가?

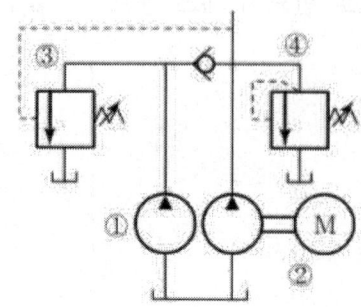

① 감압밸브 ② 릴리프 밸브
③ 시퀀스 밸브 ④ 감속밸브

158.
릴리프 밸브는 안전밸브이다.

159 회로 내의 압력이 설정압력에 이르렀을 때 이 압력을 떨어뜨리지 않고 펌프 송출량을 그대로 기름 탱크에 되돌리기 위하여 사용하는 밸브는?

① 시퀀스 밸브
② 릴리프 밸브
③ 언로딩 밸브
④ 카운터 밸런스 밸브

159.
언로딩 밸브는
무부하 밸브이다.

PART 02 건설기계일반 및 플랜트 배관

CHAPTER 01 건설기계일반

SECTION 01 건설기계일반

CHAPTER 02 플랜트 배관

SECTION 01 배관재료

연습문제

SECTION 02 배관의 이음 및 신축이음

연습문제

SECTION 03 밸브 및 배관지지

연습문제

CHAPTER 01 건설기계일반

건설기계 일반이란 건축 및 토목공사에 사용되는 기계의 총칭으로 건설기계의 일반적인 사항을 다루는 것으로 세부적인 사항이나 구체적인 지식을 다루기 보다는 주로 기계의 용량과 규격 및 용도를 묻는 문제로 다뤄진다. 그러므로 건설기계 기사와 산업기사를 준비하는 수험생은 주로 이런 관점으로 준비하시기 바랍니다. 건설기계는 공사현장에 따라 항상 이동하게 되므로 이동하기 적합하며 거친현장이나 기상조건이 나쁜 곳에서의 사용경우도 많으므로 고장이 적고 내구성이 우수해야 한다. 건설기계 일반의 분류를 용도에 따라 분류하면 다음과 같다.

(1) 굴착운반용기계

① 도저　　　　　　　　　② 스크레이퍼
③ 셔블(shovel)　　　　　④ 백호(back hoe)
⑤ 크램셸(clam shell)　　⑥ 드래그라인(drag line)

(2) 적재기계

① 그레이더　　　　　　　② 지게차

(3) 운반기계

① 덤프트럭　　　　　　　② 벨트컨베이어
③ 덤프트레일러

(4) 운반 및 하역용기계

① 크레인(기중기)　　　　② 엘리베이터
③ 윈치　　　　　　　　　④ 호이스트

(5) 기초공사용기계

① 파일해머　　　　　　　② 파일드라이브

(6) 노반용기계

① 모터그레이더　　　　　② 스태빌라이저
③ 노면재생기

(7) 전압용기계 - 롤러
(8) 골재생성기계
(9) 콘크리트기계
(10) 아스팔트기계

SECTION 01 건설기계일반

01 도우저(Dozer)

(1) 개요

트랙터에 삽을 설치하여 견인하면서 작업을 수행하는 기계를 말하며 크로올러형 트랙터에 삽을 설치하면 크로올러형 도우저가 되고 타이어 트랙터에 설치하면 휠(타이어)형 도우저가 된다.

크로울러형 불도우저

(2) 용도와 종류

1) 휠타입(wheel type)과 크로울러 타입(crawler type)의 구분

휠타입은 일반적인 차량에 장착된 타이어 바퀴 식이며, 크롤러 타입은 일명 무한궤도 식으로 불도저, 굴삭기 등에서 많이 사용되고 있다.

① 크로울러형(Crawler type) : 연약한 지역의 작업이 용이하며, 암석지에서도 마모에 강하고 등판능력과 견인력이 크다. 크로울러식(Crawler type)은 접지압이 $0.5\,kg_f/cm^2$ 정도이며, 접지압이 $0.25\,kg_f/cm^2$인 습지용 불도우저(Bull dozer)도 있다. 등판력과 견인력이 크며, 강력한 굴삭 운반을 할 수 있다. 작업 능률상 10~100 m범위에서 사용한다.

② 타이어형(Tire type : 휠형) : 고무타이어식은 크로울러식에 비하여 기동성과 이동성이 양호하며 평판한 지면이나 포장도로에서 작업하기가 좋다.

③ 불도우저는 약 10 km/h의 속도로 작업, 주행한다.

④ 작업 조건에 따라 피치 조정을 10°씩 할 수 있으나 삽을 변경할 수는 없다.

⑤ 직선 송토작업, 절개, 압토 등에 사용된다.

⑥ 불도우저에 정착하는 블레이드 치수는 나비×높이로 표시한다.

2) 용도

① 토사의 굴착 및 단거리 운반, 깔기, 고르기, 메우기 등에 사용한다.

② 특수 블레이드(Blade)를 부착하고 스크레이퍼의 푸셔(Pusher)로 사용한다.

③ 트랙터로서는 스크레이퍼(Scraper), 로울러(Roller)류, 플라우(Plough), 해로우(Harrow)를 견인한다.

④ 유압 리퍼(Ripper)를 사용 단단한 지면을 파헤친다.

3) 도우저의 종류

① 스트레이트 도우저(Straight dozer) : 불도우저(Bull dozer) 라고도 하며 삽날은 트랙터 앞에 90°로 정착 되어 있어서 삽은 변경할수 없고 상하로 10°씩 경사시켜 직선 으로 절토, 송토 작업에 사용하는 것이 효과적이다.

② 틸트 도우저(tilt dozer) : 틸트 조정은 상하 25~30°까지 기울일 수 있고 수동식과 유압식이 있으며 수동식은 푸시빔(push beam)의 조정너트나 조정핸들로 조정하고, 유압식은 틸트레버나 틸트페달로 조정한다. 유압식은 푸시빔에 유압실린더(Oil hydraulic cylinder)가 있으므로 푸시빔의 조절에 의해 각도를 기울일 수 있

다. V형 배수로 작업, 굳은땅 작업에 적합하다. 트랙터 전면에 배토판(앵글판, 스트레이트형) 또는 기타 부수장치인 레이크(rake) 등을 설치할 수도 있다.

③ 앵글도우저(Angle dozer) : 삽날이 길고 낮으며 삽날은 좌우로 25~30° 조절할 수 있고 경사지에서 절토작업, 굳은땅 측면을 자르고 밀기, 제설 작업, 파이프 매설작업에 효과적이며 틸트 도우저와 스트레이트 도우저 역할을 할 수 있어 일반적으로 많이 사용한다.

④ 트리도우저(Tree dozer) : 트랙터의 앞에 V자형의 작업판을 붙여 상하 이동이 가능하다. 개간 정지작업에 적합하다.

⑤ 힌지도우저(Hinge dozer) : 힌지가 있어서 삽날을 밖으로 꺾어 일자로 하면 흙을 옆으로 밀어내면서 전진하므로 제설, 제토, 작업 및 다량의 흙을 전방으로 밀고 가는 데 적합하다.

⑥ 터어나 도우저(Tourna dozer) : 저압의 고무 타이어식 도우저로 크로울러형(무한궤도식)보다 고속이고, 운반 토량의 증가가 가능하다. 또한 도로에 해를 주지 않고 이동이 가능하다.

⑦ 레이크 도우저(rake dozer) : 발근용 (拔根用)이나 지상 청소에 사용한다. 스트레이트 도우저의 블레이드 대신 조립식 레이크(rake)를 부착한 도우저이다.

⑧ U도우저(U-dozer) : 블레이드가 U형으로 제작되어 옆으로 넘치는 것이 적다.

(3) 도우저의 작업과 운전

1) 작업방법

① 홈통작업 : 토질이 연한 지역에서 흙이 옆으로 흐트러지지 않고 송토량을 증가시키는 작업으로 제방작업에 주로 쓰인다(흙손실 방지).

② 지균작업 : 땅을 고르는 작업으로 도우저 보다는 그레이더가 효과적인 기계이다.

③ 배수로 작업 : 도랑파기 작업으로 굴삭기가 적합하지만 틸트 또는 앵글도우저로서도 할 수 있다.

④ 내림받이 굴토작업 : 흙을 언덕에 쌓아두었다가 밑으로 미는 작업으로 송토 작업에 주로 쓰인다.

⑤ 표토정리 작업 : 거친 표면을 한번에 밀어내는 방법

2) 규격 및 운전

① 규격표시

자체중량은 3 ton 이상이며 규격은 작업가능상태의 자중(ton)으로 표시

② 도우저의 동력전달순서

엔진 → 토오크변환기 → 유니버설죠인트 → 자동변속기 → 피니언베벨기어 → 조향클러치 → 최종구동 트랙

4) 불도우저의 작업순서와 작업량 산출

1. 작업순서

① 굴토작업(흙파기)   ② 송토작업(흙밀기)

③ 확토작업(넓히기)   ④ 지균작업(땅고르기)

2. 효과적인 작업 거리

① 100 m 이내 도우저

② 100~500 m 견인식 스크레이퍼

③ 500~1500 m 자주식 스크레이퍼

④ 1500 m 이상 덤프트럭

3. 작업량 및 용어정리

① 압상 작업 : 1시간당의 작업능력 m³/h

$$W = \frac{60 \cdot E \cdot Q \cdot f}{Cm} \, \text{m}^3/\text{h}$$

$$Cm = \frac{L}{V_1} + \frac{L}{V_2} + t$$

E : 작업효율, Q : 토공판 용량,

f : 토량 환산 계수, Cm : 사이클 시간(cycle time)

② 용어정리

리퍼와 루우터(riper and rooter)

㉠ 대형 불도우저의 뒤에 접지시켜 차체의 중량으로 긁도록 하여 사용한다.

㉡ 지반이 단단하여 굴착이 곤란한 경우에 사용된다.

㉢ 발파가 곤란한 암석의 파쇄, 옥석류의 제거, 노반의 파쇄, 아스팔트 포장 파괴작업 등에 사용된다.

트랙슈
링크와 핀으로 연결되어 도우저 중량을 분담하며 지면과 접촉, 바퀴의 역할을 한다.

동력제어장치
케이블 제어장치 : pcu(power control unit)

접지압

$$접지압 = \frac{작업상태중량}{2 \times 트랙나비 \times 트랙길이}$$

전장비 중량

전장비 중량(total working weight) : 완전한 프런트 어태치먼트를 장비하여 작업할 때의 총중량으로 연료 탱크는 충만하며, 윤활유, 냉각수, 작동유 등 규정된 양의 주입 상태와 휴대 공구를 장비하고, 승차 정원(1명당 55 kg)을 포함한 상태를 말한다.

02 스트레이퍼(Scraper)

(1) 용도와 종류

(1) 용도

① 무른 토사나 토괴로 된 평탄한 지표면을 얇게 깎거나 일정한 두께로 흙쌓기를 할 수 있으며 일부는 적재할수 있다.
② 블도우저보다 운반거리가 크며 캐리올(Carry all)이라고 부른다.
③ 스크레이퍼 구동륜은 2륜과 4륜 구동식이 있다. 2륜 구동식은 어떠한 곳에서도 통과성이 좋으며, 4륜 구동식은 안정성이 좋고 장거리, 고속도 건설 작업에 적합하다. 굴착, 성토, 적재, 운반, 하역에 사용한다.

(2) 종류 및 규격

① 견인식 스크레이퍼
　㉠ 작업거리는 100~500 m가 경제적이며 트랙터의 작업조정장치(P.C.U)로 조정한다.
　㉡ 주로굴착(채굴), 적재, 운반에 사용한다.
② 자주식(모우터식)스크레이퍼
　㉠ 작업거리는 500~1500 m가 경제적이다.
　㉡ 각 구동축마다 독립된 기관 변속기가 있어서 견인력이 강하다.
　㉢ 고속운전이 가능하여 작업능률이 좋다.
③ 스크레이퍼의 규격은 보올의 용량(m^3)으로 한다.

(3) 스크레이퍼의 작업 방법

① 절토작업
　스크레이퍼에 흙을 적재하기 위해 에이프론을 절토 삽날로 부터 15~20 cm 들고 보올과 삽날을 원하는 깊이로 내리고 스크레이퍼를 전진시킨다.
② 송토 작업
　흙이 보올속에 가득차면 에이프론을 내려 닫고 원하는 속도로 변속하여 운반하되 보올은 지면에서 30~50 cm 떼어서 이동한다.
③ 덤 프
　보올은 지면과 적당한 거리를 두고 에젝터를 전진시키면서 스크레이퍼를 서서히 전진하며 흙을 부린다.

(4) 작업장치

① 보올(Bowl)

흙을 굴착하고 토사를 운반하는 용기, 보올메인 앞에 블레이드가 설치되어 흙을 굴착

② 에이프런(Apron)

보올 전면에 설치, 좌우벽을 형성, 상하 이동하여 배출구를 개폐하는 장치.

③ 이젝터(Ejector)

보올 뒷면에 위치하여 이젝터 실린더에 의하여 앞으로 이동 흙을 밀어낸다.

(5) 작업량 및 용어정리

① 작업능력

$$W = \frac{60 \cdot Q \cdot f \cdot E}{Cm} \text{ m}^3/\text{h}$$

Q : 보올 용량(m^3), f : 토량 환산 계수, E : 작업효율, Cm : Cycle time

② 용어정리

㉠ 푸셔(pusher) : 스크레이퍼를 트랙터로 밀어주는 장비

㉡ 푸시블럭(push block) : 트랙터를 밀 때 접촉되는 부분

(6) 스크레이퍼의 동력 전달순서

엔진 - 토크컨버터 - 유니버설조인트 - 트랜스미션 - 피니언벨기어 - 축 - 플라네타리기어 - 휘일

03 셔블계굴착기

(1) 정의와 분류

① 셔블계 굴착기는 가장 오래 전부터 사용한 적재기계로써 굴착기계로 사용하는 외에 프런트 어태치먼트(Front attachment)를 설치하여 많은 작업을 할 수 있는 다목적 기계이다.

② 본체는 하부기구에 대하여 360° 선회할 수 있다.

③ 자체중량은 3 ton 이상이며 규격표시 방법은 자중 (ton)이다.

(2) 전부(Front attachment)장치의 종류

① 백호우(Back hoe shovel) : 작업위치보다 낮은 굴착에 쓰이고 하천, 건축의 기초 굴착에 사용된다 (도랑파기).
② 파워 셔블(Power Shovel) : 원형으로 작업위치보다 높은 굴착에 적합하며, 산, 절벽 굴착에 쓰인다(삽).
③ 드래그 라인(Drag line) : (긁어파기)작업반경이 크며, 수중 굴착에도 용이하다. 지면보다 낮은 곳을 넓게 굴삭하는데 사용
④ 어스 드릴(Earth drill) : 무소음으로 대구경의 깊은 구멍을 굴착하며 도심지에서는 소음방지면에서 건축물의 기초공사에 많이 사용.
⑤ 크레인(Crane) : 중량물의 하역, 고양정의 건축공사에 쓰인다.
⑥ 파일드라이버(Pile driver) : 콘크리이트 말뚝이나 시이트 파일을 박는데 쓰인다 (기둥박기).
⑦ 클램셸(Clam shell) : 수중굴착, 폭발작업 등 일정장소의 굴착에 적합(조개 장치)

(3) 그 밖의 셔블계굴착기

1) 트랜처(trencher)
① 굴착 장치는 벨트 콘베이어로 흙을 옆으로 방출하는 로울러식과 휘일식이 있다.
② 수도관, 배수관 등을 매설하기 위한 도랑파기나 기초 굴착, 매립공사 등에 사용.
③ 규격 표시는 대개 홈의 나비와 깊이로 표시한다.

2) 타워 굴착기
① 구조 및 기능
  ㉠ 하천 지소(地沼), 운하 등에서 자갈 채취 토사이동 작업에 이용(수중일 때도 싼 공사비로 선박에 대신하여 작업)
  ㉡ 주탑, 부탑, 원동기, 원친, 운전실, 버킷 케이블, 조작 케이블 등으로 구성(슬랙크 라인 케이블웨이(Slackline-cableway)굴착기, 혹은 고가식 굴착기 라고도 한다. 제방에 레일을 설치하여 타워를 이동 작업

② 용도
　㉠ 하상 정리용은 공사의 성질상 주탑이 하안 가까이서 주행되는 형식
　㉡ 골재 채취형은 댐공사의 등의 가설기계로서 사용

04 그레이더(grader)

(1) 개요

표면 작업 장비로서 길이 2~4m, 폭 30~50cm의 배토판(blade)을 사용하여 2~4km/h로 지표를 절삭 땅을 고르며 일명 토공대패라고 한다. 대부분이 뒷바퀴 구동이고 하중 분포는 전륜 부분이 30%, 후륜 부분이 70%이다. 지면을 절삭하여 평활하게 다듬는 장비로서 운동장 정비 또는 도로 정비 작업에 효과적으로 견인식과 자주식이 있다.

(2) 구조 및 기능

1) 용도

정지, 제설, 파이프, 매설, 배수로, 제방 등에 사용한다.

2) 블레이드(배로판)의 용량

$$Q = BH^2$$

Q: 블레이드 용량(m^3), B: 블레이드 폭(m), H: 블레이드 높이(m)

3) 규격 표시 방법

규격은 삽날(blade)의 길이 m로 표시한다.

2.5 m(소형), 3.1 m(중형), 3.7 m(대형)

4) 작업방법
① 측구작업 : 배수로 작업에 적합
② 제설작업 : 삽이나 제설기를 설치하여 눈을 제거하는 일
③ 산포작업 : 골재나 아스팔트 등을 깔아주는 방법
③ 경사제방작업 : 경사진 곳을 절토작업
④ 매몰작업 : 삽의 각도를 조절하여 배수로, 송유관 등의 매몰작업을 할 수 있다.

(3) 블레이드의 추진각도와 절삭각도

1) 추진각도

경토의절삭 : 45°   연토의절삭 : 55°

흙치우기 : 60°   다듬질완성 : 90°

2) 절삭각도

정지작업 : 61~70°   삭토작업 : 36~38°

겉흙벗김작업 : 28~32°

(4) 용어정리

① 탠덤장치 : 그레이더는 스프링장치가 전후륜 모두 없으므로 요철지 작업시 상하, 좌우 움직일 경우 수평 작업장치 상하진동을 하며 차체균형을 유지하고 견인력을 증대시켜 주는 역할
② 리이닝장치 : 선회시 회전반경을 작게하는 장치. 즉 앞바퀴경사장치로서 리이닝 장치와 워엄기어에 의한 전륜 액슬위에 설치되어 있고 리이닝 바에 의해 좌, 우로 작동한다.
③ auto meter(오토미터) : 그레이더의 운행거리 표시제
④ 토우드(Towed) : 끌어당기는 장치
⑤ 스케리화이어(scarifier) : 티스(teeth)의 절삭속도는 절삭지반의 상태에 따라 변동할 수 있으며 절삭깊이를 증감 할 수 있도록 티스의 장착 위치가 2단으로 되

어 있다. 티스는 항상 전수량은 장착하고 작업을 하는 것이 능률적이다.
⑥ 시어핀(shear pin)이 되는 원인 : 급커브를 돌기 위하여 리이닝레버(연결부)를 눕힌채 강하게 누르기 때문이며 시어핀(shear pin)이 된다.

(5) 그레이더의 동력전달순서

동력전달은 엔진 – 플라이 휘일 – 변속기 – 감속기어 – 베벨기어 – 최종구동기어 – 텐덤장치 – 휘일로 구성되었다.

05 크레인(기중기)

(1) 개요

강재의 지주 및 선회장치를 갖는 건설장비로서 화물의 적재, 적하, 굴토 작업에 효과적인 기계이다.

1) 크레인의 기본동작

① 호이스트(hoist) : 짐을 올리고 내리는 운동
② 붐 호이스트(boom hoist) : 붐을 올리고 내리는 운동
③ 스윙(swing) : 상부 회전체를 돌리는 운동
④ 리트랙트(retract) : 크레인 셔블당기기 운동

⑤ 크라우드(crawd) : 흙 파기 운동
⑥ 덤프(dump) : 짐부리기 운동
⑦ 트래블(travel) : 크레인을 추진하는 운동

크레인 구조

① 하부추진체 : 크레인의 셔블전체를 지지하는 부분

② 상부회전체 : 하부 추진체 위에 실려있고 좌우선회가능 부분

③ 전부장치 : 상부 회전체가 앞 부분에 위치하고 작업을 직접 수행하는 부분

2) 붐(boom)
① 크렌 붐 : 격자형으로 되어있으며 전부장치는 hook, clam shell, drag ling, pile driver 등이 있다.
② 쉬브 붐 : 상자형으로 되어 있다. : shovel 부움 : 삽
③ 트레치호 붐 : 상자형으로 트렌치호 장치에만 쓰인다(좌이프형 : 도랑파기).
④ 보조 붐 : 붐의 깊이가 짧을 때 붙여서 사용되는 것으로써 크렌붐에만 사용 할 수 있다.
⑤ 붐의 각도
　㉠ 최대 78°, 최소 20°
　㉡ 트렌치호 붐은 최소 제한 각도가 없다.
　㉢ 크렘붐은 66°~30°, 쉬브붐 45°~65°가 작업에 용이한 각도이다.
　㉣ 붐의 각과 운전 반경과는 반비례하고, 기중능력과는 비례한다.

3) 붐의 교환 방식
① 크레인을 이용하는 방법 : 가장 빠르고 편하며 빠른시간에 교환
② 트레일러 이용
③ 교목 또는 공드럼 이용 방법

(2) 기중기 규격 및 종류

1) 성능 표시
최대 권상하중(부움의 수평면에서 30°때의 최대하중)을 ton으로 또한 마스터

의 높이, 부움의 길이로 표시.

2) 크로울러 크레인(crawler crane)
① 크로울러 셔블계 크레인 부속장치를 설치한 것이다.
② 주행장치가 굴삭기용보다 긴 것이나 나비가 넓은 것을 사용하여 안전성이 70%로 다목적이다.
③ 협소한 지역에서 작업이 가능하다.
④ 습지대, 활지대, 사지에서 작업이 가능하다.

(3) 드랙 크레인(Drag crane)
① 크레인 선회부분을 고무 타이어의 트럭새시 위에 장치한 기계(안정도를 높이기 위해 4 곳에 아우트 리거(Out rigger)를 설치)
② 엔진은 크레인용, 새시용이 따로 탑재
③ 대용량으로서 긴 아암, 종류는 표준 연장 부움의(Extansion boom)것이 많고 지브 부움(jib boom)을 설치 가능
④ 접지압이 크므로 연약지 작업이 불가능하나 기동성이 크고 또 미세한 인칭(Inching)이 가능

(4) 가이 데릭(Guy derrick)

1) 구조 및 기능
① 마스터(master), 부움(Boom), 블럭(Block), 가이로우프(Guy rope)로 되는 고정식
② 마스터는 마스터의 최상부에 6~8개의 가이로우프로 지지되고 경사진 부움이 설치되어 있다.
③ 부움 끝에 하중권상 블럭 호이스트가 달려있다.
④ 후크, (Hook)부움의 경사, 회전 등은 윈치(Winch)로 조정되며, 360° 선회가능.
⑤ 보통 부움은 마스터 높이의 80 [%]까지 사용.

2) 용도
중량물의 이동, 하역작업, 건축공사의 철골 조립 작업 및 항만 하역설비 등에 사용.

3) 유압 크레인
① 유압으로 하역장치를 조작하는 이동크레인으로, 토목건축공사의 높은 건물, 중량물의 권상작업, 항만 하역작업, 전주작업 등에 사용된다.
② 부움의 기울기는 유압잭에 의하여 행하며, 신축이 가능하다.

4) 타워 크레인(tower crane)
주로 높이를 필요로 하는 건축현장, 이나 고층빌딩에 사용.

5) 천정 크레인
천정에 양기둥을 부착 주행레일을 이용하여 장비나 물건을 이동시 사용.

(5) 용어정리
① 래킹보올 : 강철공으로 낙하시켜 파괴역활하는 장치

06 운반 및 적재기계

(1) 운반기계

1) 지게차(Fork-lift)
지게차는 주로 화물을 운반하거나 다른 차량 및 정비에 적재 또는 하역 작업하기 위한 장비로서 구조 및 성능의 특징상 지반 등이 불량한 지역에서는 작업이 불가능하다. 요즈음은 경제적으로 가솔린 엔진대신 디젤 엔진을 사용할 경우가 많다.

지게차(fork lift)

① 타이어 설치에 의한 분류
  ㉠ 복륜식 : 앞바퀴가 2개 겹쳐서 있는 형식으로 무거운 물건을 들어 올릴때 바퀴에

접하는 하중의 변화에 견디는 구조로 되어 있으며 안쪽 바퀴에 접하는 하중의 변화에 견디는 구조로 되어 있으며 안쪽 바퀴에 브레이크 장치가 설치되어 있다.

ⓛ 단륜식 : 앞타이어가 1개 있는 것으로 기동성을 위주로 하는 곳에 사용

② 규격 : 들어올리는 용량(ton)
③ 특징

　㉠ 조정석에 설치되어 있는 틸트레버는 마스터를 앞으로 5 ~6°(전경각) 뒤로 10 ~12°(후경각) 움직일 수 있다. 최고 4,500 mm(최대 양고라함)에서 최소 300 mm 움직일 수 있다.

　ⓛ 최소 반경이 매우 적다. (65 ~75°)-안쪽바퀴의 조향각도

　ⓒ 유압 피스톤에 압력은 $110~130\,kg/cm^2$가 된다.

　㉣ 전륜구동, 후륜 환향식으로 되어 있다.

　㉤ 유압으로 작동하는 마스타 장치가 설치되어 있다(유압 $70~130\,kg/cm^2$).

　㉥ 운행시 포오크는 지상으로 부터 150 ~200 mm 정도 올리고 운행한다.

　㉦ 운용거리는 100 m이내가 효율적이다.

　㉧ 앞바퀴는 직접 프레임에 설치되어 스프링이 없으나 대형은 현가 스프링을 사용하는 것도 있다.

2) 덤프트럭

장거리운반용으로 사용되는 장비이다.

덤프트럭

종류

리어덤프트럭, 보텀덤프트럭, 사이드덤프트럭, 3방열림덤프트럭

규격 : 최대적재량(ton)

3) 트레일러

트렉터의 후미에 트레일러를 장치하여 사용하고, 중량물이나 긴 물체를 운반하는데 이용하는 기계이다.

종류

세미 트레일러 : 견인력과 지지력을 모두 갖추고 있으며 트레일러가 트렉터에 직접 지지되어 있다.

폴 트레일러 : 견인력만 갖추고 있으며 트레일러가 트렉터후부의 연결장치에 연결되어 있다.

4) 컨베이어(Conveyor)

자재 및 콘크리이트 등의 수송에 주로 사용한다. 설치가 용이하고 경제적이므로 많이 사용하며, 다음과 같은 종류가 있다.

① 포오터블(portable)컨베이어 : 모래, 자갈의 운반과 채취에 사용한다.
② 스크류(Screw)컨베이어 : 모래, 시멘트, 콘크리이트 운반에 사용한다.
③ 벨트(Belt)컨베이어 : 흙, 쇄석(碎石), 골재 운반에 가장 널리 사용한다.
④ 대형 컨베이어 : 흙, 모래, 자갈, 쇄석 등의 수송에 사용한다.

(2) 적재기계(싣기기계)

1) 로우더(Loader)

작업물을 운반 또는 덤프트럭 차량에 적재하는 장비로 많이 쓰이고, 보수정리 작업에도 사용된다(전경각 45°, 후경각 35°).

종류
① 휘일 로우더(wheel loader) : 타이어식
② 셔블 로우더(shover loaer) : 무한궤도식

로우더(Loader)

용도 및 규격
자갈, 모래, 흙 등을 트럭에 적재할 때 사용하며, 규격은 버킷의 용적(m^3)으로 한다.

07 다짐용기계(roller)

(1) 개요 및 분류

1) 개요
다짐용 기계는 기계의 자중 및 충격과 진동을 이용하여 다지기를 하면서 시공을 하게되므로 다짐 효과가 좋으며 더돋기를 할 필요도 없으며 오랫동안 안정을 유지할 수 있다.

다짐용 기계

2) 분류

① 전압식 다짐기계 : 머캐덤, 타이어, 탠덤

② 충격식 다짐기계 : 래머, 탬퍼

③ 진동식 다짐기계 : 진동컴팩터, 소일 컴팩터

※ 머캐덤과 타이어, 탠덤 다짐기계는 롤러식이고 진동 컴팩터, 소일컴팩터, 탬퍼, 래머는 평판식 다짐기계이다.

(2) 로울러의 종류

1) 타이어 로울러(Tire roller)

① 구조 및 기능

㉠ 공기 타이어의 특성을 이용한 로울링 기계(자주식과 피견인식이 있다.)

㉡ 속도는 1.5~2.5 km/h로 변환되며 밸러스트를 가중한 경우에는 저속운전을 해야 한다.

㉢ 타이어 공기압은 1.5~2.5 kg/cm² 범위에서 자유로이 조절한다.

㉣ 10~15 cm 정도의 얇은 곳의 다짐에 큰 효과가 있다.

② 용도

지반의 압밀작업에 사용, 광범위한 토질 및 흙과의 접착 계수가 크기 때문에 연약한 지반에도 이용하며, 공기압과 하중에 의해 접지면을 변화시켜 골재의 파괴 없이 요철부분을 다질 수 있다.

2) 탬핑 로울러(Tamping roller)
① 구조 및 기능
- ㉠ 강판제의 중공드럼의 외주에 여러개의 100~200개의 돌기를 심은 것으로 단동형과 복동형이 있다.
- ㉡ 돌기 모양에 따라 쉬이프 푸트 로울러(Sheep foot roller), 테이퍼 푸트 로울러(Taper foot roller), 터언 푸트 로울러(turn foot roller) 등으로 나눈다.
- ㉢ 다리 길이는 18 cm~23 cm 정도가 가장 많이 사용된다.

3) 로우드 로울러(Road roller)
강이나 고급주철제로 구성되며, 평활한 원통형 로울러의 힘으로 압력을 가하는 기계로서 주로 도로공사에 사용.

① 머캐덤 로울러(Macadam roller)

2축 3륜 로울러로서 자갈, 잘게 부순돌의 포장기층, 가열 아스팔트 포장, 얇게 펴깔기한 흙쌓기 등의 다짐 즉 초벌다짐에 주로 사용.

② 탠덤 로울러(Tandem roller)
- ㉠ 2축 2륜 탠덤과 3축 3륜 탠덤이 있으며 바퀴 직경은 1 m 정도이다.
- ㉡ 주로 아스팔트 포장면의 전압 끝 손질에 사용(마무리 작업).

4) 진동 로울러(Vibration roller)
① 각종의 진동체를 지상에 놓아서 그 진동의 힘으로 다지기 하는것
② 소일 컴펙터(Soil compactor), 바이브로 컴펙터(Vibro compactor), 컴펙터, 바이브레이팅 로울러(Vibrating roller) 등이 있다.
③ 함수비가 큰 점성토의 로울링에는 부적당하며, 다른 기계에 비해 로울링의 두께는 크게 할 수 있다.

소일 컴펙터   진동 로울러

5) 충격식 다짐기계

① 구조 및 기능

중량체를 낙하시키거나 기계적인 충격력에 의해 다지기 하는 것으로 래머(Rammer) 및 템퍼 등이 있다.

템퍼

② 용도

    ㉠ 다른 기계로 다질 수 없는 곳 등의 다짐에 주로 사용한다.
    ㉡ 템퍼는 뒤채움이나 매설물 위의 다지기에 적합.

6) 그리드 로울러(Grid roller)

오래된 포장의 도로면을 파괴하는 데 사용하거나 고속도로 기초 작업시 석회암이나 나무 등을 부수는데 적합하다.

(3) 작업 능력 및 성능표시

1) 작업능력

선압 : 바퀴의 단위 폭당의 능력이다. (kg/m)

다짐폭 : 1회 통과에 다져지는 최대폭이다.

2) 성능표시 방법

밸러스트, 물 등을 넣지 않은 드럼의 중량과 이것을 최대로 넣은 중량으로 표시(전 중량으로 성능 표시).

예: 8~15 ton : 자중이 8 ton이고 밸러스트를(15 - 8 = 7 ton)까지 적재하는 로울러

08 포장기계

(1) 개요

도로를 포장하는 장비로서 재료의 배합 및 표면포장을 효과적으로 하는 기계를 말한다. 주로 아스팔트포장과 콘크리트 포장을 일컫는다.

(2) 종류

① 아스팔트기계(아스팔트플랜트, 아스팔트피니셔, 아스팔트분배기)
② 골재제조용기계(콘크리트피니셔, 콘크리트믹서, 콘크리트펌프, 콘크리트플랜트, 노상안정기, 골재삽포기)
③ 트랜싱 믹서

1) 포장기계

① 아스팔트 플랜트(Asphalt plant)

재료저장 용기 및 혼합장치 등의 시설물이 이동할수 있게 되어 아스팔트 소요량이 많은 현장에서 아스팔트를 생산 할 수 있게 한 것으로 성능표시방법은 시간당 생산량 (ton/hr)이다.

② 아스팔트 피니셔(Asphalt finisher)

아스팔트 혼합공장에서 자갈모래를 162℃로 끓여 혼합골재를 도로상 일정규격과 두께로 깔아주는 장비로서 포장두께는 양쪽에 있는 2개의 조정나사로서 조정하며, 비행장 활주로, 고속도로의 아스팔트 포장공사용이고 성능은 최대 포장너비(m)와 포장능력(ton/hr)으로 표시한다.

③ 아스팔트 분배(살포)기(Asphalt distributor)

도로공사중 아스팔트계 포장에서 표면처리, 처음바탕칠(Tack coat), 가도장, 시일칠(Seal coat) 공사를 시공하는데 사용하며, 성능표시는 탱크용량과 살포나비로 표시한다.

　㉠ 아스팔트를 끓여 최초로 공사표면에 뿌리는 장치 (자주식, 탑재식, 기어펌프식, 용액가압식 등이 있다.)
　㉡ 아스팔트 살포혹은 2.9~4.7 m 정도이다.

ⓒ 주행속도에 따라 단위면적당 살포농도 조절.
　　ⓔ 원동기, 탱크, 가열장치, 불배장치, 연료 탱크를 탑재
　　ⓜ 살포바(Bar)는 길이를 조정 할 수 있다.
　　ⓗ 가열장치는 중유 또는 경유 버너로 되어 있다.
　　　※ batch mixer : 1회분씩 concrete재료를 혼합하는 mixer

2) 콘크리트 포장기계

① 콘크리트 피니셔(Concrete finisher)

표면의 앞뒤고르기, 진동 등을 하면서 포장 표면을 완성하는 기계로 콘크리트 포장기계이며, 구조가 간단하고 기계의 마모 및 소음이 적으며 기계 각부의 부하가 적다. 성능표시방법은 최대나비(표준폭 : m)로 표시한다.

② 콘크리트 믹서(Concrete mixer)

용기 내에서 1회 혼합할 수 있는 콘크리트의 생산량 (m^3) 으로 표시하며, 특징은 다음과 같다.
　　㉠ 자갈, 모래, 시멘트, 물을 혼합하여 건축공사시에 효과적으로 작업하는 기계.
　　㉡ 건식 믹서는 시멘트나 골재를 투입하고 물을 가하여 혼합하면서 목적지에 수송.
　　㉢ 습식 믹서는 완전히 혼합된 생콘크리트 혼합물을 교반하면서 수송.

③ 콘크리트 플랜트(Concrete plant)

콘크리트의 시간 당 생산량(ton/hr)으로 표시한다.
　　㉠ 재료저장통, 개량장치 및 혼합장치가 일체 또는 수조의 유니트로 되어 있고 이동 할 수 있게 된 것이다.
　　㉡ 콘크리트를 구성하는 모든 재료를 공급하는 보급, 부문, 소정의 배합율로 계량하며, 믹서에 보내는 뱃쳐(batcher) 부문소요 성질의 콘크리트를 능률적이고 경제적으로 제조하는 혼합부문으로 되어 있다.

ⓒ 구조는 재료저장반, 재료공급장, 계량장치, 집합호퍼(hopper), 부대설비 콘크리트 믹서, 보급설치 등으로 되어 있다.

④ 콘크리트 펌프(Conrete pump)

성능은 콘크리트의 시간당 배송능력 (m^3/hr)로 표시

㉠ 경량의 수송관을 연결하는 것만으로서 다른 작업에 지장을 주지 않고 어떠한 장소에서도 콘크리트를 칠 수 있는 것이 장점이다.

㉡ 기계의 마모가 적으며 충격이나 진동도 좋다. 터널 속, 교량 또는 건물 속에서와 같이 제한된 공간에서 콘크리트를 운반하는 경우에 편리하다.

⑤ 노상안정기(Road stabilizer : 스태빌라이저)

규격은 유체 탱크의 용량으로 표시

㉠ 기체가 노상을 진행하면서 각종 작업

㉡ 결합체, 물 등을 첨가 혼합하여 표면고르기, 조여굳힘 등 수종의 작업을 동시에 한다.

특징으로서는

- 기동성이 좋다.
- 작업 능률이 좋다.
- 스프레더의 효율이 좋다.
- 땅을 파는 깊이의 조정이 용이하다.

⑥ 트랜싯 믹서(Transit mixer)

트럭의 차체에 드럼을 설치하고 콘크리트를 교반하면서 운반하는 기계(드럼형은 경사형과 위가 열린 형이 있다.)로서 건축, 토목공사 등에서 콘크리트 믹서를 설치할 수 없을 때 공사용 콘크리트를 먼곳까지 변질시키지 않고 운반하는데 사용한다. 성능은 트럼이 교반 가능한 1회당 콘크리트 양 (m^3)으로 표시.

09 쇄석기와 천공 및 기초공사용 건설기계

(1) 쇄석기(Crusher)

1) 특징

도로공사 및 콘크리트 공사에서 골재기층 다짐에 사용하거나 아스콘 생산에 사용하기 위하여 원석을 부수어서 작게 만드는 기계로서 쇄석을 만들어 공급하는 기능을 가지고 있으며, 모든 쇄석 작업에 쓰인다.

2) 용도

골재 생산에 사용한다.

3) 종류

1차 파쇄기는 조쇄기라 하며 죠크러셔와 자이러토리그러셔가 있고 2차 3차 파쇄기는 중쇄기라 하묘 콘, 임팩트, 로울 크러셔가 있다. 해머나 로드밀, 볼밀 크러셔는 분쇄기 또는 제사기라고 한다.

4) 규격 표시 방법

시간당 쇄석 능력(ton)으로 표시한다.

(2) 천공기(Boring eguipment)

1) 특징

굴진 파쇄 작업에 사용하며, 크로울러식과 굴진식이 있으며 천공경은 타격식에서는 30~45(mm)의 것이 많이 사용되고, 회전식 및 타격 회전식의 천공경은 60~100(mm)의 것이 사용된다.

천공기는 동력의 방식에 따라 엔진식, 전동식, 압전식이 있고 굴진은 유압식 동력장치, 배토장치가 있는 시이드 굴진식과 커트헤드부와 구동장치가 있는 터널 굴진식이 있다.

2) 종류 및 규격 표시 방법

① 크로울러식 : 착암식 중량 및 매분당 공기의 소모량 (m^3/min)
② 크로울러 잠보식 : 플랜트 로울 단수와 착암기 대수 (0단×0대)
③ 실드 굴진기 : 사용 설비 동력 (kW)
④ 터널식 : 최대 굴착 치수 (mm)

3) 크로울러 드릴(crawler drill)

① 크로울러에 프레임, 가이드 셀, 착암기를 설치하여 긴구멍, 큰구멍 뚫기에 사용되는 기계.
② 탑재 착압기의 종류와 소요공기량으로 그 성능을 표시한다.

점보드릴

(3) 파일 드라이버

1) 디젤 파일 해머(diesel pile hammer)
① 폭발력을 이용하여 동일 크기의 진동과 증기 해머의 배의 속도이다.
② 구성은 실린더, 엔빌, 램, 피스톤, 연료 및 오일탱크, 연료펌프, 연료분사 밸브, 윤활장치 등으로 구성된다.
③ 규격표시는 램의 중량으로 표시한다.
④ 콘크리트 파일, 강관파일, 시이드파일, 튜우브등의 박기에 사용된다.
⑤ 타격 회수가 많다.
⑥ 타입력이 크고, 작업 능률이 좋다.
⑦ 구조가 간단하다.
⑧ 타격 회수는 1분에 40회 이상이다.
⑨ 나무, 콘크리이트, 철재 파일 작업 등에 사용한다.

2) 진동파일해머(Vibration pile hammer)
① 진동력에 의하여 항타 또는 인발한다.
② 발진 기구는 등속 역회전하는 불평형추의 회전체이다.
③ 진동기의 진동수는 1분에 500회 이상이다.
④ 인발, 샌드 파일 조성 등의 지반 개량에 사용한다.
⑤ 규격표시는 모우터의 출력 또는 기진력으로 표시한다.

3) 드롭해머(Drop hammer)
설비 규모가 작아 소요 경비가 적게 들고, 운전 및 해머의 조작이 간단하며, 낙하 높이와 조정으로 타격에너지의 증가가 가능하다. 그러나 파일 박은 속도가 느리고 파일을 파손시킬 위험이 있으며, 작업시의 진동으로 다른 건물에 피해를 주기 쉽고 작업이 불가능하다.

■ 드롭해머와 진동해머
① 기어에 의하여 등속 역회전하는 불평형 추의 회전체
② 인발 샌드 파일 조성등의 지반 개량에 사용한다.
③ 수중 작업을 할 수 없다.
④ 낙하 높이를 조정하여 타격 에너지를 증가할 수 있다.

4) 증기해머(steam hammer)
① 증기의 팽창에너지를 이용하여 피스톤을 동작시켜 항타하는 기계
② 리이드(lead)에 의해 안내되며 단동식과 복동식이 있다.
③ 작업중 파일의 손상을 적게 할 수 있다.
④ 구조가 복잡하고, 정비와 보수가 어려우며, 유지비가 많이 든다.
⑤ 경량이나 단단하고, 밀도가 높은 흙속을 말뚝을 박을 때 사용한다.
⑥ 피스톤 중량으로 성능을 표시한다.

(4) 착암기
압축공기를 이용하여 채석이나 암석을 제거하기 위해 구멍을 뚫는 기계를 말한다.

1) 특징
① 바위에 구멍을 뚫어 폭파를 도와주는 기계.
② 소모공기량은 95cfm으로 압축하여 실린더가 앞뒤로 왕복운동을 한다.
③ 중량은 10~250kg, 해머 밸브기구, 회전기구, 추진기구로 구성
④ 엔진식 착암식는 소규모의 공사현장에 사용된다.

2) 종류 및 규격
① 레그드릴 : 채광채탄 채석작업 및 갱도의 터널굴진작업에 이용된다.
② 웨곤드릴 : 고무타이어로된 3륜차에 장착한 장비이다.
③ 핸드해머 : 방진방음장치가 붙어 있어 사용하기 편리한 소형해머이다. 좁은 곳의 굴진 작업, 2차파쇄작업 및 가벼운 작업에 적합하다.
④ 크로울러드릴 : 자주식으로 유압조작에 의해서 작동된다.

10 공기압축기(Air compressor)

채석작업, 포장파괴, 리벳전단, 점토굴착, 벌목작업, 콘크리트진동, 페인팅, 타이어 공기주입, 장비세척 등에 사용하며, 그 사용 범위가 점차 확대되고 있다.

(1) 종류

① 왕복형
② 로우터리형
③ 나사형

(2) 규격 및 용어

1) 규격 표시 방법

매분당 공기 토출량 (m^3/min)으로 표시

cfm : cubic feet minute (m^3/min) - 분당 공기 생산량.

2) 용어

① 인터쿨러(inter cooler)

공기가 압축되면 열이 발생되므로 이 열로 인하여 공기가 발생하고 다음 단계에서 압축할 때에는 더 많은 동력이 필요하게 되므로 이 열을 압축 단계 사이에서 제거하기 위하여 열교환기를 두어 열을 제거한다. 이것이 인터쿨러이다.

② 아프터쿨러(after cooler)

공기 유입 통로에 물 또는 수분이 흡입되면 윤활유를 제거하여 기계를 마모시킨다. 이러한 것을 방지하기 위하여 압축 공기에서 대기로 열을 전달하는 공기 방열기를 사용한다. 이것이 아프터쿨러이다.

③ 언로더(unloader)

공기의 량을 공기탱크로 보내는 역활을 한다.

11 준설기계

수심을 유지하기위해 수면의 매립과 방파등 바다의 침상이나 해저의 준설 굴착 등에 사용되는 기계이다.

(1) 종류

1) 버킷(Bucket)준설선

① 용도 및 특징

대규모의 항로나 정박지의 준설 작업에 사용한다.
- ㉠ 선박 위에 버킷 굴착기를 장치한 것으로 대형은 대부분 자항식이다.
- ㉡ 단단하지 않은 토질의 비교적 광범위한 준설에 적합하며 깊이가 얕은물의 밑바닥의 흙을 다량으로 퍼 올리는데 쓴다.
- ㉢ 해저의 토사를 일종의 버킷 콘베이어를 사용하여 연속적으로 굴착한다.
- ㉣ 단점 : 굴착한 흙의 처리에는 별도의 토운선이 필요하다.

② 규격 표시 방법

주엔진의 연속 정격 출력으로 표시한다.

2) 그래브(Grab) 준설선

① 용도 및 특징

소규모의 항로나 정박지의 준설 작업에 사용한다.
- ㉠ 선박 위에 크램셀을 장치하고 특수한 기중기에 의해 상하조작을 하여 준설작업을 하는 것.
- ㉡ 소규모 운하의 준설, 구조물의 기초 터파기, 물막이, 흙의 제거등에 사용.

ⓒ 그래브 버킷으로 해저의 토사를 굴착하여 선회 작동에 따라 토운선에 적재하여 운반한다.
ⓓ 자항식은 선체 중앙에 선체 토사를 적재 운반할 수 있는 창이 있으며, 선체가 크고, 기동성이 좋다.
ⓔ 단점 : 준설능력이 적고 밑바닥을 고르게 할 수 없으며 단단한 지반에는 부적당.

② 규격 표시 방법

그래브 버킷의 평적 용량 (m^3)으로 표시한다.

3) 디퍼(Dipper)준설선

① 용도 및 특징

단단한 지반이나 파쇄된 암석 등을 준설하는 데 사용한다.

ⓐ 대개 비항식 선박 위에 파워 셔블과 같은 굴착기를 장치한 것.
ⓑ 굴착량이 많은 단단한 토질이나 암석의 준설에 적합.
ⓒ 선체 전부의 2본, 선미에 1본의 성체이동 멈춤확인 장치인 스팟드를 설치하고, 선미에 디퍼를 가지고 있다.
ⓓ 굴착력은 준설선중에서 가장 높으나 작업 능률이 좋지 않다.

② 규격 표시 방법

버킷의 용량 (m^3)으로 표시한다.

CHAPTER 02 플랜트 배관

SECTION 01 배관재료

※ 가스배관 재료의 구비조건
① 관 내의 유체 흐름이 원활할 것
② 내부의 가스압이나 외부로부터의 하중이나 충격에 견딜 수 있는 충분한 강도가 있을 것
③ 토양이나 지하수 등에 대한 내식성이 있을 것
④ 관의 접합이 용이하고 가스의 누설방지가 될 수 있을 것
⑤ 절단 가공이 용이할 것

01 금속배관

1 강관

(1) 강관의 특징

① 연관이나 주철관보다 가볍고 인장강도가 크다.
② 충격에 강하고 굴요성이 풍부하다.
③ 관의 접합이 비교적 쉽다.
④ 주철관보다 내식성이 작고 사용연한이 비교적 짧다.
⑤ 조인트 제작이 곤란하므로 종류는 적은 편이다.

(2) 강관의 종류

① 용도상 분류
　㉮ 유체 수송용
　㉯ 열교환용 : 보일러, 냉동기 등의 강관
　㉰ 구조용 : 기계, 건축 등의 구조
② 재질상 분류
　㉮ 탄소강 강관 STC
　㉯ 합금강 강관 STS00
　㉰ 스테인리스 강관 STS000

③ 제조법상 분류
　㉮ 이음매 없는 관
　　㉠ 만네스만식 : 저탄소강의 원형단면 빌렛을 가열 천공
　　㉡ 에르하르트식 : 사각의 강편을 가열 후 둥근 형에 넣고 회전축으로 압축

> ※ 보통 열간 가공이나 정밀도가 요구되는 것은 냉간 가공

　㉯ 용접관
　　㉠ 전기저항 용접관
　　㉡ 단접관 : 소형(ø3~10mm)은 맞대기 단접, ø30~750mm는 겹치기 단접
　　㉢ 아크 용접관 : 서브머지드 아크 용접으로 제조
　　㉣ 가스 용접관 : ø50mm 이하의 가는 관

④ 표시방법
　㉮ 제조방법 표시기호

-E	전기저항 용접관	-E-C	냉간 완성 전기저항 용접관
-B	단접관	-B-C	냉간 완성 단접관
-A	아크 용접관	-A-C	냉간 완성 아크 용접관
-S-H	열간 가공 이음매 없는 관	-S-C	냉간 완성 이음매 없는 관

　㉯ 치수표시

　　호칭지름(A 또는 B)×두께번호

　　A(mm), B(inch)

⑤ 강관의 종류별 특징

　강관은 연관이나 주철관에 비해 가볍고 인장강도가 크며 충격에 강하고 굴요성도 풍부하며 관이음도 비교적 쉬우나 내식성이 작고, 사용연한이 비교적 짧으며 또 조인트의 제작이 곤란하므로 종류는 적은 편이다. 강관의 호칭지름은 내경을 밀리미터(mm) 또는 인치(inch)로 나타내며 A, B로 나타낸다.

　㉮ 배관용 탄소강 강관(기호 : SPP) : 일명 가스관이라 하며 350℃ 이하에서 사용압력이 10kg/cm² 이하의 증기, 공기, 물, 기름, 가스 등의 유체수송 배관용으로 사용된다. 관길이는 KS규격에서 6m 이상으로 규정되어 있으며 제조법은 이음매 없는 관, 단접관, 전기저항 용접관 등이 있다.

종류	기호	구분	비 고	화학성분(%)	특 징
배관용 탄소강관	SPP	흑관 백관	아연 도금을 하지 않는 관 아연 도금한 관	P S 0.04 이하, 0.04 이하	배관에 방청도장만 한 것 내식성 주기 위해 아연 도금한 것

㉯ 압력 배관용 탄소강 강관(기호 : SPPS) : 350℃ 이하의 온도에서 압력 10kg/cm² 이상, 100kg/cm² 이하의 압력 범위에 있는 보일러 증기관, 수압관, 유압관 등의 각종 압력배관에 사용되며 이음매 없이 제조하거나 전기저항 용접으로 제조한다. 관의 호칭법은 외경 및 호칭 두께(스케줄 번호)로 나타낸다. 스케줄 번호는 SCH 10, 20, 30, 40, 60, 80 등이 있으며 스케줄 번호가 커질수록 외경이 같은 것이라도 관의 두께는 두꺼워지며 중량 및 수압시험 압력도 커진다.

$$스케줄\ 번호(SCH) = 10 \times \frac{P}{S}$$

$$관두께(t) = (10 \times \frac{P}{S} \times \frac{D}{1,750}) + 2.54$$

$\begin{cases} P : 사용압력[kg/cm^2] \\ t : 관두께[mm] \\ S : 허용응력[kg/mm^2] \\ D : 관외경[mm] \end{cases}$

※ 허용응력 = $\frac{인장강도}{안전율}$

㉰ 고압 배관용 탄소강 강관(기호 SPPH) : 350℃ 이하에서 압력 100kg/cm² 이상의 고압에 사용되는 탄소 강관으로 사용압력이 특히 높은 암모니아 합성용 배관, 내연기관의 연료 분사관 및 화학 공업 등에서 고압 유체 수송에 사용한다. 350℃ 이상에서는 크리프 강도가 문제되므로 합금강을 써야 하며, 제조법은 강질이 좋은 킬드 강괴로 이음매 없이 제조하며, 스케줄 번호는 SCH 80, 100, 120, 140, 160 등이 있으며 관의 두께가 다른 강관보다 두껍다.

㉠ 크리프(Creep) 현상 : 금속 재료를 고온에서 장시간 외력을 가하면 시간의 경과에 따라 변형이 점차 증가하는 현상

㉡ 킬드강 : 노내에서 페로 실리콘(Fe-Si), 알루미늄으로 충분히 탈산시킨 강으로 내부에 기포나 편석이 없는 고급 강괴

㉱ 고온 배관용 탄소강 강관(기호 : SPHT) : 크리프 강도가 문제되는 350℃

이상, 450 ℃ 이하의 고온에 사용되며 과열 증기관 등에 쓰인다. 킬드강을 사용하여 이음매 없이 제조하거나 전기저항 용접관으로 제조하며 2, 3, 4종의 3종류가 있다. 4종은 이음매 없이 제조하고 열간 다듬질 이외의 전기저항 용접관은 풀림처리한다.

종류	기호	화학성분[%]						인장강도 [kg/mm²]	항복점내력 [kg/mm²]
		C	Si	Mn	P	S	Cu		
2종	SPHT 38	0.25 이하	0.10~0.35	0.30~0.90	0.035 이하	0.035 이하	0.20 이하	38 이상	22 이상
3종	SPHT 42	0.30 이하	0.10~0.35	0.30~1.00	0.035 이하	0.035 이하	0.20 이하	42 이상	25 이상
4종	SPHT 49	0.33 이하	0.10~0.35	0.30~1.00	0.035 이하	0.035 이하	0.20 이하	49 이상	28 이상

㈑ 저온 배관용 탄소 강관(기호 : SPLT) : 저온에서 일반 탄소 강관은 저온 취성이 있으므로 석유 화학 등의 각종 화학 공업, LPG 탱크용 배관, 냉동기 배관 등의 0℃ 이하의 배관은 저온 배관용 강관을 쓴다.

종류 $\begin{cases} 1종(C\ 0.25\%의\ 킬드강) : -50℃까지\ 사용 \\ 2종(3.5\%의\ Ni강) : -100℃까지\ 사용 \\ 3종(P\%의\ Ni강) : -196℃까지\ 사용 \end{cases}$

1종은 이음매없이 제조하거나 또는 전기저항 용접으로 제조하고, 2종 및 3종은 이음매 없이 제조한다.

> ※ 저온 취성(여림, 메짐)
> 재료의 온도가 낮아지면 강, 경도는 증가하나 연신율이나 충격에 대한 저항치가 감소하여 저온에서 여리고 약하게 되는 현상으로 저온 취성이 없는 금속은 Cu, Pb, Al, Na 등이 있다.

㈒ 배관용 아크 용접 탄소강 강관(기호 : SPW) : 비교적 압력이 낮은 물, 증기, 기름, 가스, 공기 등의 수송용으로 가스관 및 수도관에 적합하며 -15~350℃ 정도까지 사용한다. 강판 또는 띠강을 프레스, 롤러로 둥글게 가공한 다음 이음매를 자동 서브머지드 아크 용접법에 의한 스파이럴 시임 용접에 의해 제조하며 관 1개 길이는 6m가 원칙이다.

> ※ 사용조건
> ① 물, 가스 유체 수송(15kg/cm² 이하)
> ② 도시가스(10kg/cm² 이하)
> ③ 수도용(15kg/cm²)

㉔ 배관용 합금강 강관(기호 : SPA) : 고온, 고압하의 배관으로 증기관, 석유 정제시의 고온, 고압의 배관에 사용하며 탄소강보다 고온강도나 내식성이 강하다. 또 Cr의 함유량이 많을수록 내산, 내식성이 강하다.

㉕ 배관용 스테인리스 강관(기호 : STS) : 급수, 급탕, 배수, 냉·온수배관 등의 내식용, 내열용, 고온용 배관에 쓰이며 저온용에도 쓸 수 있고 자동 아크 용접 또는 전기저항 용접으로 제조하며, 관 1개의 길이는 4m를 원칙으로 하며 내식성을 필요로 하는 화학공장의 배관에 많이 사용된다.

㉖ 수도용 아연도금 강관(기호 : SPPW) : 정수두 100m 이하의 수도 급수관으로 대개 지하에 매설되어 사용하며 배관용 탄소 강관의 배관보다 내식성과 내구성을 높이기 위해서 아연도금 부착량을 배관용 탄소 강관 배관보다 많게 한 것이다. 배관용 탄소 강관을 나사절삭 전에 아연도금하여 방청 처리를 한다.

㉗ 보일러 열교환기용 스테인리스 강관(기호 : STS×TB) : 보일러의 과열관, 화학, 석유 공업 등의 열교환기, 가열로 등에 사용된다. 관 종류는 15종이 있으며 이음매 없이 제조하거나 자동 아크 용접, 전기저항 용접으로 제조한다.

㉘ 특수 강관
  ㉠ 모르타르 라이닝 강관 : 지하 매설용 등의 강관에 내식성을 주기 위해 강관의 내면에 모르타르를 얇게 바르고 외면에 역청질의 아스팔트를 라이닝하여 방식처리한 것이다. 이 도료는 화학적으로 안정되고 내산, 내알칼리성은 양호하지만 대기중에 노출시에는 빛에 의해서 산화하는 결점이 있다. 크기는 75~300A까지 있다.
  ㉡ 경질 염화비닐 강관 : 강관의 내·외면에 염화비닐 피막을 입힌 것으로서 염화비닐의 내식, 내약품성과 강관의 강도를 겸비한 내식성이 큰 강관이다. 화학공업 부식성 유체의 수송용에 적합하나 내압성 및 내열성이 적어 압력, 온도 등의 조건에 제약을 받는다. 크기는 15~350A 정도이다.
  ㉢ 폴리에틸렌 피복 강관 : 강관 외면에 에틸렌의 중합체인 폴리에틸렌을 고무, 아스팔트 및 수지를 주성분으로 하여 만든 접착제로 피복한 것으로 가스, 기름 등을 수송하는 지중 매설관에 사용한다. 피복의 원관은 주로 호칭지름 15~2,000A의 것은 배관용 탄소 강관이나 압력 배관용 탄소 강관, 배관용 아크 용접 탄소 강관이 쓰인다.

㉣ 알루미늄 도금 강관 : 강관 표면에 알루미늄을 도금시킨 관으로 내열, 내유화성이 좋고 열교환기, 응축기, 미관을 필요로 하는 구조용 관에 쓰인다.

❷ 주 철 관

주철관은 내식성, 내마모성 및 내압성이 강하므로 관용에서는 수도관, 급수 및 배수관과 케이블 매설관에 쓰이며 특히 관재에서는 내식성이 요구되는 곳에 쓰인다.

(1) 주철관의 분류

(2) 주철관의 종류별 특징

① 수도용 수직형 주철관 : 수직으로 주조한 것으로 소켓관과 플랜지관의 2종류가 있으며, 보통압관(최대 사용 정수두 75m 이하), 저압관(최대 사용 정수두 45m 이하)이 있고 보통압관은 A, 저압관은 LA가 주출되어 있다.

② 수도용 원심력 사형 주철관 : 원심 주조법으로 제조하여 재질이 균일하고 강도가 커서 수직형 주철관보다 관 두께가 얇다. 관은 고압관(최대 사용 정수두 100m 이하 : B), 보통압관(75m : A), 저압관(45m : LA)이 있다.

③ 수도용 원심력 금형 주철관 : 수냉식 금형을 회전시켜 원심 주조한 것으로 고압관과 보통압관이 있다.

④ 원심력 모르타르 라이닝 주철관 : 관 내면에 4~17mm 정도의 시멘트 모르타르를 원심력으로 밀착·양생시켜 수질에 따른 부식을 방지하기 위한 것으로 취급시 큰 하중과 충격에 유의해야 한다.

⑤ 배수용 주철관 : 대형 건물 내의 오수 배관용으로 내압이 거의 없으므로, 일반 주철관보다 두께가 얇으며, 관두께에 따라 1종과 2종의 2종류가 있고, 직관 1종은 ⊘, 2종은 ⊘, 이형관은 ⊗로 표시한다.

⑥ 덕타일(Ductiole) 주철관 : 용융 주철에 Mg나 Ca, Sr를 첨가하여 흑연을 구상

화시킨 것으로 인성과 연성이 크고 내식, 내마멸성이 보통 주철에 비해 크며, 산과 알칼리에 강하고 기계적 성질이 우수하여 관 무게를 경감할 수 있다. 최대 사용 정수두는 100m 이하이다.

02 비철 금속관

❶ 동 관

(1) 특 징

① 내식성이 좋다(상온의 공기에서는 녹슬지 않으나 수분 및 CO_2에 의해 청록색의 녹이 생긴다).
② 알칼리(가성 소다, 가성칼리)에는 내식성이 크나 산성(초산, 황산 등)에는 심하게 부식되며 암모니아류에도 부식된다.
③ 굴곡성, 전기·열전도성이 대단히 양호하다.
④ 납·강관보다 가볍고, 운반 취급이 용이하다.
⑤ 가공이 쉽고 저온시 취성을 갖지 않는다.
⑥ 외부 충격에 약하고, 값이 비싸다.
⑦ 고온시 강도가 떨어지나 저온 취성이 없어 저온 사용이 가능하다.
⑧ $8kg/cm^2$ 이하, 200℃ 이하의 열교환기 등에 좋다.

❷ 연 관

연관은 배관 중 가장 오래 전부터 급수관에 사용되어 왔으며 현재는 수도의 인입 분기관, 기구배수관, 급수, 배수, 가스 설비 등에 널리 사용되며 상온에서 압축 제관기로 제조된다.

(1) 특징

① 재질이 연하고 전·연성이 풍부하여 상온 가공이 용이하다.
② 해수 및 천연수에 접촉시 관 표면에 불활성 탄산 피막의 형성으로 납의 용해 및 부식이 방지된다.
③ 내식성이 크다(산에는 강하나 알칼리에는 약하다).

④ 강도가 작고 중량이 무거워(비중 11.37) 가로 배관시에는 휘어지기 쉽다.
⑤ 콘크리트 속에 매설시 시멘트에서 유리된 석회석이 침식되므로 방식 처리 후에 매설한다.

03 비금속관

1 경질 염화비닐관(PVC : Poly Vinyl Chloride)

(1) 특징

① 장점
  ㉮ 내산성·내알칼리성이 우수하다.
  ㉯ 관 내·외면이 매끈하여 관 내 마찰손실이 적고 물때의 부착이 없으므로 유량이 크다.
  ㉰ 굴곡, 접합, 용접 등의 배관 가공이 용이하다.
  ㉱ 열에 대한 불량도체이다(철의 1/350).
  ㉲ 무게가 가볍다(비중 1.43, 철의 1/5, 알루미늄의 1/2, 납의 1/8).
  ㉳ 강인하다(인장강도 20℃에서 580kg/cm^2, 납의 3배, 철의 1/3).
  ㉴ 전기 절연성이 크다.

② 단점
  ㉮ 저온 및 고온에서의 강도가 약하다(취화온도 -18℃, 연화온도 70~80℃, 사용온도 -10~60℃).
  ㉯ 충격 강도가 적고 외상을 받으면 강도가 현저히 저하된다(시공시 상처가 생기지 않도록 하고 5℃ 이하에서 특히 취급 주의).
  ㉰ 열 팽창률이 크다(강관의 7~8배). 온도 변화가 심한 곳은 직관 10~20m마다 신축 이음을 설치

(2) 종류

① 수도용 : 정수두 75m 이하에 사용하는 수도용으로 압출 성형기 등으로 제조하며 종류는 직관, TS관, 편수 칼라관의 3종류가 있다.
② 일반관 : 온천, 해수 수송관, 농업 약제 살포 등에서 30℃에서 8kg/cm^2 이하에 사용

③ 얇은 관 : 두께가 얇아 건축물의 배수·통기 전선관에서 30℃에서 4kg/cm² 이하에 사용

❷ 폴리에틸렌관

(1) 가볍다(비중 0.9~0.93으로 비닐관의 2/3 정도).
(2) 유연성이 풍부하다(적은 지름의 관은 코일 모양으로 감아서 운반 가능).
(3) 내열성과 보온성이 염화비닐관보다 우수하다.
(4) 내충격성과 내한성이 우수하다(-60℃에서도 취화 안 됨).
(5) 시공이 용이하고 경제적이다.
(6) 내약품성이 강하다.
(7) 유연성이 있어 내충격성은 크나 외상을 받기 쉽다.
(8) 인장강도는 비닐관의 1/5 정도로 작다.
(9) 유백색 관은 장기간 햇볕에 쪼이면 노화한다.

❸ 튜브와 호스

튜브의 호칭 치수는 바깥지름(분수)×두께(소수)로 나타내고 상대운동을 하지 않는 두 지점 사이의 배관에 사용된다. 호스의 호칭 치수는 안지름으로 나타내며, 1/16인치 단위의 크기로 나타내고 운동부분이나 진동이 심한 부분에 사용한다.

04 배관 도면

(1) 배관 도면 표시법

1) 관의 도시법

하나의 실선으로 표시하며 동일 도면에서 다른 관을 표시할 때는 같은 굵기로 나타낸다.

2) 유체의 종류 · 상태의 표시 방법

① 표시
표시 항목은 원칙적으로 다음 순서에 따라 필요한 것을 글자, 글자 기호를 사용하

여 표시한다. 또한, 추가할 필요가 있는 표시 항목은 그 뒤에 붙이며, 글자 기호의 뜻은 도면상의 보기 쉬운 위치에 명기한다.

㉠ 관의 호칭 지름
㉡ 유체의 종류, 상태, 배관계의 식별
㉢ 배관계의 시방(관의 종류, 두께, 배관계의 압력 구분 등)
㉣ 관의 외면에 실시하는 설비재료

② 표시 내용 표현 방법

표시 내용을 관에 표시하는 경우는 관외 위쪽 또는 왼쪽에 도시하거나 복잡한 경우에는 지시선을 사용하여 인출하여 기입한다.

3) 유체 흐름의 표시 방법

① 배관 내 흐름의 방향

배관 내 흐름의 방향은 관을 표시하는 선에 화살표를 붙여 방향을 표시한다.

② 배관도의 부속품 부품 구성품 및 기기 내의 흐름의 방향

배관도의 부속품 기기 내의 흐름의 방향을 특히 표시할 필요가 있는 경우는 그림기호에 따르는 화살표로 표시한다.

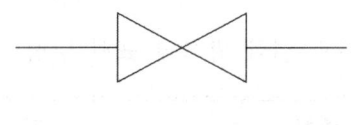

4) 관 접속 상태의 표시 방법

관을 표시하는 선이 교차하고 있는 경우에는 아래 표의 표시 방법에 따라 각각의 관이 접속하고 있는지, 접속하고 있지 않은지를 표시한다.

[관의 접속 상태의 표시 방법]

관의 접속 상태		도시방법
접속하고 있지 않을 때		
접속하고 있을 때	교차	
	분기	
관 A가 회전에 직각으로 바로 올라가 있는 경우		
관 B가 회전에 직각으로 뒤쪽으로 내려가 있는 경우		
관 C가 회전에 직각으로 바로 양쪽으로 올라가 있고 관 D와 접속한 경우		

주: 접속하고 있지 않는 것을 표시하는 선의 끊긴 자리, 접속하고 있는 것을 표시하는 검은 동그라미는 도면을 복사 또는 축소할 때에도 명백하도록 그려야 한다.

5) 관 결합 방식의 표시 방법

관의 결합 방식은 아래 표와 같이 일반(나사식), 용접식, 프랜지식, 턱걸이식, 유니온식으로 구분하여 표시할 수 있다.

[관 결합 방식의 표시 방법]

결합 방식의 종류	그림기호
일반(나사식)	─┼─
용접식	─●─
플랜지식	─╫─
턱걸이식(소켓식)	─)─
유니온식	─┼╫─

6) 관이음의 표시 방법

① 고정식 관 이음쇠

고정식 관 이음쇠는 엘보, 벤드, 티, 크로스, 리듀서, 하프커플링 등이 있다.

[고정식 관 이음쇠의 표시 방법]

관 이음쇠의 종류	그림 기호	비고
엘보 및 밴드	└ └ 또는 └ └	[관 결합 방식의 표시 방법]의 그림 기호와 결합하여 사용한다. 지름이 다르다는 것을 표시할 필요가 있을 때는 그 호칭을 인출선을 사용하여 기입한다.
티	┬	
크로스	┼	

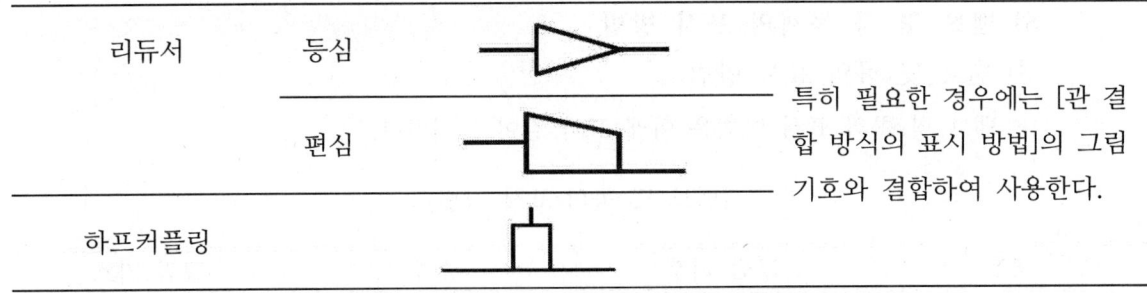

② 기동식 관 이음쇠

기동식 관 이음쇠는 신축 이음쇠 및 플래시블 이음쇠 등이 있다.

[기동식 관 이음쇠의 표시 방법]

7) 관 끝부분의 표시 방법

관 끝 부분은 [관 끝부분의 표시 방법]의 그림 기호에 같이 표시한다.

끝 부분의 종류	그림 기호
막힌 플랜지	─╢
나사 박음식 캡 및 나사 박음식 플러그	─┐
용접식 캡	─D

8) 밸브 및 콕 몸체의 표시 방법

① 밸브 및 콕의 표시 방법

밸브 및 콕의 표시 방법은 아래 표와 같이 도시한다.

[밸브 및 콕의 표시 방법]

종류	그림 기호	종류	그림 기호
밸브 일반	▷◁	버터플라이 밸브	▷◁─•─|
게이트 밸브	▷✕◁	앵글 밸브	△
글로브 밸브	▷●◁	3방향 밸브	▽△◁
체크 밸브	▷▶ ◁	안전밸브	▷◁ △
볼 밸브	▷○◁	콕 일반	▷○◁

② 밸브 및 콕의 닫혀 있는 상태 표시

밸브 및 콕이 닫혀 있는 경우에는 그림 기호를 까맣게 칠하거나 닫혀 있다는 것을 표시하는 문자 "폐", "C" 등을 첨가하여 표시한다.

9) 밸브 및 콕 조작부의 표시 방법

밸브 및 콕의 개폐 조작부의 동력 조작 또는 수동 조작의 구별을 명시할 필요가 있는 경우에는 [밸브 및 콕 조작부의 표시 방법]과 같은 그림 기호로 표시한다.

[밸브 및 콕 조작부의 표시 방법]

개폐 조작	그림 기호	비고
수동 조작	▷⊤◁	수동으로 개폐를 지시할 필요가 없을 때는 조작부의 표시를 생략한다.

동력 조작		상세에 대하여 표시는 KS A3018에 따른다.

10) 계기의 표시 방법

유량계, 압력계 등의 계기를 표시하는 경우에는 관을 표시하는 선에서 분기시킨 가는 선의 끝에 원을 그려서 아래와 같이 표시한다.

계기의 측정하는 변동량 및 기능 등을 표시하는 글자 기호는 KS A 3016에 따른다. 그 보기를 참고도에 표시한다.

[참고도]

압력 지시계	온도 지시계	유량 지시계

11) 기기의 표시 방법

[기기의 그림 기호]

종류	그림 기호
방열기	
고압 증기 트랩	
저압 증기 트랩	
기수 분리기	
방열기	4.2: 상당방열면적(m^2) 2R: 2열 1700: 유효길이(mm) 25: 유입관경(mm) 20: 유출관경(mm)

연습문제

01 강관의 표시기호 중 상수도용 도복장 강관은?
① STWW ② SPPW
③ SPPH ④ SPHT

02 압력 배관용 탄소강 강관의 기호는?
① SPP   ② SPPS
③ SPPH ④ STBH

03 저온 열 교환기용 강관의 KS기호로 맞는 것은?
① STBH ② STHA
③ SPLT ④ STLT

04 암모니아 냉동기의 배관에 사용할 수 없는 관은?
① 배관용 탄소강 강관
② 스테인레스관
③ 저온 배관용 강관
④ 황동관

1.
상수도용 도복장 강관은 관 외면을 폴리에틸렌 피복하고 관 내면은, Shot 혹은 Sand로 강관 표면의 기름, 녹, 이물질 등을 제거하고, 소정의 배합비로 희석된 도료주제와 경화제를 Airless Spray 방식으로 내면에 에폭시를 도포한 고품질의 수도용 피복강관이며 STWW로 표시한다.

2.
강관의 명칭과 기호
* 배관용 탄소강 강관 : SPP
* 압력 배관용 탄소강 강관 : SPPS
* 고압 배관용 탄소강 강관 : SPPH
* 보일러 열교환기용 강관 : STBH

3.
열교환기용 강관은 ST로 나열되므로 저온 열 교환기용 강관은 STLT로 나타내며 SPLT의 경우에는 저온 배관용 탄소강 강관으로 표기된다.

4.
암모니아는 동 및 동합금을 부식시키므로 주로 강관을 사용한다.

정답 01 ① 02 ② 03 ④ 04 ④

05 배관 및 수도용 동관의 표준 치수에서 호칭 지름은 관의 어느 지름을 기준으로 하는가?
① 유효지름 ② 안지름
③ 중간지름 ④ 바깥지름

5.
배관 및 수도용 동관의 경우 호칭지름은 관의 바깥지름을 기준으로 한다.

06 다음 동관 중 가장 높은 압력에서 사용되는 관은?
① K형 ② L형
③ M형 ④ N형

6.
동관의 높은 압력에 사용하는 순서 :
K 〉 L 〉 M 〉 N

07 다음 중 열전도율이 가장 큰 관은?
① 강관
② 알루미늄관
③ 동관
④ 연관

7.
동관은 열 전도율이 좋아 주로 열교환기에 이용된다.

08 같은 지름의 관을 직선으로 연결할 때 사용하는 배관 이음쇠가 아닌 것은?
① 소켓(socket)
② 유니언(union)
③ 벤드(bend)
④ 플랜지(flange)

8.
벤드는 유체의 흐름이 완만한 곡선을 이루는 곳에 사용한다.

09 분기관을 만들 때 사용되는 배관 부속품은?
① 유니언(union)
② 엘보(elbow)
③ 티(tee)
④ 플랜지(flange)

9.
분기관에는 타이(T), 와이(Y) 등이 사용된다.

정답 05 ④ 06 ① 07 ③ 08 ③ 09 ③

10 체크밸브를 나타내는 것은?

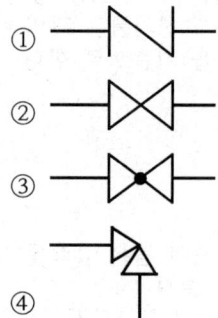

10.
① 체크 밸브,
② 슬로우스밸브,
③ 글로우브밸브,
④ 앵글밸브

11 다음 도시기호의 이음은?

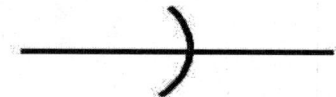

① 나사식 이음
② 용접식 이음
③ 소켓식 이음
④ 플랜지식 이음

11.

SECTION 02 배관의 이음 및 신축이음

01 신축이음(Expension Joint)

관은 온도변화에 따라 길이가 변화하여 열 응력이 생기므로 배관계에서의 열 팽창을 흡수하여 완충역할을 하기 위한 것이다.

❶ 배관계에서의 응력 발생 요인
(1) 열 팽창에 의한 응력
(2) 냉간 가공에 의한 가공 경화에 따른 응력
(3) 내부 유체 압력에 의한 응력
(4) 용접에 따른 열 응력
(5) 배관 및 피복재의 중력에 의한 응력
(6) 배관 내의 유체 무게에 의한 응력
(7) 배관 부속물 및 밸브, 플랜지에 의한 응력

❷ 배관계에서의 진동 발생 요인
(1) 펌프, 압축기의 구동에 의한 진동
(2) 배관 내 유체의 압력 변동에 따른 유속 변화
(3) 안전밸브의 분출에 의한 진동
(4) 파이프 굽힘에 의한 힘의 영향에 의한 진동

❸ 신축량 및 열 응력의 계산

(1) 열 팽창량

$$\delta = \ell \times a \times \Delta t$$

δ : 신축 길이[mm]
a : 열팽창률[$1/℃$]
ℓ : 전 길이[mm]
Δt : 온도차[℃]

(2) 열 팽창이 큰 금속

알루미늄 > 황동 > 연강 > 경강 > 구리

(3) 열 응력

$$\sigma = E \times \alpha \times \Delta t$$

σ : 응력[kg/mm²]
α : 열팽창률[1/℃]
E : 영률(세로 탄성계수)[kg/mm²]
Δt : 온도차[℃]

❹ 신축이음의 종류 및 특성

(1) 루프형(Loop type)신축이음 : 신축곡관

(a) 90° 곡관 (b) 신축 리턴 밴드 (c) 편심 밴드 (d) 양쪽 굴곡
(1/4 밴드)   신축 리턴 밴드

(e) 편심 밴드 (f) 원형 곡관 (g) 리브식 밴드 (h) 한쪽 편심 U밴드
              (원밴드)

[루프형 신축이음]

강관 또는 동관을 굽혀서 루프상의 곡관을 만들어 그 휨에 의해서 신축을 흡수하는 방식이다.

① 설치 장소를 많이 차지하고 신축 흡수시에 응력이 생긴다.
② 재료의 피로를 일으켜 고장이 잦다.
③ 고압에 견디므로 고온, 고압 증기의 옥외배관에 많이 쓰인다.

④ 배관 곡률반경은 관지름의 6배 이상이 이상적이다.
⑤ 배관에 주름을 주어 구부릴 경우에는 관경의 2~3배도 가능하다.

※ 신축 흡수량 및 강도 순서
루프형>슬립형>벨로스형

(2) 슬립(Slip type) 신축이음

이음 본체와 슬리브 파이프로 구성되며 최고 압력 10kg/cm² 정도의 저압 증기 배관 또는 온도 변화가 심한 물, 기름, 증기 등의 배관에 사용하며 과열 증기배관에는 부적합하다.
① 설치장소를 적게 차지한다.
② 신축 흡수시 응력 발생이 없지만 곡관 부분이 있으면 비틀림으로 인한 파손 우려가 있다.
③ 장기간 사용시 패킹의 마모로 유체의 누설 우려가 있다.
④ 단식과 복식이 있다.
⑤ 신축 가능량 : 50~300mm

[슬리브형 신축이음쇠의 구조]

(3) 벨로스형(Bellows type) 신축이음

온도 변화에 의한 관의 신축을 벨로스(파형 주름관)의 신축변형에 의해서 흡수시키는 방식으로 팩레스(Pack less) 신축이음이라고도 한다.
① 설치장소가 작고, 신축에 따른 응력발생이 없다.
② 누설이 없다.
③ 부식 및 벨로스의 피로에 따른 파손 우려 때문에 벨로스는 스테인리스강 또는 청동으로 제조된다.

[벨로스형 신축이음쇠의 구조]

(4) 스위블형(Swivel type) 신축이음

스윙 조인트 또는 지불이음이라고도 하며, 온수 또는 저압 증기의 분기점을 2개 이상의 엘보로 연결하여 관의 신축시에 비틀림을 일으켜 신축을 흡수하여 온수 급탕배관에 주로 사용한다.
① 이음부의 나사 회전을 이용하므로 큰 신축의 흡수시는 누설 우려가 있다.
② 배관 곡부에서 유체의 압력 손실이 있다.
③ 직관 길이 30m당 만곡부는 1.5m가 필요하다.

02 배관이음

※ 관 이음의 설계시 내부 유체의 누설을 막기 위한 조건
 ① 접합부의 접합면은 매끈하게 다듬질하며 깨끗이 한다.
 ② 접합부의 조임은 반드시 순수하게 누르는 힘만 작용하게 한다.
 ③ 접촉면의 면적은 가급적 작게 한다.

1 강관의 접합법(Steel pipe connections)

강관의 접합에는 주로 나사 접합이 사용되나 대구경관은 플랜지 접합, 용접 접합 등도 많이 사용된다.

(1) 나사 이음(Screwed Joint)

관 끝부분에 관용 테이퍼 나사(테이퍼 1/16, 나사산 각도 55°)를 내고 나사 이음의 관 이음쇠를 사용하여 접합하는 방식

① 관의 실제 길이 산출
  ㉮ 90° 엘보 2개 사용시 관 실제 길이 산출
    배관 중심간의 길이
    $L = l + 2(A - a)$

    $\begin{cases} l : 관길이 \\ A : 이음쇠의 중심에서 끝면까지의 거리 \\ a : 나사가 물리는 최소 길이 \end{cases}$

  ㉯ 곡관의 길이 산출

    $l = 2\pi R \times \dfrac{\theta}{360} = R \times \theta \times 0.01745$

    $L = l + (l_1 - R) + (l_2 - R) - 2(A - a)$

    $\begin{cases} l_1, l_2 : 직선 부분의 길이 \\ l : 곡관 부분의 길이 \\ L : 절단할 관 전체의 길이 \\ \theta : 구부림 각도 \end{cases}$

연습문제

01 신축곡관이라고 통용되는 신축이음은?

① 스위블형
② 벨로즈형
③ 슬리브형
④ 루프형

1.
루프이음은 주로 고압배관에 사용하는 것으로 원형벤드, U형벤드의 종류가 있으며 이를 신축곡관이라 한다.

02 급탕배관에서 슬리브(sleeve)를 사용하는 목적은?

① 보온효과 증대
② 배관의 신축 및 보수
③ 배관 부식방지
④ 배관의 고정

2.
슬리브 신축이음
① 설치장소를 적게 차지한다.
② 신축 흡수 시 응력발생이 없지만 곡관부분이 있으면 비틀림으로 인한 파손우려가 있다.

03 두 개의 90° 엘보의 직관길이 ℓ =262mm인 관이 그림처럼 연결되어 있다. L=300mm이고 관 규격이 20A이며 엘보의 중심에서 단면까지의 길이 A=32mm일 때 물린 부분 B의 길이는 몇 mm인가?

① 12   ② 18
③ 14   ④ 15

3.
L= ℓ +2(A−B)에서
300=262+2(32−B)
B=13mm

정답 01 ④ 02 ② 03 ② 04 ③ 05 ④

04 배관에서 지름이 다른 관을 연결할 때 사용하는 것은?

① 유니언 ② 니플
③ 부싱 ④ 소켓

05 증기배관의 수평 환수관에서 관경을 축소할 때 사용하는 이음쇠로 가장 적합한 것은?

① 소켓
② 부싱
③ 동심 리듀서
④ 편심 리듀서

4.
유니언, 니플, 소켓은 동일 관경을 연결하는데, 사용하며 부싱, 레듀셔는 서로 다른 관경을 연결하는데 사용한다.

5.
편심레듀셔는 관경이 축소할 때 압력 손실을 최소화할 수 있는 장점이 있다.

정답 04 ③ 05 ④

SECTION 03 밸브 및 배관지지

밸브는 밸브 본체(밸브시트, 벨브판)와 밸브실과 밸브봉 3부분으로 구성되는 것으로서 유체의 유량 조절 및 유체의 단속과 유체의 방향전환 등에 사용된다.

01 밸브의 종류별 특징

(1) 글로브 밸브(Glove valve)

옥형밸브 또는 구형밸브라 하며, 밸브의 형상이 둥글게 되어 있으며, 유체의 흐름이 S자 모형으로 되므로 유체의 흐름 저항은 크나 밸브의 리프트(양정)는 작아 개폐가 용이하므로 유량 조절에 적합하고 소형 경량이며 가격이 싸다.

(a) 글로브 밸브   (b) 앵글 밸브   (c) 슬루스 밸브

밸브 구조

밸브 디스크 형상에 따라 ┌ 평면형, 원뿔형
                    └ 반구형, 부분원형이 있다.

- 구경 50A 이하 : 청동(포금)제 나사 이음형
- 구경 65A 이상
  - 밸브, 밸브시트 : 포금
  - 본체 : 주철제 플랜지형
- 앵글 밸브 : 유체 흐름을 직각으로 바꿀 때 사용 즉, 입구와 출구가 직각인 것
- y형 글로브 밸브 : 저항을 줄이기 위해 밸브통을 중심선에 45°~60° 경사 시킨 것 즉, 유로가 예각으로 되어 있는 밸브
- 니들 밸브 : 유량제어에 쓰이는 15~16mm의 원뿔 모양의 침으로 극히 유량이 적거나 고압일 때 유량을 조금씩 가감하는데 사용

(2) 슬루스 밸브(Sluice valve, Gate valve)

슬루스 밸브는 현재 많이 사용되는 밸브로 밸브 본체가 밸브 시트 안을 상하함으로써 개폐하는 방식으로서 밸브를 완전히 열면 밸브 본체 속은 지름과 같은 단면적이 되므로 유체 저항이 적어 마찰 손실이 매우 적다. 양정이 커서 개폐에 시간이 걸리며, 밸브를 반정도 열어 사용하면 와류가 생겨 유체의 저항이 커지고 밸브 마모 우려가 크므로 유량 조절에는 부적합하며 가격이 비싸다. 특히, 증기 배관의 횡주관에서 드레인이 고이는 곳은 슬루스 밸브가 적당하다.

① 비상승식 : 밸브 본체를 상하시키기 위한 밸브 스템의 나사가 밸브실 내에 있는 방식의 속나사식으로서 밸브 본체만 상하로 움직이며 밸브 시스템은 회전만 하고 상하로 움직이지 않는다. 65A 이상의 큰 지름에 많이 쓰며 설치 장소를 적게 차지하나 개폐 정도를 알 수 없으므로 개폐지시기가 필요하다.

② 상승식 : 밸브 스템의 나사가 밸브실 외에 있는 바깥 나사식으로 밸브 핸들을 회전시에 밸브 본체와 밸브 스템이 함께 상하로 움직이는 방식으로 50A이하에서 주로 쓰며, 밸브 스템의 상하로 개폐를 쉽게 할 수 있기 때문에 고온 고압용에 널리 쓰나 장소를 많이 차지한다.

※ 디스크의 구조에 따라 : 웨지 게이트 밸브, 패러렐 슬라이드 밸브, 더블 디스크 게이트 밸브 등으로 나눈다.

(3) 코크(Cock)

특징 : 구멍이 뚫린 원추를 1/4(90°) 회전함에 따라 유로가 개폐되어 유체의 흐름을 차단 또는 조절하는 밸브로 플러그 밸브라고도 한다.
① 개폐가 빠르다.
② 개폐가 빠르므로 물, 기름, 공기의 급속 개폐에 사용된다.
③ 유로의 면적과 관 단면적이 같고, 일직선이 되므로 유체 저항이 작다.
④ 구조는 간단하나 기밀성이 나쁘고, 고압 대유량에는 부적당하다.
⑤ 2방, 3방, 4방 코크 등이 있다.

(a) 삼방 코크   (b) 사방 코크   (c) 핸들 코크

[코크의 종류]

(4) 버터플라이 밸브(Butterfly Valve)

나비형 밸브로 원통형의 몸체 속에서 밸브 스템을 축으로 하여 원판이 회전함으로써 개폐를 행하는 것으로 사용 압력, 온도에 대한 제한이 많고 개폐쇄가 어렵다. 전개시 저항이 적고 유량 조절이 용이하며 저압의 죔 밸브로 사용된다.

(5) 다이어프램 밸브(Diaphragm Valve)

밸브 몸통의 중앙에 원호 모양의 위어를 가지며, 내열, 내약품성의 다이어프램을 밸브시트에 밀착하여 개폐하는 밸브로 화학 약품의 차단 등에 사용하며, 유체 저항이 작다.

[다이어프램 밸브]

(6) 체크 밸브(Check Valve)

유체의 흐름이 한쪽으로 흐르게 하고, 역류하면 자동적으로 배압에 의하여 밸브체가 닫히며 스윙식(Swing type)과 리프트식(Lift type)이 있다.

(a) 스윙형 체크 밸브   (b) 리프트형 체크 밸브

[체크 밸브]

(7) 볼 탭(Ball Tap)

탱크의 액면 상승 또는 저하에 따라 볼(플로트)의 부력에 의해 자동적으로 밸브가 개폐되는 자동 개폐 밸브이다. 소형의 볼은 동판 또는 플라스틱제이며, 대구경은 복식으로 플랜지 달림으로 되어 있다.

(8) 볼 밸브(Ball Valve)

마개가 공모양이고 코크와 유사한 밸브로서 코크의 플러그를 볼로 바꾸고 또한 볼과 테프론링이 항상 긴밀한 접촉을 유지하므로 시트면의 손상이 적다. 고온에는 부적당하므로 주로 화학공장이나 석유공장 등에서 상온의 유체에 많이 사용된다.

(9) 감압 밸브(Reducing Valve)

자동 압력 조정 밸브로서 고압 배관과 저압 배관 사이에 설치하여서 증기 사용량이나 고압측의 압력 변동에 관계없이 밸브의 개폐를 자동으로 조절하여 저압측 압력을 항상 일정하게 유지하는 역할을 한다. 고저압의 압력비는 2 : 1 이내로 하며 고압이 $7kg/cm^2$ 이상이고, 고저압의 차가 2 : 1 이상이면 증기 유속이 커 소음이 생기고 고장의 원인이 되므로 감압밸브를 직렬로 연결한 2단 감압법을 사용한다. 밸브 작동 방법에 따라 벨로스형, 다이어프램형, 피스톤형이 있다.

02 배관지지

배관의 길이, 중량, 신축, 유체의 이동에서 발생하는 진동에 따른 관로 중의 기기의 성능 저하 방지를 위해서 앵글, 평강, 연강, 환봉 등을 이용하여 지지한다.

사용 목적에 따른 분류

행거 및 서포트 : 배관의 중량을 지지하는데 사용한다.
리스트레인트 : 열팽창에 따른 배관의 측면 이동을 제한하는데 사용한다.
브레이스 : 기기의 진동을 억제하는데 사용한다.

(1) 행거(Hanger)

배관의 하중을 위에서 걸어당겨서 받치는 것

① 리지드 행거(Rigid Hanger) : I빔(Beam)에 턴버클을 연결하여 파이프를 달아올리는 것이며, 수직 방향에 변위가 없는 곳에 사용한다.

[리지드 행거]

[스프링 행거]   [콘스탄트 행거]

② 스프링 행거(Spring Hanger) : 턴버클 대신에 스프링을 사용한 것이다.
③ 콘스탄트 행거(Constant Hanger) : 배관 상하 이동을 허용하면서 관의 지지력을 일정하게 한 것이다.

(2) 서포트(Support)

아래에서 위로 떠받치는 것

① 파이프 슈(Pipe Shoe) : 파이프로 직접 접속하는 지지대로서 배관의 수평 및 곡관부의 지지에 사용
② 리지드 서포트(Rigid Support) : 큰 빔 등으로 만든 배관 지지대
③ 롤러 서포트 : 관의 축방향 이동을 자유롭게 하기 위해 배관을 롤러로 지지한 것
④ 스프링 서포트 : 스프링 작용으로 파이프의 하중 변화에 따라 상하 이동을 다소 허용한 것이다.

(a) 파이프슈   (b) 리지드 서포트

(c) 롤러 서포트   (d) 스프링 서포트

[서포트]

(3) 리스트레인트(Restraint)

열팽창에 의한 배관의 측면 이동을 제한하는 것으로 앵커, 스톱, 가이드 세 종류가 있다.

① 앵커(Anchor) : 배관 지지점에서의 이동 및 회전을 방지하기 위해 지지점 위치에 완전히 고정하는 것

② 스톱(Stop) : 배관의 일정한 방향으로 이동과 회전만 구속하고 다른 방향으로 자유롭게 이동하는 것이다.

③ 가이드(Guide) : 배관의 회전을 제한하기 위해 사용해 왔으나 근래에는 배관계의 축방향의 이동을 허용하는 안내 역할을 하며, 축과 직각 방향으로의 이동을 구속하는데 사용된다.

[스톱]　　　　　　　　　　　　[가이드]

(4) 브레이스(Brace)

펌프, 압축기 등에서 발생하는 기계의 진동, 압축가스에 의한 서징, 밸브의 급격한 개폐에서 발생하는 수격 작용, 지진 등에서 발생하는 진동을 억제하는데 사용하며 진동을 완화하는 방진기와 충격을 완화하는 완충기가 있다. 방진기와 완충기는 스프링과 유압식이 있다.

> ※ 인서트 : 배관지지 금속을 장치하기 위하여 미리 천장, 바닥, 벽 등에 매립하여 두는 것으로 자재 인서트와 고정 인서트가 있다.

03 스트레이너(Strainer)

증기, 물, 기름 등의 배관에 설치되는 밸브, 펌프, 트랩 등의 기기 앞에 설치하여 관 내에 불순물을 제거하기 위해서 사용한다. 형상에 따라 Y형, U형, V형이 있다.

(1) Y형 스트레이너

45° 경사진 Y형의 본체 속에 원통형 금속망을 넣은 것으로 망의 안쪽에서 바깥쪽으로 흐르게 하여 유체의 저항을 작게 하고 아랫부분에 플러그를 설치하여 불순물을 제거하게 되어 있다. 금속망의 개구면적은 호칭 지름 단면적의 3배 정도이고, 망의 교환이 용이하다.

(2) U형 스트레이너

주철제의 본체 안에 여과망을 설치한 둥근 통을 수직으로 넣은 것으로 유체는 망의 안쪽에서 바깥쪽으로 흐른다. 유체의 흐름이 직각방향으로 바뀌므로 Y형에 비해 유체의 저항은 크나 보수 점검이 용이하다. 주로 오일 스트레이너에 사용된다.

(3) V형 스트레이너

주철제의 본체 속에 금속 여과망을 V자형으로 넣은 것으로서 구조상 유체는 본체 속을 직선으로 흐르므로 Y형, U형보다 유체의 저항이 작으며 여과망의 교환, 점검이 용이하다.

(a) Y형 스트레이너   (b) U형 스트레이너   (c) V형 스트레이너 단면도

[스트레이너 종류]

연습문제

01 다음 그림 기호 중 게이트밸브를 표시한 것은?

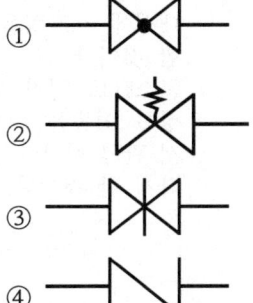

1.
① 글로우브 밸브
② 스프링식 안전밸브
④ 체크밸브

02 유체의 입구와 출구방향이 직각으로 되어 있어 유체의 흐름 방향을 90° 변환시키는 밸브는?

① 앵글밸브
② 게이트밸브
③ 첵밸브
④ 볼밸브

2.
90° 변환에는 앵글밸브를 사용한다.

03 역지밸브(check valve)에 대한 기술이다. 틀린 것은?

① 관내유체의 흐름을 일정한 방향으로 유지하기 위하여 사용한다.
② 스윙형, 리프트형, 풋형 등이 있다.
③ 구조에 따라 수평관, 수직관에 사용할 수 있다.
④ 필요할 때 수동으로 개폐하여야 한다.

3.
스윙형은 수평, 수직배관 모두에 사용 가능하며 리프트형은 수평배관에 사용하여야 하며 수동개폐는 하여서는 안된다.

정답 01 ③ 02 ① 03 ④

04 배관지지 장치에서 수직방향 변위가 없는 곳에 사용되는 행거는 어느 것인가?

① 리지드 행거
② 콘스턴트 행거
③ 가이드 행거
④ 스프링 행거

4.
행거의 종류
(1) 리지드 행거 : 1빔에 턴버클을 연결하여 파이프를 달아 올리는 것이며, 수직방향에 변위가 없는 곳에 사용한다.
(2) 스프링 행거 : 턴버클 대신에 스프링을 사용한 것이다.
(3) 콘스탄트 행거 : 배관 상하 이동을 허용하면서 관의 지지력을 일정하게 한 것이다.

정답 04 ①

PART 03 기출문제

2017.05.07	건설기계설비기사	2019.03.03	건설기계설비기사
2018.03.04	건설기계설비기사	2020.06.06	건설기계설비기사
2018.04.28	건설기계설비기사	2020.08.22	건설기계설비기사

PART 03 기출문제

건설기계설비기사

1과목: 재료역학

01 공칭응력(Nominal Stress : σ_n)과 진응력(True Stress : σ_t) 사이의 관계식으로 옳은 것은?
(단, ε_n은 공칭변형률(Nominal Strain), ε_t는 진변형률(True Strain)이다.)

① $\sigma_t = \sigma_n(1+\varepsilon_t)$
② $\sigma_t = \sigma_n(1+\varepsilon_n)$
③ $\sigma_t = \ln(1+\sigma_n)$
④ $\sigma_t = \ln(\sigma_n + \varepsilon_n)$

02 그림과 같이 전체 길이가 $3L$인 외팔보에 하중 P가 B점과 C점에 작용할 때 자유단 B에서의 처짐량은?
(단, 보의 굽힘강성 EI는 일정하고, 자중은 무시한다.)

① $\dfrac{35PL^3}{3EI}$
② $\dfrac{37PL^3}{3EI}$
③ $\dfrac{41PL^3}{3EI}$
④ $\dfrac{44PL^3}{3EI}$

1.
$\varepsilon_t = \int_{l_1}^{l_2}\dfrac{dl}{l} = \ln l_2 - \ln l_1 = \ln\dfrac{l_2}{l_1}$
$= \ln\dfrac{l_1+\delta}{l_1} = \ln(1+\varepsilon_n)$

$A_1 l_1 = A_2 l_2$ 라 하면
$\sigma_t = \dfrac{P}{A_2} = \dfrac{Pl_2}{l_1 A_1} = \sigma_n \dfrac{l_2}{l_1} = \sigma_n\left(\dfrac{l_1+\delta}{l_1}\right)$
$= \sigma_n(1+\varepsilon_n)$

2.

$\delta_1 = \dfrac{1}{EI}A_M \overline{x}$
$= \dfrac{1}{EI}2PL \times \dfrac{2L}{2} \times \left(L + \dfrac{2L}{3}\right)$
$= \dfrac{1}{2I}2PL^2 \times \dfrac{7L}{3} = \dfrac{14}{3}\dfrac{PL^3}{EI}$

$\delta_2 = \dfrac{P(3L)^3}{3EI} = \dfrac{27PL^3}{3EI}$

$\delta_1 + \delta_2 = \dfrac{14PL^3}{3EI} + \dfrac{27PL^3}{3EI} = \dfrac{41PL^3}{3EI}$

정답 01 ② 02 ③

03 그림과 같은 단순보에서 전단력이 0이 되는 위치는 A지점에서 몇 m 거리에 있는가?

① 4.8
② 5.8
③ 6.8
④ 7.8

3.
$R_A = \dfrac{2 \times 6 \times 3}{10} = 3.6$
$x = \dfrac{3.6}{2} + 4 = 5.8$

04 직경 d, 길이 l인 봉의 양단을 고정하면 단면 $m-n$의 위치에 비틀림모멘트 T를 작용시킬 때 봉의 A부분에 작용하는 비틀림 모멘트는?

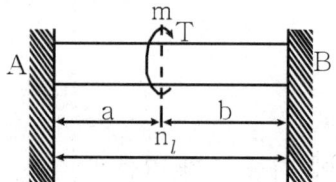

① $T_A = \dfrac{a}{l+a}T$
② $T_A = \dfrac{a}{a+a}T$
③ $T_A = \dfrac{b}{a+b}T$
④ $T_A = \dfrac{a}{l+b}T$

정답 03 ② 04 ③

05 오일러의 좌굴 응력에 대한 설명으로 틀린 것은?

① 단면 회전반경의 제곱에 비례한다.
② 길이의 제곱에 반비례한다.
③ 세장비의 제곱에 비례한다.
④ 탄성계수에 비례한다.

5.
$$\sigma = \frac{n\pi^2 E}{\lambda^2}$$
세장비의 제곱에 반비례한다.

06 그림과 같은 직사각형 단면의 보에 $P=4\text{kN}$의 하중이 $10°$ 경사진 방향으로 작용한다. A점에서의 길이 방향의 수직응력을 구하면 약 몇 MPa인가?

① 3.89
② 5.67
③ 0.79
④ 7.46

6.
$$\sigma_1 = \frac{4000\cos 10}{50 \times 100} = 0.788 MPa$$
$$\sigma_2 = \frac{6 \times P\sin 10 \times 800}{50 \times 100^2}$$
$$= \frac{6 \times 4000 \times \sin 10 \times 800}{50 \times 100^2}$$
$$= 6.668 MPa$$
$$\sigma = \sigma_1 + \sigma_2 = 0.788 + 6.668$$
$$= 7.456 MPa$$

07 세로탄성계수가 210GPa인 재료에 200MPa의 인장응력을 가했을 때 재료 내부에 저장되는 단위 체적당 탄성변형에너지는 약 몇 $N \cdot m/m^3$인가?

① 95.238
② 95238
③ 18.538
④ 185380

7.
$$u = \frac{\sigma^2}{2E} = \frac{(200 \times 10^6)^2}{2 \times 210 \times 10^9}$$
$$= 95238 N \cdot m/m^3$$

정답 05 ③ 06 ④ 07 ②

08 그림과 같이 강선이 천장에 매달려 100kN의 무게를 지탱하고 있을 때, AC 강선이 받고 있는 힘은 약 몇 kN인가?

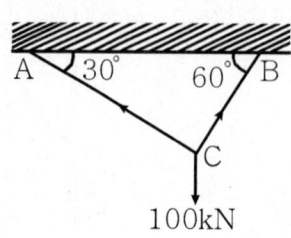

① 30
② 40
③ 50
④ 60

8.
$$AC = 100 \times \frac{\sin 150}{\sin 90}$$
$$= 50$$

09 길이 15m, 봉의 지름 10mm인 강봉에 $P=8$kN을 작용시킬 때 이 봉의 길이방향 변형량은 약 몇 cm인가?
(단, 이 재료의 세로탄성계수는 210GPa이다.)

① 0.52
② 0.64
③ 0.73
④ 0.85

9.
$$\delta = \frac{Pl}{AE}$$
$$= \frac{4 \times 8000 \times 15}{\pi 0.01^2 \times 210 \times 10^9} \times 100$$
$$= 0.728 cm$$

정답 08 ③ 09 ③

10 그림과 같은 단순보(단면 8cm×6cm)에 작용하는 최대 전단응력은 몇 kPa인가?

① 315　　② 630
③ 945　　④ 1260

10.
$$R_A = \frac{3 \times 2.4 \times \frac{1}{2} \times \left(5 - 2.4 \times \frac{1}{3}\right)}{5}$$
$$= 3.024 kN$$
$$\tau = \frac{3V}{2A} = \frac{3}{2} \frac{3.024}{0.06 \times 0.08} = 945 kPa$$

11 다음 막대의 z 방향으로 80kN의 인장력이 작용할 때 x방향의 변형량은 몇 μm인가?
(단, 탄성계수 $E=200GPa$, 포아송 비 $v=0.32$, 막대 크기, $x=100mm$, $y=50mm$, $z=1.5m$이다.)

① 2.56　　② 25.6
③ -2.56　　④ -25.6

11.
$$\delta_z = \frac{l_x}{E}(\sigma_x - \mu\sigma_y)$$
$$= \frac{l_x}{E}(0 - \mu\sigma_y)$$
$$= \frac{0.1}{200 \times 10^9}\left(-0.32 \times \frac{80 \times 10^3}{0.1 \times 0.05}\right) \times 10^6$$
$$= -2.56 \mu m$$

12 두께 1cm, 지름 25cm의 원통형 보일러에 내압이 작용하고 있을 때, 면 내 최대 전단응력이 -62.5MPa이었다면 내압 P는 몇 MPa인가?
① 5　　② 10
③ 15　　④ 20

12.
$$\tau = \frac{\sigma_y - \sigma_x}{2} = \frac{1}{2}\left(\frac{PD}{4t} - \frac{PD}{2t}\right)$$
$$= \frac{-PD}{8t} \text{ 에서}$$
$$P = \frac{8t\tau}{D} = \frac{8 \times 10 \times 62.5}{250} = 20$$

정답　10 ③　11 ③　12 ④

13 그림과 같은 일단고정 타단지지보의 중앙에 $P=4800\text{N}$의 하중이 작용하면 지지점의 반력(R_B)은 약 몇 kN인가?

① 3.2
② 2.6
③ 1.5
④ 1.2

13.

$$\delta_1 = \frac{1}{EI}A_m\bar{x}$$

$$= \frac{1}{EI}\frac{Pl}{2}\times\frac{l}{2}\times\left(\frac{l}{2}+\frac{l}{2}\frac{2}{3}\right)$$

$$= \frac{5Pl^3}{48EI}$$

$\frac{5Pl^3}{48EI} = \frac{R_Bl^3}{3EI}$ 에서

$$R_B = \frac{5P}{16} = \frac{5\times 4.8}{16} = 1.5kN$$

14 동일한 전단력이 작용할 때 원형 단면 보의 지름을 d에서 $3d$로 하면 최대 전단응력의 크기는?
(단, $\tau_{\max}$는 지름이 d일 때의 최대전단응력이다.)

① $9\tau_{\max}$
② $3\tau_{\max}$
③ $\frac{1}{3}\tau_{\max}$
④ $\frac{1}{9}\tau_{\max}$

14.
$$\tau = \frac{4}{3}\frac{V}{A} = \frac{4}{3}\frac{4V}{\pi d^2}$$

$$= \frac{4}{3}\frac{4V}{\pi(3d)^2}$$

$$= \frac{1}{9}\tau_{\max}$$

정답 13 ③ 14 ④

15 그림과 같이 단순화한 길이 1m의 차축 중심에 집중하중 100kN이 작용하고, 100rpm으로 400kW의 동력을 전달할 때 필요한 차축의 지름은 최소 몇 cm인가?
(단, 축의 허용 굽힘응력은 85MPa로 한다.)

① 4.1 ② 8.1
③ 12.3 ④ 16.3

16 그림과 같이 한 변의 길이가 d인 정사각형 단면의 $Z-Z$축에 관한 단면계수는?

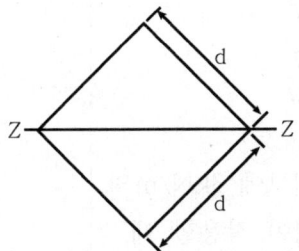

① $\dfrac{\sqrt{2}}{6}d^3$ ② $\dfrac{\sqrt{2}}{12}d^3$

③ $\dfrac{d^3}{24}$ ④ $\dfrac{\sqrt{2}}{24}d^3$

15.
$M = \dfrac{Pl}{4} = \dfrac{100 \times 1}{4}$
$= 25 kN \cdot m$
$T = \dfrac{600 kW}{2\pi N} = \dfrac{60 \times 400}{2\pi \times 100}$
$= 38.2 kN \cdot m$
$M_e = \dfrac{1}{2}(M + \sqrt{M^2 + T^2})$
$= \dfrac{1}{2}(25 + \sqrt{25^2 + 38.2^2})$
$= 35.327 kN \cdot m$
$d = \sqrt[3]{\dfrac{32 M_e}{\pi \sigma}} = \sqrt[3]{\dfrac{32 \times 35.327}{\pi \times 85 \times 10^3}} \times 100$
$= 16.18 cm$

16.
$I = \dfrac{d^4}{12}$
$Z = \dfrac{I}{y} = \dfrac{d^4}{12 d \cos 45°} = \dfrac{\sqrt{2}}{12}d^3$

정 답 15 ④ 16 ②

17 그림과 같은 부정정보의 전 길이에 균일 분포하중이 작용할 때 전단력이 0이 되고 최대 굽힘모멘트가 작용하는 단면은 B단에서 얼마나 떨어져 있는가?

① $\frac{2}{3}l$ ② $\frac{3}{8}l$

③ $\frac{5}{8}l$ ④ $\frac{3}{4}l$

17.

$\delta_1 = \frac{1}{EI} A_m \bar{x} = \frac{1}{EI} \frac{wl^2}{2} \times \frac{1}{3} \times \frac{3l}{4}$

$= \frac{wl^4}{8EI}$

$\frac{wl^4}{8EI} = \frac{R_B l^3}{3EI}$ 에서

$R_B = \frac{3}{8} wl$

$x = \frac{R_B}{w} = \frac{3}{8} l$

18 J를 극단면 2차 모멘트, G를 전단탄성계수, l을 축의 길이, T를 비틀림모멘트라 할 때 비틀림각을 나타내는 식은?

① $\frac{l}{GT}$ ② $\frac{TJ}{Gl}$

③ $\frac{Jl}{GT}$ ④ $\frac{Tl}{GJ}$

19 그림과 같은 직사각형 단면을 갖는 단순지지보에 3kN/m의 균일분포하중과 축방향으로 50kN의 인장력이 작용할 때 단면에 발생하는 최대 인장응력은 약 몇 MPa인가?

① 0.67   ② 3.33

③ 4   ④ 7.33

20 정사각형의 단면을 가진 기둥에 $P=80$kN의 압축하중이 작용할 때 6MPa의 압축응력이 발생하였다면 단면 한 변의 길이는 몇 cm인가?

① 11.5　　　　　　② 15.4
③ 20.1　　　　　　④ 23.1

2과목: 기계열역학

21 출력 10000kW의 터빈 플랜트의 시간당 연료소비량이 5000kg/h이다. 이 플랜트의 열효율은 약 몇 %인가? (단, 연료의 발열량은 3440kJ/kg이다.)

① 25.4%　　　　　② 21.5%
③ 10.9%　　　　　④ 40.8%

22 역 Carnot Cycle로 300K와 240K 사이에서 작동하고 있는 냉동기가 있다. 이 냉동기의 성능계수는?

① 3　　　　　　　② 4
③ 5　　　　　　　④ 6

23 보일러 입구의 압력이 9800kN/m²이고, 응축기의 압력이 4900N/m² 일 때 펌프가 수행한 일은 약 몇 kJ/kg인가? (단, 물의 비체적은 0.001m³/kg이다.)

① 9.79　　　　　　② 15.17
③ 87.25　　　　　　④ 180.52

정답　20 ①　21 ②　22 ②　23 ①

24 다음 온도에 관한 설명 중 틀린 것은?

① 온도는 뜨겁거나 차가운 정도를 나타낸다.
② 열역학 제0법칙은 온도 측정과 관계된 법칙이다.
③ 섭씨온도는 표준 기압하에서 물의 어는 점과 끓는 점을 각각 0과 100으로 부여한 온도 척도이다.
④ 화씨온도 F와 절대온도 K 사이에는 $K = F + 273.15$의 관계가 성립한다.

25 10kg의 증기가 온도 50℃, 압력 38kPa, 체적 7.5m³일 때 총 내부 에너지는 6700kJ이다. 이와 같은 상태의 증기가 가지고 있는 엔탈피는 약 몇 kJ인가?

① 606   ② 1794
③ 3305   ④ 6985

25.
$\triangle H = \triangle U + \triangle PV$
$= 6700 + 38 \times 7.5$
$= 6985 kJ$

26 밀폐계에서 기체의 압력이 100kPa으로 일정하게 유지되면서 체적이 1m³에서 2m³로 증가되었을 때 옳은 설명은?

① 밀폐계의 에너지 변화는 없다.
② 외부로 행한 일은 100kJ이다.
③ 기체가 이상기체라면 온도가 일정하다.
④ 기체가 받은 열은 100kJ이다.

26.
$W = P(V_2 - V_1)$
$= 100 \times (2 - 1)$
$= 100 kJ$

정답 24 ④ 25 ④ 26 ②

27 열역학 제2법칙과 관련된 설명으로 옳지 않은 것은?

① 열효율이 100%인 열기관은 없다.
② 저온 물체에서 고온 물체로 열은 자연적으로 전달되지 않는다.
③ 폐쇄계와 그 주변계가 열교환이 일어날 경우 폐쇄계와 주변계 각각의 엔트로피는 모두 상승한다.
④ 동일한 온도 범위에서 작동되는 가역 열기관은 비가역 열기관보다 열효율이 높다.

28 오토(Otto) 사이클에 관한 일반적인 설명 중 틀린 것은?

① 불꽃 점화 기관의 공기 표준 사이클이다.
② 연소과정을 정적 가열과정으로 간주한다.
③ 압축비가 클수록 효율이 높다.
④ 효율은 작업기체의 종류와 무관하다.

28.
실제 오토사이클은 작업기체의 종류에 따라 발열열량과 방출열량이 변화한다.

29 다음 중 정확하게 표기된 SI 기본단위(7가지)의 개수가 가장 많은 것은?
(단, SI 유도단위 및 그 외 단위는 제외한다.)

① A, cd, ℃, kg, m, Mol, N, s
② cd, J, K, kg, m, Mol, Pa, s
③ A, J, ℃, kg, km, mol, S, W
④ K, kg, km, mol, N, Pa, S, W

29.
SI 기본단위
kg_m, m, sec, K(온도), mol, cd, A(전류)

정답 27 ③ 28 ④ 29 ②

30 8℃의 이상기체를 가역단열 압축하여 그 체적을 1/5로 하였을 때 기체의 온도는 약 몇 ℃인가?
(단, 이 기체의 비열비는 1.4이다.)

① -125℃
② 294℃
③ 222℃
④ 262℃

30.
$$T_2 = T_1\left(\frac{V_1}{V_2}\right)^{K-1}$$
$$= (8+273)(5)^{1.4-1}$$
$$= 534.9K = 261.9℃$$

31 그림의 랭킨 사이클(온도(T)-엔트로피(s)선도)에서 각각의 지점에서 엔탈피는 표와 같을 때 이 사이클의 효율은 약 몇 %인가?

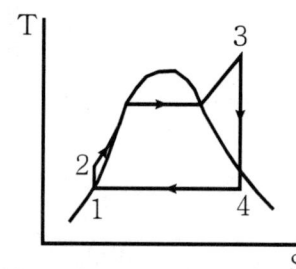

구분	엔탈피(kJ/kg)	구분	엔탈피(kJ/kg)
1지점	185	3지점	3100
2지점	210	4지점	2100

① 33.7%
② 28.4%
③ 25.2%
④ 22.9%

31.
$$\eta = \frac{h_3 - h_4 - (h_2 - h_1)}{h_3 - h_1 - (h_2 - h_1)} \times 100$$
$$= \frac{3100 - 2100 - (210 - 185)}{3100 - 185 - (210 - 185)} \times 100$$
$$= 33.73\%$$

정답 30 ④ 31 ①

32 압력이 $10^6 N/m^2$, 체적이 $1m^3$인 공기가 압력이 일정한 상태에서 400kJ의 일을 하였다. 변화 후의 체적은 약 몇 m^3인가?

① 1.4
② 1.0
③ 0.6
④ 0.4

32.
$$V_2 = V_1 = \frac{W}{P}$$
$$= 1 + \frac{400}{10^3} = 1.4$$

33 온도 15℃, 압력 100kPa 상태의 체적이 일정한 용기 안에 어떤 이상 기체 5kg이 들어 있다. 이 기체가 50℃가 될 때까지 가열되는 동안의 엔트로피 증가량은 약 몇 kJ/K인가? (단, 이 기체의 정압비열과 정적비열은 각각 1.001kJ/(kg·K), 0.7171kJ/(kg·K)이다.)

① 0.411
② 0.486
③ 0.575
④ 0.732

33.
$$\triangle S = mC_v \ln \frac{T_2}{T_1}$$
$$= 5 \times 0.7171 \ln \frac{50+273}{15+273}$$
$$= 0.411$$

34 저열원 20℃와 고열원 700℃ 사이에서 작용하는 카르노 열기관의 열효율은 약 몇 %인가?

① 30.1%
② 69.9%
③ 52.9%
④ 74.1%

34.
$$\eta = 1 - \frac{20+273}{700+273}$$
$$= 0.699 = 69.9\%$$

정답 32 ① 33 ① 34 ②

35 열교환기를 흐름 배열(Flow Arrangement)에 따라 분류할 때 그림과 같은 형식은?

① 평행류
② 대향류
③ 병행류
④ 직교류

36 어느 증기터빈에 0.4kg/s로 증기가 공급되어 260kW의 출력을 낸다. 입구의 증기 엔탈피 및 속도는 각각 3000kJ/kg, 720m/s, 출구의 증기 엔탈피 및 속도는 각각 2500kJ/kg, 120m/s이면, 이 터빈의 열손실은 약 몇 kW가 되는가?

① 15.9
② 40.8
③ 20.0
④ 104

36.
$$Q = m(h_2 - h_1) + \frac{m(V_2^2 - V_1^2)}{2 \times 1000} + W_t$$
$$= 0.4(2500 - 3000) + \frac{0.4(120^2 - 720^2)}{2 \times 1000} + 260$$
$$= 40.8 kW$$

37 100kPa, 25℃ 상태의 공기가 있다. 이 공기의 엔탈피가 298.612kJ/kg이라면 내부에너지는 약 몇 kJ/kg인가? (단, 공기의 분자량 28.97인 이상기체로 가정한다.)

① 213.05kJ/kg
② 241.07kJ/kg
③ 298.15kJ/kg
④ 383.72kJ/kg

37.
$$\triangle U = \triangle H - PV$$
$$= H - mRT$$
$$= 298.615 - 1 \times \frac{8.312}{28.97} \times (25 + 273)$$
$$= 213.11$$

정답 35 ④ 36 ② 37 ①

38 그림과 같이 상태 1, 2사이에서 계가 1 → A → 2 → B → 1과 같은 사이클을 이루고 있을 때, 열역학 제 1법칙에 가장 적합한 표현은?

(단, 여기서 Q는 열량, W는 계가 하는 일, U는 내부에너지를 나타낸다.)

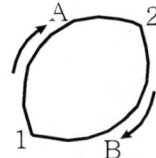

① $dU = \delta Q + \delta W$
② $\triangle U = Q - W$
③ $\oint \delta Q = \oint \delta W$
④ $\oint \delta Q = \oint \delta U$

39 압력이 일정할 때 공기 5kg을 0℃에서 100℃까지 가열하는데 필요한 열량은 약 몇 kJ인가?

(단, 비열(C_p)은 온도 T(℃)에 관계한 함수로 C_p(kJ/(kg·℃))=1.01+0.00079×T이다.)

① 368　　　　　　② 436
③ 480　　　　　　④ 507

40 다음 중 비가역 과정으로 볼 수 없는 것은?
① 마찰 현상
② 낮은 압력으로의 자유 팽창
③ 등온 열전달
④ 상이한 조성물질의 혼합

39.
$Q = \int m C_p dT$
$= \int m(1.01 + 0.000079T)dT$
$= m\left[1.01T + 0.000079\frac{T^2}{2}\right]_0^{100}$
$= 5\left(1.01 \times 100 + 0.000076 \times \frac{100^2}{2}\right)$
$= 506.98$

40.
온도 변화 없는 열전달은 비가역과정에서 불가능하다.

정답　38 ③　39 ④　40 ③

3과목: 기계유체역학

41 압력 용기에 장착된 게이지 압력계의 눈금이 400kPa을 나타내고 있다. 이때 실험실에 놓인 수은 기압계에서 수은의 높이가 750mm이었다면 압력 용기의 절대압력은 약 몇 kPa인가? (단, 수은의 비중은 13.6이다.)

① 300
② 500
③ 410
④ 620

41.
$P = 400 + 9.8 \times 13.6 \times \dfrac{750}{1000}$
$= 500 kPa$

42 점성계수의 차원으로 옳은 것은?
(단, F는 힘, L은 길이, T는 시간의 차원이다.)

① FLT^{-2}
② FL^2T
③ $FL^{-1}T^{-1}$
④ $FL^{-2}T$

42.
$\mu = \dfrac{\tau y}{u} = \dfrac{NmS}{m^2 m}$
$= \dfrac{NS}{m^2}[FL^{-2}T]$

43 정상 2차원 속도장 $\vec{V} = 2x\vec{i} - 2y\vec{j}$ 내의 한 점 (2, 3)에서의 유선의 기울기 $\dfrac{dy}{dx}$는?

① $\dfrac{-3}{2}$
② $\dfrac{-2}{3}$
③ $\dfrac{2}{3}$
④ $\dfrac{3}{2}$

43.
유선 방정식
$\dfrac{u}{dx} = \dfrac{v}{dy}$
$\dfrac{dy}{dx} = \dfrac{v}{u} = \dfrac{-2y}{2x}$
$= \dfrac{-2 \times 3}{2 \times 2} = \dfrac{-3}{2}$

정답 41 ② 42 ④ 43 ①

44 스프링클러의 중심축을 통해 공급되는 유량은 총 3L/s이고 네 개의 회전이 가능한 관을 통해 유출된다. 출구 부분은 접선 방향과 30°의 경사를 이루고 있고 회전 반지름은 0.3m이며 각 출구 지름은 1.5cm로 동일하다. 작동 과정에서 스프링클러의 회전에 대한 저항토크가 없을 때 회전 각속도는 약 몇 rad/s인가?
(단, 회전축상의 마찰은 무시한다.)

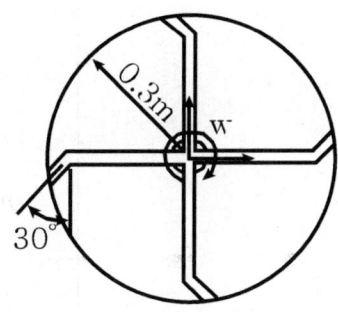

① 1.225
② 42.4
③ 4.24
④ 12.25

45 평판 위의 경계층 내에서의 속도분포(u)가 $\frac{u}{U} = \left(\frac{y}{\delta}\right)^{1/7}$일 때 경계층 배제두께(Boundary Layer Displacement ThickNess)는 얼마인가?
(단, y는 평판에서 수직한 방향으로의 거리이며, U는 자유유동의 속도도, δ는 경계층의 두께이다.)

① $\frac{\delta}{8}$
② $\frac{\delta}{7}$
③ $\frac{6}{7}\delta$
④ $\frac{7}{8}\delta$

정답 44 ④ 45 ①

46 5℃의 물 (밀도 1000kg/m³, 점성계수 1.5×10^{-3} kg/(m·s))이 안지름 3mm, 길이 9m인 수평 파이프 내부를 평균속도 0.9m/s로 흐르게 하는 데 필요한 동력은 약 몇 W인가?

① 0.14　　　　　② 0.28
③ 0.42　　　　　④ 0.58

46.
$Re = \dfrac{\rho V d}{\mu}$
$= \dfrac{1000 \times 0.9 \times 0.003}{1.5 \times 10^{-3}}$
$= 1800$ (층류)
$f = \dfrac{64}{Re} = \dfrac{64}{1800} = 0.036$
$H = f \dfrac{l}{d} \dfrac{V^2}{2g}$
$= 0.036 \times \dfrac{9}{0.003} \times \dfrac{0.9^2}{2 \times 9.8}$
$= 4.46$
$\gamma QH = 9800 \times \dfrac{\pi \times 0.003^2}{4} \times 0.9 \times 4.46$
$= 0.278 W$

47 2m/s의 속도로 물이 흐를 때 피토관 수두 높이 h는?

① 0.053m　　　　② 0.102m
③ 0.204m　　　　④ 0.412m

47.
$h = \dfrac{V^2}{2g} = \dfrac{2^2}{2 \times 9.8} = 0.204m$

48 동점성계수가 $0.1 \times 10^2 m^2/s$인 유체가 안지름 10cm인 원관 내에 1m/s로 흐르고 있다. 관마찰계수가 0.022이며 관의 길이가 200m일 때의 손실수두는 약 몇 m인가?
(단, 유체의 비중량은 9800N/m³이다.)

① 22.2　　　　　② 11.0
③ 6.58　　　　　④ 2.24

48.
$H = f \dfrac{l}{d} \dfrac{V^2}{2g}$
$= 0.022 \times \dfrac{200}{0.1} \times \dfrac{1^2}{2 \times 9.8}$
$= 2.24 m$

정답　46 ②　47 ③　48 ④

49 그림과 같이 반지름 R인 원추와 평판으로 구성된 점도측정기(Cone And Plate Viscometer)를 사용하여 액체시료의 점성계수를 측정하는 장치가 있다. 위쪽의 원추는 아래쪽 원판과의 각도를 0.5° 미만으로 유지하고 일정한 각속도 ω로 회전하고 있으며 갭 사이를 채운 유체의 점도는 위 평판을 정상적으로 돌리는 데 필요한 토크를 측정하여 계산한다. 여기서 갭 사이의 속도 분포가 반지름 방향 길이에 선형적일 때, 원추의 밑면에 작용하는 전단응력의 크기에 관한 설명으로 옳은 것은?

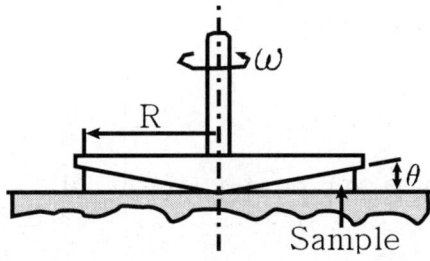

① 전단응력의 크기는 반지름 방향 길이에 관계없이 일정하다.
② 전단응력의 크기는 반지름 방향 길이에 비례하여 증가한다.
③ 전단응력의 크기는 반지름 방향 길이의 제곱에 비례하여 증가한다.
④ 전단응력의 크기는 반지름 방향 길이의 1/2승에 비례하여 증가한다.

정답 49 ①

50 그림과 같이 폭이 2m, 길이가 3m인 평판이 물속에 수직으로 잠겨있다. 이 평판의 한쪽 면에 작용하는 전체 압력에 의한 힘은 약 얼마인가?

① 88kN
② 176kN
③ 265kN
④ 353kN

50.
$F = rh_c A$
$= 9.8 \times (3+1.5) \times 3 \times 2$
$= 264.6 kN$

51 다음 중 2차원 비압축성 유동이 가능한 유동은 어떤 것인가?
(단, u는 x방향 속도 성분이고, v는 y방향 속도 성분이다.)

① $u = x^2 - y^2, v = -2xy$
② $u = 2x^2 - y^2, v = -4xy$
③ $u = x^2 + y^2, v = 3x^2 - 2y^2$
④ $u = 2x - 3xy, v = -4xy + 3y$

51.
2차원 비압축성 연속방정식
$\dfrac{\partial u}{\partial x} + \dfrac{\partial v}{\partial y} = 0$
① $\dfrac{\partial u}{\partial x} = 2x, \dfrac{\partial v}{\partial y} = -2x$
② $\dfrac{\partial u}{\partial x} = 4x, \dfrac{\partial v}{\partial y} = 4x$
③ $\dfrac{\partial u}{\partial x} = 2x, \dfrac{\partial v}{\partial y} = -4y$
④
$\dfrac{\partial u}{\partial x} = 2 + 3y, \dfrac{\partial v}{\partial y} = -4x + 3$

52 다음 변수 중에서 무차원 수는 어느 것인가?
① 가속도
② 동점성계수
③ 비중
④ 비중량

52.
① 가속도 : m/s^2
② 동점성계수 : m^2/s
④ 비중량 : kg_f/m^3

정답 50 ③ 51 ① 52 ③

53 밀도가 ρ인 액체와 접촉하고 있는 기체 사이의 표면장력이 σ라고 할 때 그림과 같은 지름 d의 원통 모세관에서 액주의 높이 h를 구하는 식은? (단 g는 중력가속도이다.)

① $\dfrac{\sigma \sin\theta}{\rho g d}$

② $\dfrac{\sigma \cos\theta}{\rho g d}$

③ $\dfrac{4\sigma \sin\theta}{\rho g d}$

④ $\dfrac{4\sigma \cos\theta}{\rho g d}$

54 유량 측정장치 중 관의 단면에 축소 부분이 있어서 유체를 그 단면에 가속시킴으로써 생기는 압력강하를 이용하여 측정하는 것이 있다. 다음 중 이러한 방식을 사용한 측정 장치가 아닌 것은?

① 노즐 ② 오리피스
③ 로터미터 ④ 벤투리미터

54.
로터미터는 면적식 유량계이다.

정답 53 ④ 54 ③

55 그림과 같은 수압기에서 피스톤의 지름이 $d_1=300mm$, 이것과 연결된 램(Ram)의 지름이 $d_2=200mm$이다. 압력 P_1이 1MPa의 압력을 피스톤에 작용시킬 때 주 램의 지름이 $d_3=400mm$이면 주 램에서 발생하는 힘(W)은 약 몇 kN인가?

① 226　　② 284
③ 334　　④ 438

56 높이 1.5m의 자동차가 108km/h의 속도로 주행할 때의 공기흐름 상태를 높이 1m의 모형을 사용해서 풍동 실험하여 알아보고자 한다. 여기서 상사법칙을 만족시키기 위한 풍동의 공기 속도는 약 몇 m/s인가?
(단, 그 외 조건은 동일하다고 가정한다.)

① 20　　② 30
③ 45　　④ 67

56.
$Re = \dfrac{Vd}{\nu}$
$V = 108 \times 1.5 = 102 km/h$
$\quad = 45 m/s$

정답　55 ①　56 ③

57 무게가 1000N인 물체를 지름 5m인 낙하산에 매달아 낙하할 때 종속도는 몇 m/s가 되는가?
(단, 낙하산의 항력계수는 0.8, 공기의 밀도는 1.2kg/m³이다.)

① 5.3
② 10.3
③ 18.3
④ 32.2

57.
$$V = \sqrt{\frac{2D}{\rho C_D A}}$$
$$= \sqrt{\frac{2 \times 1000 \times 4}{1.2 \times 0.8 \times \pi 5^2}}$$
$$= 10.3 m/s$$

58 유효 낙차가 100m인 댐의 유량이 10m³/s일 때 효율 90%인 수력터빈의 출력은 약 몇 MW인가?

① 8.83
② 9.81
③ 10.9
④ 12.4

58.
$$\eta = 9.8 \times 10 \times 100 \times 0.9 \times 10^{-3}$$
$$= 8.82 MW$$

59 안지름 10cm인 파이프에 물이 평균속도 1.5cm/s로 흐를 때 (경우 ⓐ)와 비중이 0.6이고 점성계수가 물의 1/5인 유체 A가 물과 같은 평균속도로 동일한 관에 흐를 때 (경우 ⓑ) 파이프 중심에서 최고속도는 어느 경우가 더 빠른가?
(단, 물의 점성계수는 0.001kg/(m·s)이다.)

① 경우 ⓐ
② 경우 ⓑ
③ 두 경우 모두 최고속도가 같다.
④ 어느 경우가 더 빠른지 알 수 없다.

정답 57 ② 58 ① 59 ①

60 나란히 놓인 두 개의 무한한 평판 사이의 층류 유동에서 속도 분포는 포물선 형태를 보인다. 이때 유동의 평균 속도(V_{av})와 중심에서의 최대속도(V_{max})의 관계는?

① $V_{av} = \frac{1}{2} V_{max}$

② $V_{av} = \frac{2}{3} V_{max}$

③ $V_{av} = \frac{3}{4} V_{max}$

④ $V_{av} = \frac{\pi}{4} V_{max}$

4과목: 유체기계 및 유압기기

61 절대 진공에 가까운 저압의 기체를 대기압까지 압축하는 펌프는?

① 왕복 펌프　　② 진공 펌프
③ 나사 펌프　　④ 축류 펌프

62 수차 중 물의 송출 방향이 축방향이 아닌 것은?

① 펠턴 수차　　② 프란시스 수차
③ 사류 수차　　④ 프로펠러 수차

62.
펠턴 수차는 충격용 수차로서 물의 송출 방향이 원주 방향이다.

정답　60 ② 61 ② 62 ①

63 다음 중 유체기계의 분류에 대한 설명으로 옳지 않은 것은?

① 유체기계는 취급되는 유체에 따라 수력기계, 공기기계로 구분된다.
② 공기기계는 송풍기, 압축기, 수차 등이 있으며 원심형, 횡류형, 사류형 등으로 구분된다.
③ 수차는 크게 중력수차, 충동수차, 반동수차로 구분할 수 있다.
④ 유체기계는 작동원리에 따라 터보형 기계, 용적형 기계, 그 외 특수형 기계로 분류할 수 있다.

63.
공기기계는
저압식(비압축성 취급): 송풍기,풍차
고압식(압축성으로 취급): 압축기, 진공펌프, 압축 공기기계가 있으며

공기의 방향에 따라 원심형, 사류형, 축류형으로 구분된다.

64 펌프에서 발생하는 축추력의 방지책으로 거리가 먼 것은?

① 평형판을 사용
② 밸런스 홀을 설치
③ 단방향 흡입형 회전차를 채용
④ 스러스트 베어링을 사용

64.
축추력의 방지책으로 단방향 흡입형 회전차보다는 양방향 흡입형 회전차를 적용한다.

65 토크컨버터의 기본 구성 요소에 포함되지 않는 것은?

① 임펠러　　　　② 러너
③ 안내깃　　　　④ 흡출관

65.
토크컨버터의 기본 구성 요소는 펌프임펠러, 안내깃(스테이터), 터빈러너로 구성된다.

66 압축기의 손실을 기계손실과 유체손실로 구분할 때 다음 중 유체손실에 속하지 않는 것은?

① 흡입구에서 송출구에 이르기까지 유체 전체에 관한 마찰 손실
② 곡관이나 단면변화에 의한 손실
③ 베어링, 패킹상자 및 기밀장치 등에 의한 손실
④ 회전차 입구 및 출구에서의 충돌손실

66.
베어링, 패킹상자 및 기밀장치 등에 의한 손실은 기계손실이다.

정답　63 ②　64 ③　65 ④　66 ③

67 수차의 유효낙차는 총낙차에서 여러 가지 손실수두를 제외한 값을 의미하는데 다음 중 이 손실수두에 속하지 않는 것은?

① 도수로에서의 손실수두
② 수압관 속의 마찰손실수두
③ 수차에서의 기계 손실수두
④ 방수로에서의 손실수두

67.
수차에서의 기계 손실수두는 출력에 관계하는 손실이므로 유효낙차에는 포함하지 않는다.

68 펌프에서 공동현상(cavitation)이 주로 일어나는 곳을 옳게 설명한 것은?

① 회전차 날개의 입구를 조금 지나 날개의 표면(front)에서 일어난다.
② 펌프의 흡입구에서 일어난다.
③ 흡입구 바로 앞에 있는 곡관부에서 일어난다.
④ 회전차 날개의 입구를 조금 지나 날개의 이면(back)에서 일어난다.

68.
공동현상은 흡입양정이 높거나, 임펠러 입구의 원주속도가 고속인 경우 등에 임펠러 입구 즉,회전차 날개의 입구를 조금 지나 날개의 이면에 국부적으로 고진공이 생겨 수중에 함유되고 있던 공기가 유리하거나 또는 물이 증발하여 작은 기포가 다수 발생하게 되는 현상이다.

69 970 rpm으로 0.6m³/min의 수량을 방출할 수 있는 펌프가 있는데 이를 1450rpm으로 운전할 때 수량은 약 몇 m³/min인가? (단, 이 펌프는 상사법칙이 적용된다.)

① 0.9   ② 1.5
③ 1.9   ④ 2.5

69.
$Q_2 = Q_1 \times \left(\dfrac{N_2}{N_1}\right)$
$= 0.6 \times \left(\dfrac{1450}{970}\right)$
$= 0.897$

70 다음 중 반동수차에 속하지 않는 것은?

① 펠턴 수차   ② 카플란 수차
③ 프란시스 수차   ④ 프로펠러 수차

70.
펠턴 수차는 충격용 수차이다.

정답 67 ③ 68 ④ 69 ① 70 ①

71 다음 중 일반적으로 가변 용량형 펌프로 사용할 수 없는 것은?

① 내접 기어 펌프
② 축류형 피스톤 펌프
③ 반경류형 피스톤 펌프
④ 압력 불평형형 베인 펌프

71.
기어 펌프는 정용량형 펌프이다.

72 그림과 같이 액추에이터의 공급 쪽 관로 내의 흐름을 제어함으로써 속도를 제어하는 회로는?

① 시퀀스 회로
② 체크 백 회로
③ 미터 인 회로
④ 미터 아웃 회로

72.
입구에 유량조절밸브가 있으면 미터 인 회로이다.

73 다음 중 드레인 배출기 붙이 필터를 나타내는 공유압 기호는?

①   ②

③   ④

정답 71 ① 72 ③ 73 ④

74 그림의 유압 회로도에서 ㉠의 밸브 명칭으로 옳은 것은?

① 스톱 밸브
② 릴리프 밸브
③ 무부하 밸브
④ 카운터 밸런스 밸브

75 그림과 같은 유압기호의 조작방식에 대한 설명으로 옳지 않은 것은?

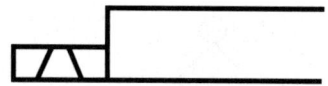

① 2방향 조작이다.
② 파일럿 조작이다.
③ 솔레노이드 조작이다.
④ 복동으로 조작할 수 있다.

76 기름의 압축률이 $6.8 \times 10^{-5} cm^2/kg_f$일 때 압력을 0에서 $100 kg_f/cm^2$까지 압축하면 체적은 몇 % 감소하는가?

① 0.48
② 0.68
③ 0.89
④ 1.46

76.
$\varepsilon_v = \beta \times \triangle P$
$= 6.8 \times 10^{-5} \times 100$
$= 6.8 \times 10^{-3}$
$= 0.68\%$

77 관(튜브)의 끝을 넓히지 않고 관과 슬리브의 먹힘 또는 마찰에 의하여 관을 유지하는 관 이음쇠는?

① 스위블 이음쇠
② 플랜지 관 이음쇠
③ 플레어드 관 이음쇠
④ 플레어리스 관 이음쇠

78 4포트 3위치 방향밸브에서 일명 센터 바이패스형이라고도 하며, 중립위치에서 A, B포트가 모두 닫히면 실린더는 임의의 위치에서 고정되고,
또 P포트와 T포트가 서로 통하게 되므로 펌프를 무부하시킬 수 있는 형식은?

① 탠덤 센터형
② 오픈 센터형
③ 클로즈드 센터형
④ 펌프 클로즈드 센터형

정답 76 ② 77 ④ 78 ①

79 공기압 장치와 비교하여 유압장치의 일반적인 특징에 대한 설명 중 틀린 것은?

① 인화에 따른 폭발의 위험이 적다.
② 작은 장치로 큰 힘을 얻을 수 있다.
③ 입력에 대한 출력의 응답이 빠르다.
④ 방청과 윤활이 자동적으로 이루어진다.

79.
유압장치는 윤활유를 사용하므로 인화에 따른 폭발의 위험이 크다.

80 비중량(Specific Weight)의 MLT계의 차원은?
(단, M:질량, L:길이, T:시간)

① $ML^{-1}T^{-1}$
② ML^2T^{-3}
③ $ML^{-2}T^{-2}$
④ ML^2T^{-2}

80.
비중량의 단위
$$N/m^3 = \frac{kg_m \cdot m}{s^2 m^3}$$
$$= kg_m/s^2 m^2$$

정답 79 ① 80 ③

5과목: 건설기계일반 및 플랜트 배관

81 다음 중 스크레이퍼의 작업 가능 범위로 거리가 먼 것은?
① 굴착
② 운반
③ 적재
④ 파쇄

81.
스크레이퍼의 작업은 절토작업, 송토 작업, 덤프작업이다.

82 아스팔트 피니셔의 규격표시 방법은?
① 아스팔트 콘크리트를 포설할 수 있는 표준 포장너비
② 아스팔트를 포설할 수 있는 아스팔트의 무게
③ 아스팔트 콘크리트를 포설할 수 있는 도로의 너비
④ 아스팔트 콘크리트를 포설할 수 있는 타이어의 접지너비

83 버킷계수는 1.15, 토량환산계수는 1.1, 작업효율은 80%이고, 1회 사이클 타임은 30초, 버킷 용량은 1.4m³인 로더의 시간당 작업량은 약 몇 m³/hr인가?
① 141
② 170
③ 192
④ 215

83.
작업능력
$$W = \frac{3600 \cdot Q f \cdot E}{Cm}$$
$$= \frac{3600 \times 1.4 \times 1.15 \times 1.1 \times 0.8}{30}$$
$$= 170.156 \text{ m}^3/\text{h}$$
Q: 보울 용량(m^3), f: 토량 환산 계수, E: 작업 효율, Cm: Cycle time

84 굴삭기의 작업 장치 중 유압 셔블(shovel)에 대한 설명으로 틀린 것은?
① 장비가 있는 지면보다 낮은 곳을 굴삭하기에 적합하다.
② 산악지역에서 토사, 암반 등을 굴삭하여 트럭에 싣기에 적합한 장치이다.
③ 페이스 셔블(face shovel)이라고도 한다.
④ 백호 버킷을 뒤집어 사용하기도 한다.

84.
유압 파워 셔블은 원형으로 작업위치보다 높은 굴착에 적합하며, 산, 절벽 굴착에 쓰인다

정답   81 ④   82 ①   83 ②   84 ①

85 다음 중 모터 스크레이퍼(자주식 스크레이퍼)의 특징에 대한 설명으로 틀린 것은?

① 피견인식에 비해 이동속도가 빠르다.
② 피견인식에 비해 작업범위가 넓다.
③ 볼의 용량이 6~9m³정도이다.
④ 험난지 작업이 곤란하다.

86 무한궤도식 건설기계의 주행장치에서 하부 구동체의 구성품이 아닌 것은?
① 트랙 롤러　　　② 캐리어 롤러
③ 스프로킷　　　④ 클러치 요크

86.
클러치 요크는 클러치 조작장치이다.

정답　85 ③　86 ④

87 로더를 적재방식에 따라 분류한 것으로 틀린 것은?

① 스윙 로더

② 리어 엔드 로더

③ 오버 헤드 로더

④ 사이드 덤프형 로더

87 해설

적재방법에 의한 분류

1) Fronrt end loader
트렉터의 앞쪽에 장착된 버킷에 의해 굴삭 및 적재작업을 하는 가장 일반적인 형식

2) Overhead loader
트렉터의 앞쪽에서 버킷에 취급재료를 담은후 그 버킷을 운전원 머리위로 통과시켜 로더의 뒤쪽에서 운반기계에 적재하는 형식. 터널공사, 광산이나 탄광 등의 협소한 장소에 적합

3) Side Dump loader
Front end loader의 변형으로서 버킷을 옆방향으로 경사지게 하여 사토하는 형식으로 운반기계와 병렬로 작업이 가능하므로 협소한 작업장소에 적합

4) Swing loader
운전석은 고정 로더의 전부에 위치한 버킷과 붐만이 좌우로 선회할 수 있는 로더붐과 버킷을 Back-hoe, Crane, Clamshell등의 작업이 가능한 형식

5) Two-way loader
트렉터의 전부에는 적재용 버킷을 후부에는 Back-hoe 또는 shoevel장착하여 굴삭과 적재작업을 할 수 있게 만든 형식 도로부수형, 농수로 개량용으로 많이 사용

정답 87 ②

88 굴착력이 강력하여 견고한 지반이나 깨어진 암석 등을 준설하는데 가장 적합한 준설선은?

① 버킷 준설선(bucket dredger)
② 펌프 준설선(pump dredger)
③ 디퍼 준설선(dipper dredger)
④ 그래브 준설선(grab dredger)

89 플랜트 배관설비에서 열응력이 주요 요인이 되는 경우의 파이프 래크상의 배관 배치에 관한 설명으로 틀린 것은?

① 루프형 신축 곡관을 많이 사용한다.
② 온도가 높은 배관일수록 내측(안쪽)에 배치한다.
③ 관 지름이 큰 것일수록 외측(바깥쪽)에 배치한다.
④ 루프형 신축 곡관은 파이프 래크상의 다른 배관보다 높게 배치한다.

89.
열의 발산을 위해 온도가 높은 배관일수록 바깥쪽에 배치한다.

90 6-4황동이라고도 하는 문즈 메탈의 주요 성분은?

① Cu:40%, Zn:60%
② Cu:40%, Sn:60%
③ Cu:60%, Zn:40%
④ Cu:60%, Sn:40%

91 배관 공사 중 또는 완공 후에 각종 기기와 배관라인 전반의 이상 유무를 확인하기 위한 배관 시험의 종류가 아닌 것은?

① 수압시험 ② 기압시험
③ 만수시험 ④ 통전시험

91.
통전시험은 전류의 흐름을 시험하는 전기 시험방법이다.

정답 88 ③ 89 ② 90 ③ 91 ④

92 다음 중 동관용 공구로 가장 거리가 먼 것은?

① 리머
② 사이징 툴
③ 플레어링 툴
④ 링크형 파이프커터

92.
동관용 공구
① 사이징 툴 - 동관의 끝을 정확하게 원형으로 가공하는 공구
② 익스펜더 - 동관의 확장용 공구
③ 플레어링 툴 - 동관 끝을 나팔관 모양으로 확대하여 압축접합용 공구로서 주로 20 mm 이하 관에 사용한다.
④ 파이프 리머(pipe reamer) : 관을 파이프 커터 등으로 절단한 후 단면의 안쪽에 생긴 거스머리(burr)를 제거

93 펌프에서 발생하는 진동 및 밸브의 급격한 폐쇄에서 발생하는 수격작용을 방지하거나 억제시키는 지지 장치는?

① 서포트   ② 행거
③ 브레이스   ④ 레스트레인트

93.
브레이스 : 변위 또는 진동을 억제,
플렉시블 : 배관에서의 진동 억제

94 사용압력 50kgf/cm², 배관의 호칭지름 50A, 관의 인장강도 20kgf/mm²인 압력 배관용 탄소강관의 스케줄 번호는?
(단, 안전율은 4이다.)

① 80   ② 100
③ 120   ④ 140

94.
$SCH = 1000 \dfrac{P}{S}$
$= 1000 \dfrac{0.5 \times 4}{20} = 100$

정답 92 ④ 93 ③ 94 ②

95 가단 주철제 나사식 관 이음재의 부속품과 명칭의 연결로 틀린 것은?

 ① : 티(tee)

 ② : 45도 엘보

 ③ : 캡

 ④ : 90도 엘보

95.
관 부속품
(관이음쇠;pipe fitting)

1. 2개의 관 연결:
플랜지,유니온,커플링,니플,소켓
2. 관의 방향변경:
y형 관이음쇠
3. 관의 직경변경: 리듀셔, 부싱
4. 유로 차단:
플러그, 밸브, 캡
5. 지선 연결:
y형 관이음쇠, 티, 십자

96 배관 유지관리의 효율화 및 안전을 위해 색채로 배관을 표시하고 있다. 배관 내 흐름유체가 가스일 경우 식별색은?

① 파랑색　　② 빨강색
③ 백색　　　④ 노랑색

96.
물 : 청색
공기: 백색
증기: 진한적색
유류 : 진한 황적색
가스: 황색 (노랑색)

97 평면상의 변위뿐만 아니라 입체적인 변위까지도 안전하게 흡수하므로 어떠한 형상에 의한 신축에도 배관이 안전하며 설치 공간이 적은 신축이음은?

① 슬리브형 신축이음
② 벨로즈형 신축이음
③ 볼조인트형 신축이음
④ 스위블형 신축이음

정답　95 ③　96 ④　97 ③

98 배관의 지지장치 중 행거의 종류가 아닌 것은?

① 리지드 행거 ② 스프링 행거
③ 콘스턴트 행거 ④ 스토퍼 행거

98.
다음 중 열팽창에 의한 관의 신축으로 배관의 이동을 구속 또는 제한하는 장치는 앵커(anchor), 스토퍼(stopper), 가이드(guide) 등이 있다.

99 일반적으로 배관용 가스절단기의 절단 조건이 아닌 것은?

① 모재의 성분 중 연소를 방해하는 원소가 적어야 한다.
② 모재의 연소온도가 금속 산화물의 용융온도보다 높아야 한다.
③ 금속 산화물의 용융온도가 모재의 용융온도보다 낮아야 한다.
④ 금속산화물의 유동성이 좋으며, 모재로부터 쉽게 이탈될 수 있어야 한다.

99.
모재는 연소온도가 없다.

100 덕타일 주철관은 구상흑연 주철관이라고도 하며 물 수송에 사용하는 관이다. 이 관의 특징으로 틀린 것은?

① 보통 회주철관보다 관의 수명이 길다.
② 강관과 같은 높은 강도와 인성이 있다.
③ 변형에 대한 높은 가요성과 가공성이 있다.
④ 보통 주철관과 같이 내식성이 풍부하지 않다.

100.
구상흑연 주철관은 인장강도가 크며 내식성도 좋다.

정답 98 ④ 99 ② 100 ④

건설기계설비기사

1과목: 재료역학

01 지름 80mm의 원형단면의 중립축에 대한 관성모멘트는 약 몇 mm^4인가?

① 0.5×10^6
② 1×10^6
③ 2×10^6
④ 4×10^6

1.
$$I = \frac{\pi d^4}{64}$$
$$= \frac{\pi \times 80^4}{64} = 2.01 \times 10^6 \, mm^4$$

02 다음 금속재료의 거동에 대한 일반적인 설명으로 틀린 것은?

① 재료에 가해지는 응력이 일정하더라도 오랜 시간이 경과하면 변형률이 증가할 수 있다.
② 재료의 거동이 탄성한도로 국한된다고 하더라도 반복하중이 작용하면 재료의 강도가 저하될 수 있다.
③ 응력-변형률 곡선에서 하중을 가할 때와 제거할 때의 경로가 다르게 되는 현상을 히스테리시스라 한다.
④ 일반적으로 크리프는 고온보다 저온상태에서 더 잘 발생한다.

2.
일반적으로 크리프는 고온 상태에서 더 잘 발생한다.

정답 01 ③ 02 ④

03 비틀림 모멘트 T를 받고 있는 직경이 d인 원형축의 최대전단응력은?

① $\tau = \dfrac{8T}{\pi d^3}$

② $\tau = \dfrac{16T}{\pi d^3}$

③ $\tau = \dfrac{32T}{\pi d^3}$

④ $\tau = \dfrac{64T}{\pi d^3}$

04 그림과 같은 T형 단면을 갖는 돌출보의 끝에 집중하중 P = 4.5kN이 작용한다. 단면 A-A에서의 최대 전단응력은 약 몇 kPa인가?
(단, 보의 단면2차 모멘트는 5313cm⁴이고, 밑면에서 도심까지의 거리는 125mm이다.)

① 421
② 521
③ 662
④ 721

4.
$$\tau = \frac{VQ}{Ib}$$
$$= \frac{4500 \times 50 \times 125 \times \dfrac{125}{2}}{5313 \times 10^4 \times 50}$$
$$= 0.6617\,MPa = 661.7\,kPa$$

정답 03 ② 04 ③

05 코일스프링의 권수를 n, 코일의 지름 D, 소선의 지름 d인 코일스프링의 전체처짐 δ는?
(단, 이 코일에 작용하는 힘은 P, 가로탄성 계수는 G이다.)

① $\dfrac{8nPD^3}{Gd^4}$

② $\dfrac{8nPD^2}{Gd}$

③ $\dfrac{8nPD^2}{Gd^2}$

④ $\dfrac{8nPD}{Gd^2}$

06 길이가 $l+2a$인 균일 단면 봉의 양단에 인장력 P가 작용하고, 양 단에서의 거리가 a인 단면에 Q의 축 하중이 가하여 인장될 때 봉에 일어나는 변형량은 약 몇 cm인가?
(단, $l=60$cm, $a=30$cm, P=10kN, Q=5kN, 단면적 A = 4cm², 탄성계수는 210GPa이다.)

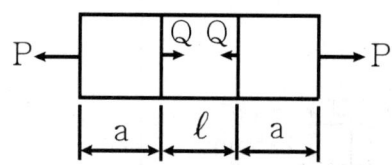

① 0.0107　　　　　　② 0.0207
③ 0.0307　　　　　　④ 0.0407

6.
$\delta_1 = \dfrac{P \times a}{AE}$
$= \dfrac{10 \times 10^3 \times 0.3}{4 \times 10^{-4} \times 210 \times 10^9}$
$= 3.57 \times 10^{-5}$

$\delta_2 = \dfrac{(P-Q) \times l}{AE}$
$= \dfrac{(10-5) \times 10^3 \times 0.6}{4 \times 10^{-4} \times 210 \times 10^9}$
$= 3.57 \times 10^{-5}$

$\delta_1 = \delta_3$
$\delta = \delta_1 + \delta_2 + \delta_3 =$
$3 \times 3.57 \times 10^{-5}$
$= 1.07 \times 10^{-2}\ cm$

정답　05 ①　06 ①

07 그림과 같은 외팔보가 있다. 보의 굽힘에 대한 허용응력을 80MPa로 하고, 자유단 B로부터 보의 중앙점 C사이에 등분포하중 ω를 작용시킬 때, ω의 허용 최대값은 몇 kN/m인가? (단, 외팔보의 폭×높이는 5cm×9cm이다.)

① 12.4
② 13.4
③ 14.4
④ 15.4

7.
$M = 0.5\,W(0.5+0.25) = 0.375\,W$
$\sigma = \dfrac{M}{Z} = \dfrac{6M}{bh^2}$
$= \dfrac{6 \times 0.375\,W}{0.05 \times 0.09^2} = 80 \times 10^6$

$W = \dfrac{80 \times 10^6 \times 0.05 \times 0.09^2}{6 \times 0.375}$
$= 14400\,N/m = 14.4\,kN/m$

08 다음 정사각형 단면(40mm×40mm)을 가진 외팔보가 있다. $a-a$면 에서의 수직응력(σ_n)과 전단응력(τ_s)은 각각 몇 kPa 인가?

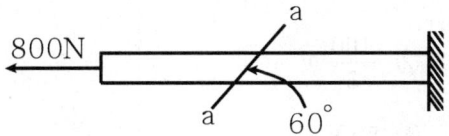

① $\sigma_n = 693$, $\tau_s = 400$
② $\sigma_n = 400$, $\tau_s = 693$
③ $\sigma_n = 375$, $\tau_s = 217$
④ $\sigma_n = 217$, $\tau_s = 375$

8.
$\sigma_n = \sigma_x (\cos\theta)^2$
$= \dfrac{800}{40 \times 40}(\cos 30)^2$
$= 0.375\,MPa = 375\,kPa$

$\tau_n = \dfrac{\sigma_x}{2}\sin 2\theta$
$= \dfrac{1}{2}\dfrac{800}{40 \times 40}\sin(2 \times 30)$
$= 0.216\,MPa = 216\,kPa$

정답 07 ③ 08 ③

09 지름 50mm의 알루미늄 봉에 100kN의 인장하중이 작용할 때 300mm의 표점거리에서 0.219mm의 신장이 측정되고, 지름은 0.01215mm만큼 감소되었다. 이 재료의 전단 탄성계수 G는 약 몇 GPa인가?
(단, 알루미늄 재료는 탄성거동 범위 내에 있다.)

① 21.2　　② 26.2
③ 31.2　　④ 36.2

9.
$$E = \frac{P\,l}{A\,\delta}$$
$$= \frac{4 \times 100 \times 10^3 \times 300}{\pi \times 50^2 \times 0.219}$$
$$= 69767\ N/mm^2 = 69767\ MPa$$
$$\mu = \frac{\varepsilon'}{\varepsilon} = \frac{l\,\delta'}{\delta\,d}$$
$$= \frac{300 \times 0.01215}{0.219 \times 50} = 0.3329$$
$$G = \frac{E}{2(1+\mu)}$$
$$= \frac{69767 \times 10^{-3}}{2(1+0.3329)} = 26.17\ GPa$$

10 그림과 같은 정삼각형 트러스의 B점에 수직으로, C점에 수평으로 하중이 작용하고 있을 때, 부재 AB에 작용하는 하중은?

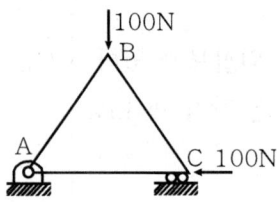

① $\dfrac{100}{\sqrt{3}}N$　　② $\dfrac{100}{3}N$
③ $100\sqrt{3}\,n$　　④ $50N$

10.
$$AB = \frac{50}{\cos 30}$$
$$= 50 \times \frac{2}{\sqrt{3}} = \frac{100}{\sqrt{3}}$$

11 $\sigma_x = 700MPa$, $\sigma_y = -300MPa$가 작용하는 평면응력 상태에서 최대 수직응력(σ_{max})과 최대 전단응력(τ_{max})은 각각 몇 MPa인가?

① $\sigma_{max} = 700,\ \tau_{max} = 300$
② $\sigma_{max} = 600,\ \tau_{max} = 400$
③ $\sigma_{max} = 500,\ \tau_{max} = 700$
④ $\sigma_{max} = 700,\ \tau_{max} = 500$

11.
Mohr의 원에서
$$\sigma_{max} = 700\ MPa$$
$$\tau_{max} = \frac{\sigma_x - \sigma_y}{2}$$
$$= \frac{700 + 300}{2} = 500\ MPa$$

정답　09 ②　10 ①　11 ④

12 최대 사용강도(σ_{max}) = 240MPa, 내경 1.5m, 두께 3mm의 강재 원통형 용기가 견딜 수 있는 최대 압력은 몇 kPa인가? (단, 안전계수는 2이다.)

① 240　　　② 480
③ 960　　　④ 1920

13 길이가 L이며, 관성 모멘트가 I_p이고, 전단탄성계수가 G인 부재에 토크 T가 작용될 때 이 부재에 저장된 변형 에너지는?

① $\dfrac{TL}{GI_p}$　　　② $\dfrac{T^2L}{2GI_p}$

③ $\dfrac{T^2L}{GI_p}$　　　④ $\dfrac{TL}{2GI_p}$

14 그림과 같이 초기온도 20℃, 초기길이 19.95cm, 지름 5cm인 봉을 간격이 20cm인 두 벽면 사이에 넣고 봉의 온도를 220℃로 가열했을 때 봉에 발생되는 응력은 몇 MPa인가? (단, 탄성계수 E = 210GPa이고, 균일 단면을 갖는 봉의 선팽창계수 $a = 1.5 \times 10^{-5}$/℃이다.)

① 0　　　② 25.2
③ 257　　　④ 504

12.
$P = \dfrac{2\sigma t}{DS}$
$= \dfrac{2 \times 240 \times 10^6 \times 0.003}{1.5 \times 2} \times 10^{-3}$
$= 480\,kPa$

13.
$U = \dfrac{T\theta}{2} = \dfrac{T^2 l}{2GI_p}$

14.
$20 - 19.95$
$= 19.95 \times 1.5 \times 10^{-5} \times (y - 20)$
$y = \dfrac{20 - 19.95}{19.95 \times 1.5 \times 10^{-5}} + 20$
$= 187.08$

$\sigma = E\alpha\Delta T$
$= 210 \times 10^3 \times 1.5 \times 10^{-5}$
$\quad \times (220 - 187.08)$
$= 103.698\,MPa$

정답　12 ②　13 ②　14 ①

15 그림과 같은 직사각형 단면의 목재 외팔보에 집중하중 P가 C점에 작용하고 있다. 목재의 허용압축응력을 8MPa, 끝단 B점에서의 허용 처짐량을 23.9mm라고 할 때 허용압축응력과 허용 처짐량을 모두 고려하여 이 목재에 가할 수 있는 집중하중 P의 최대값은 약 몇 kN인가?
(단, 목재의 탄성계수는 12GPa, 단면2차모멘트 $1022 \times 10^{-6} m^4$, 단면계수는 $4.601 \times 10^{-3} m^3$이다.)

① 7.8　　　　　② 8.5
③ 9.2　　　　　④ 10.0

15 해설

$$\delta = \frac{1}{EI} A_m \overline{x} = \frac{1}{EI} \frac{4 \times 4P}{2} \times (1 + 4 \times \frac{2}{3}) = \frac{16P}{2EI} \times \frac{11}{3}$$

$$23.9 \times 10^{-3} = \frac{16P}{2 \times 12 \times 10^9 \times 1022 \times 10^{-6}} \times \frac{11}{3}$$

$$P = \frac{3 \times 23.9 \times 10^{-3} \times 2 \times 12 \times 10^9 \times 1022 \times 10^{-6}}{16 \times 11}$$
$$= 9992 N = 9.992 kN$$

$$\sigma = \frac{M}{Z} = \frac{4P}{4.601 \times 10^{-3}} = 8 \times 10^6 \text{ 에서}$$

$$P = \frac{4.601 \times 10^{-3} \times 8 \times 10^6}{4} = 9202 N = 9.2 kN$$

정답　15 ③

16 직사각형 단면(폭×높이=12cm×5cm)이고, 길이 1m인 외팔보가 있다. 이 보의 허용 굽힘응력이 500MPa이라면 높이와 폭의 치수를 서로 바꾸면 받을 수 있는 하중의 크기는 어떻게 변화하는가?

① 1.2배 증가
② 2.4배 증가
③ 1.2배 감소
④ 변화없다.

16.
$\sigma = \dfrac{6Pl}{bh^2}$ 에서

$P_1 = \dfrac{\sigma bh^2}{6l}$ $P_2 = \dfrac{\sigma hb^2}{6l}$

$\dfrac{P_2}{P_1} = \dfrac{hb^2}{bh^2} = \dfrac{5 \times 12^2}{12 \times 5^2} = 2.4$

17 양단이 힌지로 지지되어 있고 길이가 1m인 기둥이 있다. 단면이 30mm×30mm인 정사각형이라면 임계하중은 약 몇 kN인가?
(단, 탄성계수는 210GPa이고, Euler의 공식을 적용한다.)

① 133
② 137
③ 140
④ 146

17.
$P_{cr} = \dfrac{n\pi^2 EI}{l^2}$

$= \dfrac{1 \times \pi^2 \times 210 \times 10^9 \times 0.03 \times 0.03^3}{1^2 \times 12} \times 10^{-3}$

$= 139.9\,kN$

18 아래 그림과 같은 보에 대한 굽힘 모멘트 선도로 옳은 것은?

18.
SFD

BMD

정답 16 ② 17 ③ 18 ③

19 다음 그림과 같이 집중하중 P를 받고 있는 고정 지지보가 있다. B점에서의 반력의 크기를 구하면 몇 kN인가?

① 54.2
② 62.4
③ 70.3
④ 79.0

19.
$\delta_B = 0$
① $\delta_{B'} = \dfrac{R_B \cdot a^3}{3EI}$ (↑)
② 외팔보 자유단 집중하중 시 B점의 처짐 $\delta_{B''}$
$\delta_{B''} = \dfrac{P(b^3 - 3\ell^2 + 2\ell^3)}{6EI}$
$\delta_{B'} = \delta_{B''}$
$R_B = \dfrac{P \cdot (b^3 - 3\ell^2 \cdot b + 2\ell^3)}{2 \cdot a^3}$
$= \dfrac{53 \times (1.8^3 - 3 \times 7.3^2 \times 1.8 + 2 \times 7.3^3)}{2 \times 5.5^3}$
$= 79.02 kN$

20 다음 보의 자유단 A지점에서 발생하는 처짐은 얼마인가? (단, EI는 굽힘강성이다.)

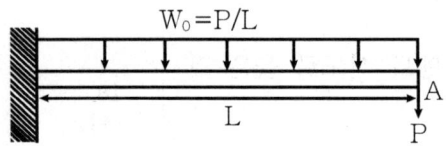

① $\dfrac{5PL^3}{6EI}$
② $\dfrac{7PL^3}{12EI}$
③ $\dfrac{11PL^3}{24EI}$
④ $\dfrac{17PL^3}{48EI}$

20.
$\delta = \dfrac{Pl^3}{3EI} + \dfrac{\omega l^4}{8EI} = \dfrac{Pl^3}{3EI} + \dfrac{Pl^3}{8EI}$

$= \dfrac{Pl^3}{EI}\left(\dfrac{1}{3} + \dfrac{1}{8}\right) = \dfrac{11Pl^3}{24EI}$

정답 19 ④ 20 ③

2과목: 기계열역학

21 이상적인 오토 사이클에서 단열압축되기 전 공기가 101.3 kPa, 21°C이며, 압축비 7로 운전할 때 이 사이클의 효율은 약 몇 %인가? (단, 공기의 비열비는 1.4이다.)

① 62%
② 54%
③ 46%
④ 42%

21.
$$\eta = 1 - \left(\frac{1}{\varepsilon}\right)^{k-1}$$
$$= 1 - \left(\frac{1}{7}\right)^{1.4-1}$$
$$= 0.54 = 54\%$$

22 다음 중 강성적(강도성, intensive) 상태량이 아닌 것은?

① 압력
② 온도
③ 엔탈피
④ 비체적

22.
엔탈피는 종량성 상태이다.

23 이상기체 공기가 안지름 0.1 m인 관을 통하여 0.2m/s로 흐르고 있다. 공기의 온도는 20°C, 압력은 100kPa, 기체상수는 0.287kJ/(kg·K)라면 질량유량은 약 몇 kg_m/s인가?

① 0.0019
② 0.0099
③ 0.0119
④ 0.0199

23.
$$\rho = \frac{P}{RT}$$
$$= \frac{100}{0.287 \times (20+273)} = 1.189\, kg_m/m^3$$

$$Q = \frac{\pi \times 0.1^2}{4} \times 0.2 = 1.57 \times 10^{-3}\, m^3/s$$
$$\dot{m} = \rho Q = 1.189 \times 1.57 \times 10^{-3}$$
$$= 1.87 \times 10^{-3} = 0.00187\, kg_m/s$$

정답 21 ② 22 ③ 23 ①

24 이상기체가 정압과정으로 dT 만큼 온도가 변하였을 때 1kg 당 변화된 열량 Q는?

(단, C_v는 정적비열, C_p는 정압비열, k는 비열비를 나타낸다.)

① $Q = C_v dT$
② $Q = \ln C_v dT$
③ $Q = C_p dT$
④ $Q = C_v \dfrac{dT}{T}$

25 열역학적 변화와 관련하여 다음 설명 중 옳지 않은 것은?

① 단위 질량당 물질의 온도를 1°C 올리는데 필요한 열량을 비열이라 한다.
② 정압과정으로 시스템에 전달된 열량은 엔트로피 변화량과 같다.
③ 내부 에너지는 시스템의 질량에 비례하므로 종량적(extensive) 상태량이다.
④ 어떤 고체가 액체로 변화할 때 융해(Melting)라고 하고, 어떤 고체가 기체로 바로 변화할 때 승화(Sublimation)라고 한다.

25.
정압과정으로 시스템에 전달된 열량 $Q = C_p dT$

정압과정으로 시스템에 전달된 엔트로피 변화량
$\Delta S = C_p \ln \dfrac{T_2}{T_1}$

26 저온실로부터 46.4 kW의 열을 흡수할 때 10 kW의 동력을 필요로 하는 냉동기가 있다면, 이 냉동기의 성능계수는?

① 4.64
② 5.65
③ 7.49
④ 8.82

26.
$\varepsilon_R = \dfrac{46.4}{10} = 4.64$

정답   24 ③   25 ②   26 ①

27 엔트로피(s) 변화 등과 같은 직접 측정할 수 없는 양들을 압력(P), 비체적(v), 온도(T)와 같은 측정 가능한 상태량으로 나타내는 Maxwell 관계식과 관련하여 다음 중 틀린 것은?

① $(\frac{\partial T}{\partial P})_s = (\frac{\partial v}{\partial s})_P$

② $(\frac{\partial T}{\partial v})_s = -(\frac{\partial P}{\partial s})_v$

③ $(\frac{\partial v}{\partial T})_V = -(\frac{\partial s}{\partial P})_T$

④ $(\frac{\partial P}{\partial v})_T = (\frac{\partial s}{\partial T})_v$

27.
$(\frac{\partial S}{\partial V})_T = (\frac{\partial p}{\partial T})_v$

28 다음 4가지 경우에서 ( ) 안의 물질이 보유한 엔트로피가 증가한 경우는?

ⓐ 컵에 있는 (물)이 증발하였다.
ⓑ 목욕탕의 (수증기)가 차가운 타일 벽에서 물로 응결되었다.
ⓒ 실린더 안의 (공기)가 가역 단열적으로 팽창되었다.
ⓓ 뜨거운 (커피)가 식어서 주위온도와 같게 되었다.

① ⓐ   ② ⓑ
③ ⓒ   ④ ⓓ

28.
ⓑ 목욕탕의 (수증기)가 차가운 타일 벽에서 물로 응결되었다.: 수증기의 열방출로 엔트로피감소
ⓒ 실린더 안의 (공기)가 가역 단열적으로 팽창되었다.: 단열과정은 등엔트로피과정
ⓓ 뜨거운 (커피)가 식어서 주위온도와 같게 되었다.: 커피의 열방출로 엔트로피감소

정답 27 ④ 28 ①

29 공기압축기에서 입구 공기의 온도와 압력은 각각 27°C, 100kPa이고, 체적유량은 0.01m³/s이다. 출구에서 압력이 400kPa이고, 이 압축기의 등엔트로피 효율이 0.8일 때, 압축기의 소요 동력은 약 몇 kW인가?
(단, 공기의 정압비열과 기체상수는 각각 $1\,kJ/kg\,K$, 와 $0.287\,kJ/kg\,K$,이고, 비열비는 1.4이다.)

① 0.9 　　　② 1.7
③ 2.1 　　　④ 3.8

29.
$$m = \frac{PV}{RT}$$
$$= \frac{100 \times 0.01}{0.287 \times (27+273)} = 0.0116\,kg/s$$
$$T_2 = T_1 \times \left(\frac{P_2}{P_1}\right)^{\frac{k-1}{k}}$$
$$= (27+273) \times \left(\frac{400}{100}\right)^{\frac{1.4-1}{1.4}}$$
$$= 445.8\,K$$
$$W_t = \frac{k(P_2 V_2 - P_1 V_1)}{k-1}$$
$$= \frac{kmR(T_2 - T_1)}{k-1}$$
$$= \frac{1.4 \times 0.0116 \times 0.287 \times (445.8 - 300)}{1.4 - 1}$$
$$= 2.124\,kW$$

30 초기 압력 100 kPa, 초기 체적 0.1m³인 기체를 버너로 가열하여 기체 체적이 정압과정으로 0.5m³이 되었다면 이 과정 동안 시스템이 외부에 한 일은 몇 kJ인가?

① 10 　　　② 20
③ 30 　　　④ 40

30.
$$W = P(V_2 - V_1)$$
$$= 100(0.5 - 0.1) = 40\,kJ$$

31 증기터빈 발전소에서 터빈 입구의 증기 엔탈피는 출구의 엔탈피보다 136kJ/kg 높고, 터빈에서의 열손실은 10kJ/kg이다. 증기속도는 터빈 입구에서 10m/s이고, 출구에서 110m/s일 때 이 터빈에서 발생시킬 수 있는 일은 약 몇 kJ/kg인가?

① 10 　　　② 90
③ 120 　　　④ 140

31.
$$W = 136 - 10 - \frac{1 \times (110^2 - 10^2)}{2 \times 1000}$$
$$= 120\,kJ/kg$$

정답　29 ③　30 ④　31 ③

32 그림과 같이 온도(T)-엔트로피(S)로 표시된 이상적인 랭킨 사이클에서 각 상태의 엔탈피(h)가 다음과 같다면, 이 사이클의 효율은 약 몇 %인가?

(단, h_1 = 30 kJ/kg, h_2 = 31 kJ/kg
h_3 = 274 kJ/kg, h_4 = 668 kJ/kg
h_5 = 764 kJ/kg, h_6 = 478 kJ/kg이다.)

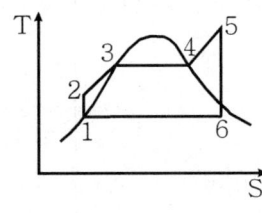

① 39 ② 42
③ 53 ④ 58

32.
$$\eta = \frac{h_5 - h_6 - (h_2 - h_1)}{h_5 - h_1 - (h_2 - h_1)}$$
$$= \frac{764 - 478 - (31 - 30)}{764 - 30 - (31 - 30)}$$
$$= 0.388$$

33 이상적인 복합 사이클(사바테 사이클)에서 압축비는 16, 최고압력비(압력상승비)는 2.3, 체절비는 1.6이고, 공기의 비열비는 1.4일 때 이 사이클의 효율은 약 몇 %인가?

① 55.52 ② 58.41
③ 61.54 ④ 64.88

33.
$$\eta = 1 - \left(\frac{1}{\varepsilon}\right)^{k-1} \frac{\rho\sigma^k - 1}{(\rho - 1) + k\rho(\sigma - 1)}$$
$$= 1 - \left(\frac{1}{16}\right)^{1.4-1} \frac{2.3 \times 1.6^{1.4} - 1}{(2.3 - 1) + 1.4 \times 2.3(1.6 - 1)}$$
$$= 0.6489 = 64.89\%$$

정답 32 ① 33 ④

34 단위질량의 이상기체가 정적과정 하에서 온도가 T_1에서 T_2로 변하였고, 압력도 P_1에서 P_2로 변하였다면, 엔트로피 변화량 $\triangle S$는?
(단, C_v와 C_p는 각각 정적비열과 정압비열이다.)

① $\triangle S = C_v \ln \dfrac{P_1}{P_2}$

② $\triangle S = C_v \ln \dfrac{P_1}{P_2}$

③ $\triangle S = C_v \ln \dfrac{P_1}{P_2}$

④ $\triangle S = C_v \ln \dfrac{P_1}{P_2}$

34.
$\triangle S = C_v \ln \dfrac{P_1}{P_2}$
$= C_v \ln \dfrac{V_2}{V_1}$

35 온도가 각기 다른 액체 A(50°C), B(25°C), C(10°C)가 있다. A와 B를 동일질량으로 혼합하면 40°C로 되고, A와 C를 동일질량으로 혼합하면 30°C로 된다. B와 C를 동일질량으로 혼합할 때는 몇 °C로 되겠는가?

① 16   ② 58.41
③ 61.54   ④ 64.88

35.
$m C_A(50-40) = m C_B(40-25)$ 에서
$\dfrac{C_B}{C_A} = \dfrac{50-40}{40-25} = 0.667$

$m C_A(50-30) = m C_C(30-10)$ 에서
$\dfrac{C_C}{C_A} = \dfrac{50-30}{30-10} = 1$

$(\dfrac{C_B}{C_A}) / (\dfrac{C_C}{C_A}) = (\dfrac{C_B}{C_C})$
$= 0.667$

$m C_B(25-y) = m C_C(y-10)$

$\dfrac{C_B}{C_C} = \dfrac{y-10}{25-y} = 0.667$
$y - 10 = 0.667(25-y)$
$y = \dfrac{10 + 25 \times 0.667}{1 + 0.667} = 16℃$

36 어떤 기체가 5kJ의 열을 받고 0.18 kN·m의 일을 외부로 하였다. 이때의 내부에너지의 변화량은?

① 3.24 kJ   ② 4.82 kJ
③ 5.18 kJ   ④ 6.14 kJ

36.
$U = 5 - 0.18 = 4.82 kJ$

정답 34 ③ 35 ① 36 ②

37 대기압이 100kPa 일 때, 계기 압력이 5.23 MPa 인 증기의 절대 압력은 약 몇 MPa인가?

① 3.02　　② 4.12
③ 5.33　　④ 6.43

37.
절대압력 = 대기압 + 계기압
= 5.23 + 0.1 = 5.33 MPa

38 압력 2 Mpa, 온도 300℃ 의 수증기가 20 m/s 속도로 증기 터빈으로 들어간다. 터빈 출구에서 수증기 압력이 100 kPa, 속도는 증기터빈으로 들어간다. 터빈 출구에서 수증기 압력이 100 kPa, 속도는 100 m/s이다. 가역단열과정으로 가정시, 터빈을 통과하는 수증기 1kg 당 출력일은 약 몇 kJ/kg인가?
(단, 수증기표로부터 2MPa, 300℃에서 비엔탈피는 3023.5 kJ/kg, 비엔트로피는 6.7663 kJ/(kg·K)이고, 출구에서의 비엔탈피 및 비엔트로피는 아래 표와 같다.)

출구	포화액	포화증기
비엔트로피[kJ/(kg·K)]	1.3025	7.3593
비엔탈피[kJ/kg]	417.44	2675.46

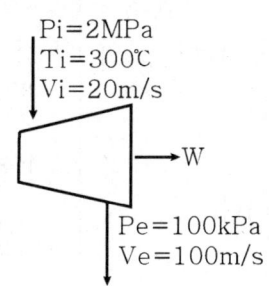

① 1534　　② 564.3
③ 153.4　　④ 764.5

정답 37 ③　38 ②

39 520 K의 고온 열원으로 18.4 kJ 열량을 받고 273 K의 저온 열원에 13 kJ의 열량 방출하는 열기관에 대하여 옳은 설명은?

① Calusius 적분값은 -0.0122 kJ/K이고, 가역과정이다.
② Calusius 적분값은 -0.0122 kJ/K이고, 비가역과정이다.
③ Calusius 적분값은 +0.0122 kJ/K이고, 가역과정이다.
④ Calusius 적분값은 +0.0122 kJ/K이고, 비가역과정이다.

39.
Clausius 적분
$$\oint \frac{\delta Q}{T} = \frac{Q_1}{T_1} - \frac{Q_2}{T_1}$$
$$= \frac{18.4}{520} - \frac{13}{273} = -0.0122 < 0$$

0보다 적으므로 비가역과정이다.

40 랭킨 사이클에서 25℃, 0.01 MPa 압력의 물 1kg을 5 MPa 압력의 보일러로 공급한다. 이때 펌프가 가역단열과정으로 작용한다고 가정할 경우 펌프가 한 일은 약 몇 kJ인가?
(단, 물의 비체적은 0.001 m³/kg이다.)

① 2.58   ② 4.99
③ 20.10   ④ 40.20

40.
$W_t = V(P_2 - P_1)$
$= 0.001 \times (5000 - 10) = 4 kJ$

3과목: 기계유체역학

41 지름 0.1 mm, 비중 2.3인 작은 모래알이 호수바닥으로 가라앉을 때, 잔잔한 물 속에서 가라앉는 속도는 약 몇 mm/s인가?
(단, 물의 점성계수는 1.12 x 10⁻³N·s/m²이다.)

① 6.32   ② 4.96
③ 3.17   ④ 2.24

41.
$W - D = 3\pi \mu d V$ 에서
$$V = \frac{W-D}{3\pi\mu d}$$
$$= \frac{9800 \times (2.3-1) \times \frac{4}{3}\pi(\frac{0.05}{1000})^3}{3\pi \times 1.12 \times 10^{-3} \times \frac{0.1}{1000}}$$
$= 6.315 \times 10^{-3} = 6.315 mm/s$

정답 39 ② 40 ② 41 ①

42 반지름 R인 파이프 내에 점도 μ인 유체가 완전발달 층류유동으로 흐르고 있다. 길이 L을 흐르는데 압력 손실이 △p만큼 발생했을 때, 파이프 벽면에서의 평균전단응력은 얼마인가?

① $\mu \dfrac{R}{4} \dfrac{\triangle p}{L}$

② $\mu \dfrac{R}{2} \dfrac{\triangle p}{L}$

③ $\dfrac{R}{4} \dfrac{\triangle p}{L}$

④ $\dfrac{R}{2} \dfrac{\triangle p}{L}$

43 어느 물리법칙이 $F(a, V, \nu, L)=0$과 같은 식으로 주어졌다. 이 식을 무차원수의 함수로 표시하고자 할 때 이에 관계되는 무차원수는 몇 개인가?
(단, a, V, ν, L은 각각 가속도, 속도, 동점성계수, 길이이다.)

① 4 ② 3
③ 2 ④ 1

43.
변수 (4) −기본차원(2) =2

44 평균 반지름이 R인 얇은 막 형태의 작은 비누방울의 내부 압력을 P_i, 외부 압력을 P_o라고 할 경우, 표면 장력(σ)에 의한 압력차 ($|P_i - P_o|$)는?

① $\dfrac{\sigma}{4R}$ ② $\dfrac{\sigma}{R}$

③ $\dfrac{4\sigma}{R}$ ④ $\dfrac{2\sigma}{R}$

정답 42 ④ 43 ③ 44 ③

45 $\frac{1}{20}$로 축소한 모형 수력 발전 댐과, 역학적으로 상사한 실제 수력 발전 댐이 생성할 수 있는 동력의 비(모형 : 실제)는 약 얼마인가?

① 1 : 1800
② 1 : 8000
③ 1 : 35800
④ 1 : 160000

46 비압축성 유체의 2차원 유동 속도성분이 $u = x^2 t$, $v = x^2 - 2xyt$이다. 시간(t)이 2일 때, $(x,y)=(2,-1)$에서 x방향 가속도(a_x)는 약 얼마인가?
(단, u,v는 각각 x,y방향 속도성분이고, 단위는 모두 표준단위이다.)

① 32
② 34
③ 64
④ 68

47 다음과 같이 유체의 정의를 설명할 때 괄호속에 가장 알맞은 용어는 무엇인가?

> 유체란 아무리 작은 ( )에도 저항할 수 없어 연속적으로 변형하는 물질이다.

① 수직응력
② 중력
③ 압력
④ 전단응력

46.
유체입자의 가속도
$$du = \frac{\partial u}{\partial s}ds + \frac{\partial u}{\partial t}dt$$
$$\frac{du}{dt} = \frac{\partial u}{\partial s}\frac{ds}{dt} + \frac{\partial u}{\partial t}$$
$$\alpha = u\frac{\partial u}{\partial s} + \frac{\partial u}{\partial t}$$

$\frac{\partial u}{\partial t}$: temporal acceleration

$u\frac{\partial u}{\partial s}$: convective acceleration

$\frac{du}{dt}$: substantial or total acceleration

$$a_x = u\frac{\partial u}{\partial x} + v\frac{\partial u}{\partial y} + w\frac{\partial u}{\partial z} + \frac{\partial u}{\partial t}$$
$$a_y = u\frac{\partial v}{\partial x} + v\frac{\partial v}{\partial y} + w\frac{\partial v}{\partial z} + \frac{\partial v}{\partial t}$$
$$a_z = u\frac{\partial w}{\partial x} + v\frac{\partial w}{\partial y} + w\frac{\partial w}{\partial z} + \frac{\partial w}{\partial t}$$

여기서
$\frac{dx}{dt} = u$, $\frac{dy}{dt} = v$, $\frac{dz}{dt} = u$

$u\frac{\partial V}{\partial x} + v\frac{\partial V}{\partial y} + w\frac{\partial V}{\partial z}$: convective acceleration

$\frac{\partial V}{\partial t}$: temporal acceleration

그러므로
$$a_x = u\frac{\partial u}{\partial x} + v\frac{\partial u}{\partial y} + \frac{\partial u}{\partial t}$$
$$= (x^2 t) \times \frac{\partial(x^2 t)}{\partial x} + (x^2 - 2xyt)\frac{\partial(x^2 t)}{\partial y} + \frac{\partial(x^2 t)}{\partial t}$$
$$= (x^2 t) \times (2xy) + (x^2 - 2xyt) \times 0 + 2x$$

시간(t) 2, $(x,y)=(2,-1)$에서
$a_x = 68$

정답 45 ③ 46 ④ 47 ④

48 안지름 100 mm인 파이프 안에 2.3m³/min의 유량으로 물이 흐르고 있다. 관 길이가 15 m라고 할 때 이 사이에서 나타나는 손실수두는 약 몇 m인가?
(단, 관마찰계수는 0.01로 한다.)

① 0.92
② 1.82
③ 2.13
④ 1.22

48.
$$V = \frac{4Q}{\pi d^2}$$
$$= \frac{4 \times 2.3}{\pi \times 0.1^2 \times 60} = 4.88 \, m/s$$

$$H = f \frac{l}{d} \frac{V^2}{2g}$$
$$= 0.01 \times \frac{15}{0.1} \times \frac{4.88^2}{2 \times 9.8} = 1.8225 \, m$$

49 지름 20 cm, 속도 1 m/s인 물 제트가 그림과 같이 넓은 평판에 60° 경사하여 충돌한다. 분류가 평판에 작용하는 수직방향 힘 F_N은 약 몇 N인가?
(단, 중력에 대한 영향은 고려하지 않는다.)

① 27.2
② 31.4
③ 2.72
④ 3.14

49.
$$F_N = \rho Q V \sin\theta$$
$$= 1000 \times \frac{\pi \times 0.2^2}{4} \sin 30$$
$$= 27.2 \, N$$

정답 48 ② 49 ①

50 경계층(boundary layer)에 관한 설명 중 틀린 것은?
① 경계층 바깥의 흐름은 포텐셜 흐름에 가깝다.
② 균일 속도가 크고, 유체의 점섬이 클수록 경계층의 두께는 얇아진다.
③ 경계층 내에서는 점성의 영향이 크다.
④ 경계층은 평판 선단으로부터 하류로 갈수록 두꺼워진다.

50.
층류 경계층 두께
$$\delta = \frac{5x}{\sqrt{Re}} = \frac{5x}{\sqrt{\frac{\rho V x}{\mu}}}$$
$$= 5x \left(\frac{\mu}{\rho V x}\right)^{\frac{1}{2}}$$
유체의 점섬이 클수록 경계층의 두께는 두꺼워진다.

51 안지름이 20 cm, 높이가 60 cm인 수직 원통형 용기에 밀도 850 kg/m³인 액체가 밑면으로부터 50 cm 높이만큼 채워져 있다. 원통형 용기와 용기와 액체가 일정한 각속도로 회전할 때, 액체가 넘치기 시작하는 각속도는 약 몇 rpm인가?
① 134
② 189
③ 276
④ 392

51.
$$H = \frac{V^2}{2g} = \frac{1}{2g} \times \left(\frac{\pi d N}{60}\right)^2$$
$$= (0.6 - 0.5) \times 2$$
$$N = \frac{60\sqrt{2g \times 0.2}}{0.2\pi}$$
$$= 189 \, rpm$$

52 유체 계측과 관련하여 크게 유체의 국소속도를 측정하는 것과 체적유량을 측정하는 것으로 구분할 때 다음 중 유체의 국소속도를 측정하는 계측기는?
① 벤투리미터
② 얇은 판 오리피스
③ 열선 속도계
④ 로터미터

52.
열선 풍속계
[hot wire anemometer]는 전류를 통해서 가열한 가는 백금선 또는 니켈선 등을 기류에 노출시키면 온도가 저하하는 성질에 따라 전기 저항이 감소하는 것을 이용하여 기류의 국소속도를 체적유량으로 측정하는 계기이다.

정답 50 ② 51 ② 52 ③

53 유체(비중량 10 N/m³)가 중량유량 6.28 N/s로 지름 40 cm인 관을 흐르고 있다. 이 관 내부의 평균 유속은 약 몇 m/s인가?

① 50.0
② 5.0
③ 0.2
④ 0.8

53.
$$V = \frac{\dot{G}}{\gamma A} = \frac{6.28 \times 4}{10 \times \pi \times 0.4^2} = 4.997 \, m/s$$

54 (x, y)좌표계의 비회전 2차원 유동장에서 속도 포텐셜(potential) Φ는 $\Phi = 2x^2 y$로 주어졌다. 이때 점(3, 2)인 곳에서 속도 벡터는?
(단, 속도포텐셜 Φ는 $\vec{V} \equiv \nabla \Phi = grad\Phi$로 정의된다.)

① $24\vec{i} + 18\vec{j}$
② $-24\vec{i} + 18\vec{j}$
③ $12\vec{i} + 9\vec{j}$
④ $-12\vec{i} + 9\vec{j}$

54.
$(\frac{\partial}{\partial x}\vec{i} + \frac{\partial}{\partial y}\vec{j} + \frac{\partial}{\partial z}\vec{k})$
• $(2x^2 y)$
= $(4xy\vec{i} + 2x^2\vec{j})$

at, (3,2),
$(4 \times 3 \times 2\vec{i} + 2 \times 3^2 \vec{j})$
= $(24\vec{i} + 18\vec{j})$

정답 53 ② 54 ①

55 수평면과 60° 기울어진 벽에 지름이 4m인 원형창이 있다. 창의 중심으로부터 5m 높이에 물이 차있을 때 창에 작용하는 합력의 작용점과 원형창의 중심(도심)과의 거리(C)는 약 몇 m인가?

(단, 원의 2차 면적 모멘트는 $\dfrac{\pi R^4}{4}$이고, 여기서 R은 원의 반지름이다.)

① 0.0866　　② 0.173
③ 0.866　　　④ 1.73

55.
$y_p - y_c = \dfrac{I_G}{A\, y_c} = \dfrac{\pi \times 4^4 \times 4}{64 \times \pi \times 4^2}$
$= 0.2$ (사선길이)

수직길이
$0.2 \times \sin 60 = 0.173$

56 연직하방으로 내려가는 물제트에서 높이 10 m인 곳에서 속도는 20 m/s였다. 높이 5m인 곳에서의 물의 속도는 약 몇 m/s 인가?

① 29.45　　② 26.34
③ 23.88　　④ 22.32

56.
$10 + \dfrac{20^2}{2g} = 5 + \dfrac{V^2}{2g}$ 에서
$V = 22.316\, m/s$

정답　55 ②　56 ④

57 그림에서 압력차($P_x - P_y$)는 약 몇 kPa인가?

① 25.67
② 2.57
③ 51.34
④ 5.13

57.
$P_x - P_y = 9.8 \times 0.3 + 13.6$
$\qquad \times 9.8 \times 0.2 - 9.8 \times 0.4$
$\qquad = 25.676 \, kPa$

58 공기로 채워진 0.189m³의 오일 드럼통을 사용하여 잠수부가 해저 바닥으로부터 오래된 배의 닻을 끌어올리려 한다. 바닷물 속에서 닻을 들어올리는데 필요한 힘은 1780N이고, 공기 중에서 드럼통을 들어 올리는데 필요한 힘은 222N이다. 공기로 채워진 드럼통을 닻에 연결한 후 잠수부가 이 닻을 끌어올리는데 필요한 최소 힘은 약 몇 N 인가? (단, 바닷물의 비중은 1.025이다.)

① 72.8
② 83.4
③ 92.5
④ 103.5

58.
$F = 2002 - 1.025 \times 9800 \times 0.189$
$\quad = 103.495 N$

59 수력기울기선(Hydraulic Grade Line; HGL)이 관보다 아래에 있는 곳에서의 압력은?

① 완전 진공이다.
② 대기압보다 낮다.
③ 대기압과 같다.
④ 대기압보다 높다.

59.
$H.G.L. = \dfrac{P}{\gamma} + Z$

정답 57 ① 58 ④ 59 ②

60 원관 내부의 흐름이 층류 정상 유동일 때 유체의 전단응력 분포에 대한 설명으로 알맞은 것은?

① 중심축에서 0이고, 반지름 방향 거리에 따라 선형적으로 증가한다.
② 관 벽에서 0이고, 중심축까지 선형적으로 증가한다.
③ 단면에서 중심축을 기준으로 포물선 분포를 가진다.
④ 단면적 전체에서 일정하다.

4과목: 유체기계 및 유압기기

61 유량은 20m³/min, 양정은 50m, 펌프회전수는 1800rpm인 2단 편흡입 원심펌프의 비속도(specific speed, [m³/min, m, rpm])는 약 얼마인가?

① 303 ② 428
③ 720 ④ 1048

61.
$$N_s = \frac{N \times \sqrt{Q}}{\left(\frac{H}{\eta}\right)^{\frac{3}{4}}}$$
$$= \frac{1800 \times \sqrt{20}}{\left(\frac{50}{2}\right)^{\frac{3}{4}}}$$
$$= 720 \,[m^3/min, m, rpm]$$

62 다음 중 풍차의 축 방향이 다른 종류는?

① 네델란드형 ② 다리우스형
③ 패들형   ④ 사보니우스형

62.
네델란드형은 수평축이며 다리우스형, 패들형, 사보니우스형은 수직축으로 방향제어기술이 불필요하다.

63 터보형 펌프의 분류에 속하지 않는 것은?

① 원심식 ② 사류식
③ 왕복식 ④ 축류식

63.
왕복식은 용적형 펌프이다.

정답 60 ① 61 ③ 62 ① 63 ③

64 유체 커플링의 구조에 대한 설명 중 옳지 않은 것은?

① 유체 커플링의 일반적인 구조 요소는 입력축에 펌프, 출력축에 터빈을 설치한다.
② 펌프와 터빈의 회전차는 서로 맞대서 케이싱 내에 다수의 깃이 반지름 방향으로 달려 있다.
③ 입력축을 회전하면 그 축에 달린 펌프의 회전차가 회전하며 액체는 임펠러로부터 유출하여 출력축에 달린 터빈의 러너에 유입하여 출력축을 회전시킨다.
④ 펌프와 터빈으로 두 개의 별도 회로로 구성되어 있으므로 일정시간 작동 후 펌프가 정지하더라도 터빈은 독자적으로 작동할 수 있다.

64.
펌프와 터빈으로 한개의 회로로 구성되어 있으므로 펌프가 정지하면 터빈도 정지한다.

65 반동수차 중 하나로 프로펠러 수차와 비슷하나 유량변화가 심한 곳에 사용할 수 있도록 가동익을 설치하여, 부분부하에 대하여 높은 효율을 얻을 수 있는 수차는?

① 카플란 수차   ② 펠턴 수차
③ 지라르 수차   ④ 프란시스 수차

66 루츠형 진공 펌프가 동일한 압력 사용 범위에서 다른 진공 펌프와 비교하여 가지는 장점이 아닌 것은?

① 고속 회전이 가능하다.
② 넓은 압력 범위에서도 양호한 배기성능이 발휘된다.
③ 고압으로 갈수록 모터 용량의 상승폭이 크지 않아 고압에서의 작동에 유리하다.
④ 실린더 안에 오일을 사용하지 않음으로 소요 동력이 적다.

66.
루츠형 진공 펌프는 넓은 압력 범위에서도 양호한 배기성능이 발휘하나 배기부가 대기압인 경우 배기능력을 상실한다.

정답 64 ④ 65 ① 66 ③

67 수차의 수격현상에 대한 설명으로 옳지 않은 것은?
① 기동이나 정지 또는 부하가 갑자기 변화할 경우 유입수량이 급변함에 따라 수격현상이 발생하게 된다.
② 수격현상은 진동의 원인이 되고 경우에 따라서는 수관을 파괴시키기도 한다.
③ 수차 케이싱에 압력조절기를 설치하여 부하가 급변할 경우 방출유량을 조절하여 수격현상을 방지한다.
④ 수차에 서지탱크를 설치하여 관내 압력변화를 크게 하여 수격현상을 방지할 수 있다.

67.
서지탱크는 관내 압력변화를 작게 하여 수격현상을 방지하는 탱크이다.

68 물이 수차의 회전차를 흐르는 사이에 물의 압력에너지와 속도에너지는 감소되고 그 반동으로 회전차를 구동하는 수차는?
① 중력 수차
② 펠턴 수차
③ 충격 수차
④ 프란시스 수차

69 다음 중 벌류트 펌프(volute pump)의 구성 요소가 아닌 것은?
① 임펠러
② 안내깃
③ 와류실
④ 와실

70 다음 중 원심 펌프에서 축추력의 평형을 이루는 방법으로 거리가 먼 것은?
① 스러스트 베어링의 사용
② 그랜드 패킹 사용
③ 회전차 후면에 이면깃 사용
④ 밸런스 디스크 사용

70.
그랜드 패킹은 축둘레 틈에 패킹 끼우는 밀폐 방법이다.

정답 67 ④ 68 ④ 69 ② 70 ②

71 부하가 급격히 변화하였을 때 그 자중이나 관성력 때문에 소정의 제어를 못하게 된 경우 배압을 걸어주어 자유낙하를 방지하는 역할을 하는 유압제어 밸브로 체크밸브가 내장된 것은?

① 카운터밸런스 밸브
② 릴리프 밸브
③ 스로틀 밸브
④ 감압 밸브

72 다음 중 유압장치의 운동부분에 사용되는 실(seal)의 일반적인 명칭은?

① 심레스(seamless)
② 개스킷(gasket)
③ 패킹(packing)
④ 필터(filter)

73 미터-아웃(meter-out) 유량 제어 시스템에 대한 설명으로 옳은 것은?

① 실린더로 유입하는 유량을 제어한다.
② 실린더의 출구 관로에 위치하여 실린더로부터 유출되는 유량을 제어한다.
③ 부하가 급격히 감소되더라도 피스톤이 급진되지 않도록 제어한다.
④ 순간적으로 고압을 필요로 할 때 사용한다.

71.
② 릴리프 밸브 : 안전밸브로서 최고압력 이하로 유지 시키는 압력제어 밸브
③ 스로틀 밸브: 교축밸브
④ 감압 밸브: 압력을 낮추는 기능의 압력제어 밸브

72.
개스킷(gasket) 유압장치의 고정부분에 사용되는 실(seal)의 일반적인 명칭

73.
미터아웃 회로 (Meter-out Circuit) 유량제어 밸브를 유압유의 귀환 측인, 유압실린더와 유압탱크 사이에 설치하여 실린더로부터 유출되어 귀환하는 유량을 제어하는 회로로서 실린더는 항상 배압을 받게 된다. 항상 실린더에 배압이 작용하고 있으므로 유압실린더 내의 피스톤이 역부하를 받는 회로에서 사용하여 갑작스런 후진을 막는 역할을 한다 (예, 드릴링 머신, 프레스).

정답 71 ① 72 ③ 73 ②

74 다음 기호에 대한 명칭은?

① 비례전자식 릴리프 밸브
② 릴리프 붙이 시퀀스 밸브
③ 파일럿 작동형 감압 밸브
④ 파일럿 작동형 릴리프 밸브

75 다음 중 어큐뮬레이터 용도에 대한 설명으로 틀린 것은?
① 에너지 축적용
② 펌프 맥동 흡수용
③ 충격압력의 완충용
④ 유압유 냉각 및 가열용

75.
축압기(accumulator)의 목적
㉠ 유압 에너지의 축적
㉡ 2차 회로의 보상
㉢ 압력 보상(카운터 밸런스)
㉣ 맥동 제어(노이즈 댐퍼)
㉤ 충격 완충(oil hammer)
㉥ 액체 수송(트랜스퍼베리어)
㉦ 고장, 정전 등의 긴급 유압원

76 온도 상승에 의하여 윤활유의 점도가 낮아질 때 나타나는 현상이 아닌 것은?
① 누설이 잘된다.
② 기포의 제거가 어렵다.
③ 마찰 부분의 마모가 증대된다.
④ 펌프의 용적 효율이 저하된다.

76.
• 점도가 너무 낮은 경우 나타나는 현상
㉠ 유압유의 누설이 증가한다.
㉡ 윤활성능의 저하에 따라 마찰부분의 마모가 심해진다.
㉢ 유압펌프의 용적효율이 저하한다.
㉣ 필요한 압력의 발생이 곤란하므로 정확한 작동과 정밀한 제어가 어려워진다.

정답 74 ③ 75 ④ 76 ②

77 그림과 같은 유압회로의 명칭으로 옳은 것은?

① 브레이크 회로
② 압력 설정 회로
③ 최대압력 제한 회로
④ 임의 위치 로크 회로

78 크래킹 압력(cracking pressure)에 관한 설명으로 가장 적합한 것은?

① 파일런 관로에 작용시키는 압력
② 압력 제어 밸브 등에서 조절되는 압력
③ 체크 밸브, 릴리프 밸브 등에서 압력이 상승하고 밸브가 열리기 시작하여 어느 일정한 흐름의 양이 인정되는 압력
④ 체크 밸브, 릴리프 밸브 등의 입구 쪽 압력이 강하하고, 밸브가 닫히기 시작하여 밸브의 누설량이 어느 규정의 양까지 감소했을 때의 압력

79 다음 중 기어 모터의 특성에 관한 설명으로 가장 거리가 먼 것은?

① 정회전, 역회전이 가능하다.
② 일반적으로 평기어를 사용한다.
③ 비교적 소형이며 구조가 간단하기 때문에 값이 싸다.
④ 누설량이 적고 토크 변동이 작아서 건설기계에 많이 이용된다.

79.
기어모터의 특성

㉠ 장점 : 구조가 간단하고 운전보수가 용이하며 가격이 저렴하다.

㉡ 단점 : 정토출량이며 저압·소토출량이며 누설량이 많다.

정답 77 ④ 78 ③ 79 ④

80 펌프의 압력이 50Pa 토출유량은 40m³/min인 레이디얼 피스톤 펌프의 축동력은 약 몇 W 인가?
(단, 펌프의 전효율은 0.85이다.)

① 3921
② 39.1
③ 2352
④ 23.52

80.
$$W = \frac{PQ}{\eta}$$
$$= \frac{50 \times 40}{0.85 \times 60} = 39.26\,W$$

5과목: 건설기계일반 및 플랜트 배관

81 다음 중 도로포장을 위한 다짐작업에 주로 쓰이는 건설기계는?

① 롤러
② 로더
③ 지게차
④ 덤프 트럭

81.
로더, 지게차, 덤프 트럭: 적재기계(싣기기계)

82 자주식 로드 롤러(road roller)를 축의 배열과 바퀴의 배열로 구분할 때 머캐덤(Macadam)롤러에 해당되는 것은?

① 1축 1륜
② 2축 2륜
③ 2축 3륜
④ 3축 3륜

82.
머캐덤 로울러는 2축 3륜 로울러로서 자갈, 잘게 부순돌의 포장기층, 가열 아스팔트 포장, 얇게 펴깔기 한 흙쌓기 등의 다짐 즉 초벌다짐에 주로 사용.
탠덤 로울러는 2축 2륜 탠덤과 3축 3륜 탠덤이 있으며 바퀴 직경은 1m 정도이며 주로 아스팔트 포장면의 전압 끝 손질(마무리 작업)에 사용.

83 탄소강과 철강의 5대 원소가 아닌 것은?

① C
② Si
③ Mn
④ Mg

83.
탄소강의 5대 원소는 C, Si, Mn, P, S이다.

정답 80 ② 81 ① 82 ③ 83 ④

84 불도저의 시간당 작업량 계산에 필요한 사이클 타임 Cm(min)은 다음 중 어느 것인가?
(단, ℓ =운반거리(m), v_1 =전진속도(m/min), v_2 =후진속도(m/min), t=기어변속시간(min)이다.)

① $C_m = \dfrac{v_1}{\ell} + \dfrac{v_2}{\ell} - t$

② $C_m = \dfrac{\ell}{v_1} + \dfrac{\ell}{v_2} - t$

③ $C_m = \dfrac{\ell}{v_1} + \dfrac{\ell}{v_2} + t$

④ $C_m = \dfrac{\ell}{v_1} - \dfrac{\ell}{v_2} - t$

85 다음 중 전압식 롤러에 해당하지 않는 것은?
① 머캐덤 롤러(Macadam Roller)
② 타이어 롤러(Tire Roller)
③ 탬핑 롤러(Tamping Roller)
④ 탬퍼(Tamper)

85.
래머 및 탬퍼는 충격식 다짐기계이다.

86 난방과 온수공급에 쓰이는 대규모 보일러설비의 주요 부분 중 포화증기를 과열증기로 가열시키는 장치의 이름은 무엇인가?
① 과열기   ② 절탄기
③ 통풍장치   ④ 공기예열기

정답   84 ③   85 ④   86 ①

87 일반적으로 지게차 조향장치는 어떠한 방식을 사용하는가?
① 전륜 조향식에 유압식으로 제어
② 후륜 조향식에 유압식으로 제어
③ 전륜 조향식에 공압식으로 제어
④ 후륜 조향식에 공압식으로 제어

88 굴삭기의 시간당 작업량[Q, m³/h]을 산정하는 식으로 옳은 것은? (단, q는 버킷 용량[m³], f는 체적환산계수, E는 작업효율, k는 버킷 계수, cm은 1회 사이클 시간[초] 이다.

① $Q = \dfrac{3600 \cdot q \cdot k \cdot f}{E \cdot cm}$

② $Q = \dfrac{3600 \cdot q \cdot f \cdot E}{cm}$

③ $Q = \dfrac{3600 \cdot E \cdot k \cdot f}{cm \cdot q}$

④ $Q = \dfrac{E \cdot k \cdot f \cdot q}{3600 \cdot cm}$

89 모터그레이더의 동력전달 순서로 옳은 것은?
① 클러치 – 탠덤드라이브 – 피니언베벨기어 – 감속기어 – 변속기 – 휠
② 기관 – 클러치 – 감속기어 – 변속기 – 탠덤드라이브 – 피니언베벨기어 – 휠
③ 기관 – 클러치 – 변속기 – 감속기어 – 피니언베벨기어 – 탠덤드라이브 – 휠
④ 감속기어 – 클러치 탠덤드라이브 – 피니언베벨기어 – 변속기 휠

정답 87 ② 88 ② 89 ③

90 유압식 크로울러 드릴 작업 시 주의사항으로 옳지 않은 것은?

① 천공 방법을 확인한다.
② 천공작업장의 수평상태를 확인한다.
③ 천공작업 중 암석가루가 밖으로 잘 나오는지 확인한다.
④ 천공작업 시 다른 크로울러 드릴 장비가 이미 천공한 구멍을 다시 천공해도 된다.

90.
천공작업 시 다른 크로울러 드릴 장비가 이미 천공한 구멍은 토질이 균열이 발생할 염려로 다시 천공하지않는다.

91 다음 배관 이름에 관한 설명으로 틀린 것은?

① 유니언은 기계적 강도가 크다.
② 부싱은 이경 소켓에 비해 강도가 약하다.
③ 부싱은 한쪽은 암나사, 다른 쪽은 수나사로 되어 있다.
④ 유니언은 소구경관에 사용하고, 플랜지는 대구경관에 사용한다.

92 증기온도 102℃, 실내온도 21℃로 증기난방을 하고자 할 때 방열면적 1m² 당 표준방열량은 몇 kcal/h인가?

① 450
② 550
③ 650
④ 750

92.
EDR : 상당 방열 면적
(온수 : 450kcal/m²·h)
(증기 : 650kcal/m²·h)

정답 90 ④ 91 ① 92 ③

93 배관용 탄소강관 또는 아크용접 탄소강관에 콜타르에나멜이나 폴리에틸렌 등으로 피복한 관으로 수도, 하수도 등의 매설 배관에 주로 사용되는 강관은?
① 배관용 합금강 관
② 수도용 아연도금 강관
③ 압력 배관용 탄소강관
④ 상수도용 도복장 강관

94 다음 중 배관의 끝을 막을 때 사용하는 부속은?
① 플러그   ② 유니언
③ 부싱   ④ 소켓

94.
플러그는 배관의 끝부분을 막는 캡의 일종이다.

95 동력 나사절삭기의 종류가 아닌 것은?
① 호브식   ② 로터리식
③ 오스터식   ④ 다이헤드식

95.
관의절단, 나사절삭, 거스러미 제거 등의 작업을 연속적으로 할 수 있는 것은 다이헤드형이며 리드형은 관의 나사를 깎는 수동식 공구이며 호브형은 숫돌차 및 가공기어에 주어 연삭하는 것으로, 정밀기어 대량생산에 적합하다. 오스터는 파이프에 나사를 절삭하는 공구이다.

96 다음중 스트레이너를 방치했을 때 발생하는 현상 중 가장 큰 문제점은?
① 진동이나 발열
② 유체의 흐름장애
③ 불완전 연소나 폭발
④ 보일러부식 및 슬러지 생성

96.
스트레이너는 여과기이며 주로 Y형 여과기를 사용하며 방치했을 때 유체의 흐름장애가 발생한다.

97 방열기의환수구나 종기배관의 말단에 설치하고 응축수와 증기를 분리하여 자동으로 환수관에 배출시키고, 증기를 통과하지 않게 하는 장치는?
① 신축이음   ② 증기트랩
③ 감압밸브   ④ 스트레이너

정답 93 ④ 94 ① 95 ② 96 ② 97 ②

98 일반 배관용 스테인리스강관의 종류로 옳은 것은?
① STS 304 TPD, STS 316 TPD
② STS 304 TPD, STS 415 TPD
③ STS 316 TPD, STS 404 TPD
④ STS 404 TPD, STS 415 TPD

99 배수 직수관, 배수 횡주관 및 기구 배수관의 완료 지점에서 각 층마다 분류하여 배관의 최상부로 물을 넣어 이상여부를 확인하는 시험은?
① 수압시험
② 통수시험
③ 만수시험
④ 기압시험

100 관 접합부의 이음쇠 및 부속류 분해 또는 이음 시 사용되는 공구는?
① 파이프 커터
② 파이프 리머
③ 파이프 바이스
④ 파이프 렌치

정답 98 ① 99 ③ 100 ④

건설기계설비기사

1과목: 재료역학

01 원형 단면축이 비틀림을 받을 때, 그 속에 저장되는 탄성변형에너지 U는 얼마인가?
(단, T : 토크, L : 길이, G : 가로탄성계수, I_P : 극관성모멘트, I : 관성모멘트, E : 세로탄성계수이다.)

① $U = \dfrac{T^2 L}{2GI}$ ② $U = \dfrac{T^2 L}{2EI}$

③ $U = \dfrac{T^2 L}{2EI_P}$ ④ $U = \dfrac{T^2 L}{2GI_P}$

1. $U = \dfrac{T\theta}{2} = \dfrac{T^2 l}{2GI_p}$

02 그림과 같은 전길이에 걸쳐 균일 분포하중 w를 받는 보에서 최대처짐 δ_{max}를 나타내는 식은?
(단, 보의 굽힘 강성계수는 EI 이다.)

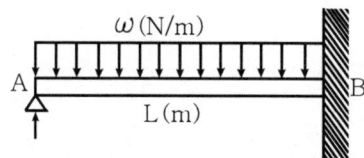

① $\dfrac{wL^4}{64EI}$ ② $\dfrac{wL^4}{128.5EI}$

③ $\dfrac{wL^4}{186.4EI}$ ④ $\dfrac{wL^4}{192EI}$

정답 01 ④ 02 ③

03 그림과 같은 보에서 발생하는 최대굽힘 모멘트는 몇 kN·m 인가?

① 2   ② 5
③ 7   ④ 10

3.
$R_A = 5 + 2 \times 1 = 7kN$
중앙점
$M = 5 \times 2 - 7 \times 1 + 2 \times 0.5 = 4kNm$

A 점 $M = 5 \times 1 = 5\,kNm$

04 그림의 H형 단면의 도심축인 Z축에 관한 회전반경(radius of gyration)은 얼마인가?

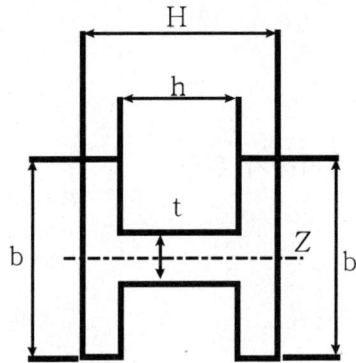

① $K_z = \sqrt{\dfrac{Hb^3 - (b-t)^3 b}{12(bH - bh + th)}}$

② $K_z = \sqrt{\dfrac{12Hb^3 + (b-t)^3 b}{(bH + bh + th)}}$

③ $K_z = \sqrt{\dfrac{ht^3 + Hb^3 - hb^3}{12(bH - bh + th)}}$

④ $K_z = \sqrt{\dfrac{12Hb^3 + (b+t)^3 b}{(bH + bh - th)}}$

4.
$A = bH - bh + th$
$I = \dfrac{ht^3}{12} + \dfrac{(H-h)b^3}{12}$
$ = \dfrac{ht^3}{12} + \dfrac{Hb^3}{12} - \dfrac{hb^3}{12}$
$K_z = \sqrt{\dfrac{I}{A}}$
$ = \sqrt{\dfrac{ht^3 + Hb^3 - hb^3}{12(bH - bh + th)}}$

정답   03 ②   04 ③

05 그림에 표시한 단순 지지보에서의 최대 처짐량은?
(단, 보의 굽힘 강성은 EI 이고, 자중은 무시한다.)

① $\dfrac{wl^3}{48EI}$

② $\dfrac{wl^4}{24EI}$

③ $\dfrac{5wl^3}{253EI}$

④ $\dfrac{5wl^4}{384EI}$

06 그림에서 y축 힘이 1240N이면 평형을 유지하기 위한 힘 F_1과 F_2는 어느것인가?

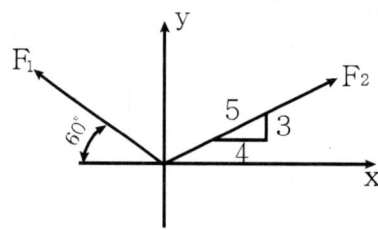

① F_1 = 392.5 N, F_2 = 632 N
② F_1 = 790.4 N, F_2 = 632 N
③ F_1 = 800 N, F_2 = 390 N
④ F_1 = 1000 N, F_2 = 625 N

6.
$F_1 \cos 60 = F_2 \times \dfrac{4}{5}$

$F_1 \sin 60 + F_2 \times \dfrac{3}{5} = 1240 N$

$F_1 \cos 60 + F_1 \cos 60 \times \dfrac{5}{4} \times \dfrac{3}{5}$

$= 1240 N$

$F_1 = \dfrac{1240}{\sin 60 + \cos 60 \times \dfrac{5}{4} \times \dfrac{3}{5}}$

$= 1000 N$

$F_2 = F_1 \cos 60 \times \dfrac{5}{4}$

$= 1000 \times \cos 60 \times \dfrac{5}{4} = 625 N$

정답 05 ④ 06 ④

07 지름이 60mm인 연강축이 있다. 이 축의 허용전단응력은 40MPa이며 단위길이 1m당 허용 회전각도는 1.5°이다. 연강의 전단 탄성계수를 80GPa이라 할 때 이 축의 최대 허용 토크는 약 몇 N·m 인가?

① 696
② 1696
③ 2664
④ 3664

7.
$\theta = \dfrac{32\,Tl\,180}{G\pi d^4\,\pi}$ 에서

$T = \dfrac{\theta\,G\pi d^4\,\pi}{32\,l\,180}$

$= \dfrac{1.5 \times 80 \times 10^9 \times \pi \times 0.06 \times \pi}{32 \times 1 \times 180}$

$= 2664.79\,N$

08 지름 3cm인 강축이 26.5 rev/s의 각속도로 26.5kW의 동력을 전달하고 있다. 이 축에 발생하는 최대 전단응력은 약 몇 MPa 인가?

① 30
② 40
③ 50
④ 60

8.
$T = \dfrac{60 \times 1000\,kW}{2\pi\,N}$

$= \dfrac{60 \times 1000 \times 26.5}{2\pi \times 26.5 \times 60} = 159.155\,Nm$

$= 159155\,Nmm$

$\tau = \dfrac{16\,T}{\pi d^3} = \dfrac{16 \times 159155}{\pi \times 30^3}$

$= 30.02\,MPa$

09 폭 3cm, 높이 4cm의 직사각형 단면을 갖는 외팔보가 자유단에 그림에서와 같이 집중하중을 받을 때 보 속에 발생하는 최대전단응력은 몇 N/cm² 인가?

① 12.5
② 13.5
③ 14.5
④ 15.5

9.
$\tau = \dfrac{3}{2}\dfrac{V}{A}$

$= \dfrac{3 \times 100}{2 \times 3 \times 4} = 12.5\,N/cm^2$

정답   07 ③   08 ①   09 ①

10 평면 응력 상태에서 $\varepsilon_x = -150 \times 10^{-6}$, $\varepsilon_y = -280 \times 10^{-6}$, $\gamma_{xy} = 850 \times 10^{-6}$일 때, 최대주변형률($\varepsilon_1$)과 최소주변형률($\varepsilon_2$)은 각각 약 얼마인가?

① $\varepsilon_1 = 215 \times 10^{-6}$, $\varepsilon_2 = -645 \times 10^{-6}$
② $\varepsilon_1 = 215 \times 10^{-6}$, $\varepsilon_2 = 645 \times 10^{-6}$
③ $\varepsilon_1 = -215 \times 10^{-6}$, $\varepsilon_2 = 645 \times 10^{-6}$
④ $\varepsilon_1 = 215 \times 10^{-6}$, $\varepsilon_2 = 645 \times 10^{-6}$

10.
$$\varepsilon_{1,2} = \frac{\varepsilon_x + \varepsilon_y}{2} \pm \sqrt{\left(\frac{\varepsilon_x - \varepsilon_y}{2}\right)^2 + \left(\frac{\gamma_{xy}}{2}\right)^2}$$

$$= \frac{-150 - 280}{2} \pm \sqrt{\left(\frac{-150 + 280}{2}\right)^2 + \left(\frac{850}{2}\right)^2}$$

$-215 \pm 429.94 = 214.94, -644.94$

11 길이 6m 인 단순 지지보에 등분포하중 q가 작용할 때 단면에 발생하는 최대 굽힘응력이 337.5MPa이라면 등분포하중 q는 약 몇 kN/m인가?
(단, 보의 단면은 폭 x 높이 = 40 mm x 100 mm 이다.)

① 4
② 5
③ 6
④ 7

11.
$\sigma = \dfrac{M}{Z} = \dfrac{6\omega l^2}{bh^2 8}$ 에서

$\omega = \dfrac{\sigma bh^2 8}{6 l^2}$

$= \dfrac{337.5 \times 10^3 \times 0.04 \times 0.1^2 \times 8}{6 \times 6^2}$

$= 5 \, kN/m$

정답 10 ① 11 ②

12 보의 자중을 무시할 때 그림과 같이 자유단 C에 집중하중 2P가 작용할 때 B점에서 처짐의 기울기각은 몇 rad 인가?

① $\dfrac{5Pl^2}{9EI}$ ② $\dfrac{5Pl^2}{18EI}$

③ $\dfrac{5Pl^2}{27EI}$ ④ $\dfrac{5Pl^2}{36EI}$

13 그림과 같은 외팔보에 대한 전단력 선도로 옳은 것은? (단, 아랫방향을 양(+)으로 본다.)

①
②
③
④

12.
$EIy'' = -M = -2Px$
$EIy' = -2P\dfrac{x^2}{2} + C_1$
$EIy = -P\dfrac{x^3}{3} + C_1 x + C_2$

at $x=0$, $y'=0$ $y''=0$ 이므로
$0 = -2P\dfrac{l^2}{2} + C_1$ 에서
$C_1 = Pl^2$
$0 = -P\dfrac{l^3}{3} + Pl^3 + C_2$ 에서
$C_2 = -\dfrac{2Pl^3}{3}$

그러므로
$EI\theta = -Px^2 + Pl^2$ 이며
at $x = \dfrac{2l}{3}$,
$\theta = \dfrac{1}{EI}\left(-P\dfrac{4l^2}{9} - Pl^2\right)$
$= \dfrac{5Pl^2}{9EI}$

정답 12 ① 13 ④

14 그림과 같이 길이가 동일한 2개의 기둥 상단에 중심 압축 하중 2500N이 작용할 경우 전체 수축량은 약 몇 mm인가? (단, 단면적 A_1= 1000mm², A_2= 2000mm², 길이 L= 300mm, 재료의 탄성계수 E= 90GPa 이다.)

① 0.625
② 0.0625
③ 0.00625
④ 0.000625

14.
$$\delta = \frac{Pl_1}{A_1 E_1} + \frac{Pl_2}{A_2 E_2}$$
$$= \frac{2500 \times 150}{1000 \times 90 \times 10^3} + \frac{2500 \times 150}{2000 \times 90 \times 10^3}$$
$$= 0.00625 mm$$

15 최대 사용강도 400MPa의 연강봉에 30kN의 축방향의 인장 하중이 가해질 경우 강봉의 최소지름은 몇 cm까지 가능한가? (단, 안전율은 5이다.)
① 2.69
② 2.99
③ 2.19
④ 3.02

15.
$$d = \sqrt{\frac{4PS}{\pi \sigma}}$$
$$= \sqrt{\frac{4 \times 30 \times 10^3 \times 5}{\pi \times 400}}$$
$$= 21.85mm = 2.185cm$$

정답 14 ③ 15 ③

16 그림과 같이 A, B의 원형 단면봉은 길이가 같고, 지름이 다르며, 양단에서 같은 압축하중 P를 받고 있다.
응력은 각 단면에서 균일하게 분포된다고 할 때 저장되는 탄성 변형 에너지의 $\dfrac{U_B}{U_A}$는 얼마가 되겠는가?

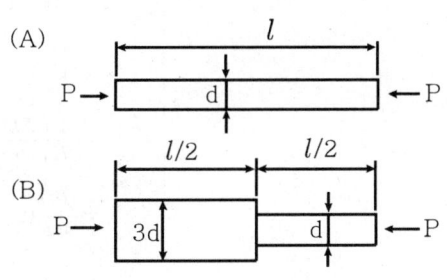

① $\dfrac{1}{3}$ ② $\dfrac{5}{9}$

③ 2   ④ $\dfrac{9}{5}$

16.
$$U_A = \dfrac{P^2 l}{2AE} = \dfrac{4P^2 l}{2\pi d^2 E}$$
$$U_B = \dfrac{4P^2 \dfrac{l}{2}}{2\pi(3d)^2 E} + \dfrac{4P^2 \dfrac{l}{2}}{2\pi d^2 E}$$
$$= \dfrac{4P^2 l}{2\pi d^2 E}\left(\dfrac{1}{18} + \dfrac{1}{2}\right)$$
$$= \dfrac{4P^2 l}{2\pi d^2 E}\left(\dfrac{5}{9}\right)$$
$$\dfrac{U_B}{U_A} = \dfrac{5}{9}$$

17 다음과 같이 3개의 링크를 핀을 이용하여 연결하였다. 2000N의 하중 P가 작용할 경우 핀에 작용되는 전단응력은 약 몇 MPa인가? (단, 핀의 직경은 1cm이다.)

① 12.73   ② 13.24
③ 15.63   ④ 16.56

17.
$$\tau = \dfrac{4P}{\pi d^2 \times 2} = \dfrac{4 \times 2000}{\pi \times 10^2 \times 2}$$
$$= 12.73\,N/mm^2 = 12.73\,MPa$$

정답 16 ② 17 ①

18 원통형 압력용기에 내압 P가 작용할 때, 원통부에 발생하는 축 방향의 변형률 ε_x 및 원주 방향 변형률 ε_y는?
(단, 강판의 두께 t는 원통의 지름 D에 비하여 충분히 작고, 강판 재료의 탄성계수 및 포아송 비는 각 E, ν 이다.)

① $\varepsilon_x = \dfrac{PD}{4tE}(1-2\nu), \varepsilon_y = \dfrac{PD}{4tE}(1-\nu)$

② $\varepsilon_x = \dfrac{PD}{4tE}(1-2\nu), \varepsilon_y = \dfrac{PD}{4tE}(2-\nu)$

③ $\varepsilon_x = \dfrac{PD}{4tE}(2-\nu), \varepsilon_y = \dfrac{PD}{4tE}(1-\nu)$

④ $\varepsilon_x = \dfrac{PD}{4tE}(1-\nu), \varepsilon_y = \dfrac{PD}{4tE}(2-\nu)$

18.
$\varepsilon_x = \dfrac{1}{E}(\sigma_y - \nu\sigma_x)$
$= \dfrac{1}{E}\left(\dfrac{PD}{4t} - \nu\dfrac{PD}{2t}\right)$
$= \dfrac{PD}{4tE}(1-2\nu)$

$\varepsilon_y = \dfrac{1}{E}(\sigma_x - \nu\sigma_y)$
$= \dfrac{1}{E}\left(\dfrac{PD}{2t} - \nu\dfrac{PD}{4t}\right)$
$= \dfrac{PD}{4tE}(2-\nu)$

19 지름 20 mm, 길이 1000 mm의 연강봉이 50kN의 인장하중을 받을 때 발생하는 신장량은 약 몇 mm인가?
(단, 탄성계수 E = 210GPa이다.)

① 7.58
② 0.758
③ 0.0758
④ 0.00758

19.
$\delta = \dfrac{4Pl}{\pi d^2 E}$
$= \dfrac{4 \times 50 \times 10^3 \times 1000}{\pi \times 20^2 \times 210 \times 10^3}$
$= 0.758\,mm$

20 지름이 0.1m이고 길이가 15m인 양단힌지인 원형강 장주의 좌굴임계하중은 약 몇 kN인가?
(단, 장주의 탄성계수는 200GPa이다.)

① 43
② 55
③ 67
④ 79

20.
$P_{cr} = \dfrac{n\pi^2 EI}{l^2}$
$= \dfrac{1 \times \pi^2 \times 200 \times 10^9 \times \pi \times 0.1^4}{15^2 \times 64}$
$= 43064\,N = 43.064\,kN$

정답 18 ② 19 ② 20 ①

2과목: 기계열역학

21 온도 150°C, 압력 0.5MPa의 공기 0.2kg이 압력이 일정한 과정에서 원래 체적의 2배로 늘어난다. 이 과정에서의 일은 약 몇 kJ인가?
(단, 공기는 기체상수가 0.287kJ/(kg·K)인 이상기체로 가정한다.)

① 12.3 kJ
② 16.5 kJ
③ 20.5 kJ
④ 24.3 kJ

22 이상기체 2kg이 마찰이 없는 실린더 내에 온도 500K, 비엔트로피 3kJ/(kg·K)에서 10kJ/(kg k)이 될 때까지 등온과정으로 가열한다면 가열량은 약 몇 kJ인가?

① 1400 kJ
② 2000 kJ
③ 3500 kJ
④ 7000 kJ

22.
$\triangle S = \dfrac{Q}{T}$

$Q = T \triangle S$
$= 500(10-3) \times 2$
$= 7000 kJ$

23 랭킨 사이클의 열효율을 높이는 방법으로 틀린 것은?

① 복수기의 압력을 저하시킨다.
② 보일러 압력을 상승시킨다.
③ 재열(reheat) 장치를 사용한다.
④ 터빈 출구 온도를 높인다.

23.
터빈 출구 온도를 높이면 터빈 일이 감소되어 효율이 감소한다.

정답 21 ④ 22 ④ 23 ④

24 유체의 교축과정에서 Joule-Thomson 계수 (μ_J)가 중요하게 고려되는데 이에 대한 설명으로 옳은 것은?

① 등엔탈피 과정에 대한 온도변화와 압력변화와 비를 나타내며 μ_J <0인 경우 온도상승을 의미한다.
② 등엔탈피 과정에 대한 온도변화와 압력변화의 비를 나타내며 μ_J <0인 경우 온도 강하를 의미한다.
③ 정적 과정에 대한 온도변화와 압력변화의 비를 나타내며 μ_J <0인 경우 온도 상승을 의미한다.
④ 정적 과정에 대한 온도변화와 압력변화의 비를 나타내며 μ_J <0인 경우 온도 강하를 의미한다.

25 이상적인 카르노 사이클의 열기관이 252°C인 열원으로부터 500 kJ을 받고, 27°C에 열을 방출한다. 이 사이클의 일(W)과 효율(n_{th})은 얼마인가?

① W = 214.5 kJ, n_{th} = 0.429
② W = 207.2 kJ, n_{th} = 0.5748
③ W = 250.3 kJ, n_{th} = 0.8316
④ W = 401.5 kJ, n_{th} = 0.6517

25.
$$\eta = 1 - \frac{27+273}{252+273} = 0.429$$
$$W = \eta \times Q_1$$
$$= 0.429 \times 500$$
$$= 214.5\, kJ$$

26 Brayton 사이클에서 압축기 소요일은 106 kJ/kg, 공급열은 600 kJ/kg, 터빈 발생일은 406 kJ/kg로 작동될 때 열효율은 약 얼마인가?

① 0.28
② 0.37
③ 0.42
④ 0.5

26.
$$\eta = \frac{406-106}{600} = 0.5$$

정답 24 ① 25 ① 26 ②

27 그림과 같이 다수의 추를 올려놓은 피스톤이 장착된 실린더가 있는데, 실린더 내의 압력은 300 kPa, 초기 체적은 0.05m³이다. 이 실린더에 열을 가하면서 적절히 추를 제거하여 폴리트로프 지수가 1.3인 폴리트로프 변화가 일어나도록 하여 최종적으로 실린더 내의 체적이 0.2m³이 되었다면 가스가 한 일은 약 몇 kJ인가?

① 17　　　　　　　　② 18
③ 19　　　　　　　　④ 20

27.
$P_2 = P_1 \left(\dfrac{V_1}{V_2}\right)^n$

$= 300 \times \left(\dfrac{0.05}{0.2}\right)^{1.3} = 49.48\,kPa$

$W = \dfrac{P_1 V_1 - P_2 V_2}{n-1}$

$= \dfrac{300 \times 0.05 - 49.48 \times 0.2}{1.3 - 1} = 17.01\,kJ$

28 다음의 열역학 상태량 중 종량적 상태량(extensive property)에 속하는 것은?

① 압력　　　　　　　② 체적
③ 온도　　　　　　　④ 밀도

29 피스톤-실린더 장치 내에 공기가 0.2 m³에서 0.1m³으로 압축되었다. 압축되는 동안 압력(P)과 체적(V) 사이에 p=aV⁻²의 관계가 성립하며, 계수 $a = 5\,kPa\,m^6$ 이다. 이 과정 동안 공기가 한 일은얼마인가?

① -53.3 kJ　　　　　② -1.1 kJ
③ 253 kJ　　　　　　④ -25 kJ

29.
$W = \displaystyle\int_{0.2}^{0.1} P\,dV$

$= \displaystyle\int_{0.2}^{0.1} a V^{-2}\,dV$

$= 5 \times \left[\dfrac{V^{-2+1}}{-2+1}\right]_{0.2}^{0.1}$

$= 5 \times \left(-\dfrac{1}{0.1} + \dfrac{1}{0.2}\right) = -25\,kJ$

정답　27 ①　28 ②　29 ④

30 매시간 20kg의 연료를 소비하여 60 kW의 동력을 생산하는 가솔린 기관의 열효율은 약 몇 %인가?
(단, 가솔린의 저위발열량은 36000 kJ/kg이다.)
① 18
② 22
③ 30
④ 43

30.
$\eta = \dfrac{60 \times 3600}{20 \times 36000} = 0.3$

31 다음 중 이상적인 증기 터빈의 사이클인 랭킨사이클을 옳게 나타낸 것은?
① 가역등온압축 → 정압가열 → 가역등온팽창 → 정압냉각
② 가역단열압축 → 정압가열 → 가역단열팽창 → 정압냉각
③ 가역등온압축 → 정적가열 → 가역등온팽창 → 정적냉각
④ 가역단열압축 → 정적가열 → 가역단열팽창 → 정적냉각

31.
가역단열압축 (펌프)
→ 정압가열 (보일러)
→ 가역단열팽창(터빈)
→ 정압냉각 (복수기)

32 내부 에너지가 30kJ인 물체에 열을 가하여 내부 에너지가 50kJ이 되는 동안에 외부에 대하여 10kJ의 일을 하였다. 이 물체에 가해진 열량은?
① 10kJ
② 20kJ
③ 30kJ
④ 60kJ

32.
$Q = (U_2 - U_1) + W$
$= (50 - 30) + 10 = 30 kJ$

33 폭포의 높이가 $40\,m$이고 폭포수가 낙하한 후 수면에 도달할 때까지 온도 상승은 약 몇 K인가?
(단, 주위와 열교환을 무시하고 폭포수의 비열은 $4kJ/kgK$, 중력가속도는 $10m/s^2$이다.)
① 0.87
② 0.31
③ 0.13
④ 0.68

33.
$mC\Delta T = mgh$ 에서

$\Delta T = \dfrac{gh}{C}$

$= \dfrac{10 \times 40}{4} = 100℃ = 100K$

정답 30 ③ 31 ② 32 ③ 33 ③

34 어떤 카르노 열기관이 227℃와 27℃ 사이에서 작동되며 100℃의 고온에서 100 kJ의 열을 받아 40kJ의 유용한 일을 한다면 이 열기관에 대하여 가장 옳게 설명한 것은?

① 열역학 제 1법칙에 위배된다.
② 열역학 제 2법칙에 위배된다.
③ 열역학 제1법칙과 제2법칙에 모두 위배되지 않는다.
④ 열역학 제1법칙과 제2법칙에 모두 위배된다.

34.
$$\eta = 1 - \frac{27+273}{227+273} = 0.4$$
$$\eta = \frac{50}{100} = 0.5$$
온도변화의 효율 보다 크면 열역학 제 2법칙에 위배되는 2종영구기관이다.

35 증기 압축 냉동 사이클로 운전하는 냉동기에서 압축기 입구, 응축기 입구, 증발기 입구의 엔탈피가 각각 387.2kJ/kg, 435.1kJ/kg, 241.8kJ/kg일 경우 성능계수는 약 얼마인가?

① 3.0   ② 4.0
③ 5.0   ④ 6.0

35.
$$\varepsilon_R = \frac{387.2 - 241.8}{435.1 - 387.2} = 3.03$$

36 온도 27℃에서 계기압력 $0.1 MPa$의 타이어가 고속주행으로 온도 127℃로 상승할 때 압력은 주행 전과 비교하여 약 몇 kPa 상승하는가?
(단, 타이어의 체적은 변하지 않고, 타이어 내의 공기는 이상기체로 가정한다. 그리고 대기압은 100 kPa이다.)

① 37 kPa   ② 67 kPa
③ 266 kPa   ④ 445 kPa

36.
$$P_2 = P_1 \times \left(\frac{T_2}{T_1}\right)$$
$$= (100+100) \times \left(\frac{127+273}{27+273}\right)$$
$$= 266.67 kPa$$
$$\Delta P = P_2 - P_1 = 266.67 - 200$$
$$= 66.67 kPa$$

정답   34 ②   35 ①   36 ②

37 온도가 T_1인 고열원으로부터 온도가 T_2인 저열원으로 열전도, 대류, 복사 등에 의해 Q만큼 열전달이 이루어졌을 때 전체 엔트로피 변화량을 나타내는 식은?

① $\dfrac{T_1 - T_2}{Q(T_1 \times T_2)}$

② $\dfrac{T_1 + T_2}{Q(T_1 \times T_2)}$

③ $\dfrac{Q(T_1 - T_2)}{T_1 \times T_2}$

④ $\dfrac{T_1 + T_2}{Q(T_1 \times T_2)}$

37.
$\Delta S = S_2 - S_1 = \dfrac{Q}{T_1} - \dfrac{Q}{T_2}$
$= \dfrac{Q(T_1 - T_2)}{T_1 \times T_2}$

38 1 kg의 공기가 27℃를 유지하면서 가역등온팽창하여 외부에 500kJ의 일을 하였다. 이 때 엔트로피의 변화량은 약 몇 kJ/K인가?

① 1.895 ② 1.667
③ 1.467 ④ 1.340

38.
$\Delta S = \dfrac{Q}{T} = \dfrac{500}{27+273} = 1.667$

39 습증기 상태에서 엔탈피 h를 구하는 식은?
(단, h_f는 포화액의 엔탈피, h_g는 포화증기의 엔탈피, x는 건도이다.)

① $h = h_f + (xh_g - h_f)$
② $h = h_f + x(h_g - h_f)$
③ $h = h_g + (xh_f - h_g)$
④ $h = h_g + x(h_g - h_f)$

정답 37 ③ 38 ② 39 ②

40 이상기체에 대한 관계식 중 옳은 것은?

(단, C_p, C_v는 저압 및 정적 비열, k는 비열비이고, R은 기체 상수이다.)

① $C_p = C_v - R$

② $C_p = \dfrac{k-1}{k} R$

③ $C_p = \dfrac{k}{k-1} R$

④ $R = \dfrac{C_p + C_v}{2}$

3과목: 기계유체역학

41 길이가 100m의 배가 10m/s의 속도로 항해하는 경우를 길이 4m의 모형 배로 실험하고자 할 때 모형 배의 속도는 약 몇 m/s로 해야 하는가?

① 0.1
② 0.5
③ 1.5
④ 2

41.
$Fr = \dfrac{V^2}{lg}$
$Fr = \dfrac{10^2}{100\,g} = \dfrac{V^2}{4\,g}$
$V = \sqrt{\dfrac{4 \times 10^2}{100}} = 2\,m/s$

정답 40 ③ 41 ④

42 그림과 같은 수문(폭×높이 = 3m × 2m)이 있을 경우 수문에 작용하는 힘의 작용점은 수면에서 몇 m 깊이에 있는가?

① 약 0.7m
② 약 1.1m
③ 약 1.3m
④ 약 1.5m

42.
$$h_p = h_c + \frac{I_G}{Ah_c}$$
$$= 1 + \frac{3 \times 2^3}{2 \times 3 \times 1 \times 12} = 1.33$$

43 흐르는 물의 속도가 4m/s일 때 속도 수두는 약 몇 m인가?

① 0.2
② 10
③ 0.1
④ 0.8

43.
$$H = \frac{V^2}{2g} = \frac{4^2}{2 \times 9.8} = 0.816\, m$$

44 다음의 무차원수 중 개수로와 같은 자유표면 유동과 가장 밀접한 관련이 있는 것은?

① Euler수   ② Froude수
③ Mach수   ④ Plantl수

정답   42 ③   43 ④   44 ②

45 x, y 평면의 2차원 비압축성 유동장에서 유동함수(stream function) ψ는 $\psi = 3xy$로 주어진다. 점 (6, 2)과 점 (4, 2) 사이를 흐르는 유량은?

① 6　　② 12
③ 16　　④ 24

45.
$\psi(6,2) - \psi(4,2) = (3 \times 6 \times 2)$
$- (3 \times 4 \times 2) = 12$

46 원통 속의 물이 중심축에 대하여 w의 각속도로 강체와 같이 등속회전하고 있을 때 가장 압력이 높은 지점은?

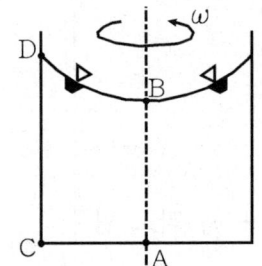

① 바닥면의 중심점 A
② 액체 표면의 중심점 B
③ 바닥면의 가장자리 C
④ 액체 표면의 가장자리 D

46.
강체와 같이 등속회전하고 있을 때는 유체 정역학적으로 해석하므로 수심이 가장 높은 바닥면의 가장자리 C의 압력이 가장높다.

47 개방된 탱크 내에 비중이 0.8인 오일이 가득차 있다. 대기압이 100 kPa라면, 오일탱크 수면으로부터 5m 깊이에서 절대압력은 약 몇 kPa인가?

① 25　　② 249
③ 12.5　　④ 139.2

47.
절대압력
=국지 대기압 + 계기압
$= 100 + 9.8\,S\,h$
$= 100 + 9.8 \times 0.8 \times 5$
$= 139.2\,kPa$

정답　45 ②　46 ③　47 ④

48 그림과 같이 물이 고여있는 큰 댐 아래에 터빈이 설치되어 있고, 터빈의 효율이 85%이다. 터빈 이외에서의 다른 모든 손실을 무시할 때 터빈의 출력은 약 몇 kW인가?
(단, 터빈 출구관의 지름은 0.8m, 출구속도 V는 10m/s이고 출구압력은 대기압이다.)

① 1043　　　　　　② 1256
③ 1470　　　　　　④ 1732

48.
$kW = \gamma Q H \eta$
$= 9.8 \times \dfrac{\pi D^2}{4} \times V \times (30 - \dfrac{V^2}{2g}) \times \eta$
$= 9.8 \times \dfrac{\pi 0.8^2}{4} \times 10$
$\times (30 - \dfrac{10^2}{2 \times 9.8}) \times 0.85$
$= 1042.5\ kW$

49 2차원 정상유동의 속도 방정식이 $V = 3(-xi + yj)$라고 할 때, 이 유동의 유선의 방정식은?
(단, C는 상수를 의미한다.)
① $xy = C$
② $y/x = C$
③ $x^2 y = C$
④ $x^3 y = C$

49.
$\dfrac{dx}{u} = \dfrac{dy}{v}$ 에서
$\dfrac{dx}{-3x} = \dfrac{dy}{3y}$

$3y\,dx + 3x\,dy = 0$ 에서

$3yx + 3xy = C$ 에서
$6xy = C$
$xy = \dfrac{C}{6} = C$

정답　48 ①　49 ①

50 지름 2cm의 노즐을 통하여 평균속도 0.32 m/s로 자동차의 연료 탱크에 비중 0.9인 휘발유 20kg 채우는데 걸리는 시간은 약 몇 s 인가?

① 66
② 78
③ 102
④ 111

50.
$\dot{G} = \gamma A V = 1000 \times 0.9 \times \frac{\pi d^2}{4} \times V$
$= 1000 \times 0.9 \times \frac{\pi 0.02^2}{4} \times 0.32$
$= 0.09 \, kg/s$
$\frac{20}{0.09} = 111$

51 체적탄성계수가 2 GPa인 기름의 체적을 1% 감소시키려면 가해야 할 압력은 몇 Pa인가?

① 2×10^7
② 2×10^4
③ 2×10^3
④ 2×10^2

51.
$\Delta P = K\varepsilon_v = 2 \times 10^9 \times 0.01$
$= 2 \times 10^7 \, Pa$

52 경계층의 박리(separation)현상이 일어나기 시작하는 위치는?

① 하류방향으로 유속이 증가할 때
② 하류방향으로 유속이 감소할 때
③ 경계층 두께가 0으로 감소될 때
④ 하류방향의 압력기울기가 역으로 될 때

52.
경계층 박리 (유동박리)는 유동장내에 놓여있는 물체의 뒷부분에서 경계층이 떨어져 나가는 현상으로 역압력구배가 필요조건이다.

53 원관 내에 완전발달 층류유동에서 유량에 대한 설명으로 옳은 것은?

① 관의 길이에 비례한다.
② 관 지름의 제곱에 반비례한다.
③ 압력강하에 반비례한다.
④ 점성계수에 반비례한다.

53.
$Q = \frac{\Delta P \pi d^4}{128 \mu l}$ 으로 점성계수에 반비례한다.

정답 50 ④ 51 ① 52 ④ 53 ④

54 표면장력의 차원으로 맞는 것은?
(단, M : 질량, L : 길이, T : 시간)

① MLT^{-2}
② ML^2T^{-1}
③ $ML^{-1}T^{-2}$
④ MT^{-2}

54.
표면장력
$$\sigma\,[N/m = \frac{kg_m}{s^2}\frac{m}{m} = \frac{kg_m}{s^2}]$$
$$= [MT^{-2}]$$

55 수평으로 놓인 안지름 5 cm인 곧은 원관속에서 점성계수 0.4Pa·s의 유체가 흐르고 있다. 관의 길이 1m당 압력강하가 8 kPa이고 흐름 상태가 층류일 때 관 중심부에서의 최대 유속(m/s)은?

① 3.125
② 5.217
③ 7.312
④ 9.714

55.
$$Q = \frac{\Delta P \pi d^4}{128\mu l} = \frac{\pi d^2}{4}V \text{ 에서}$$
$$V_{av} = \frac{\Delta P d^2}{32\mu l} = \frac{8\times 10^3 \times 0.05^2}{32\times 0.4}$$
$$= 1.56\,m/s$$
$$V_{max} = 2\times V_{av} = 2\times 1.56$$
$$= 3.12\,m/s$$

56 그림과 같이 비중 0.8인 기름이 흐르고 있는 개수로에 단순 피토관을 설치하였다. △h=40mm, h=30mm일 때 속도 V는 약 몇 m/s 인가?

① 0.56
② 0.63
③ 0.77
④ 0.89

56.
$$V = \sqrt{2g\Delta h} = \sqrt{2\times 9.8\times 0.04}$$
$$= 0.89\,m/s$$

정답 54 ④ 55 ① 56 ④

57 유체흐름에서 전단응력을 τ, 점성 계수를 μ, 벽면으로부터의 거리를 y로 표시하면 뉴턴의 점성법칙을 옳게 나타낸 식은?

① $\tau = \mu \dfrac{dy}{du}$ ② $\tau = \mu \dfrac{du}{dy}$

③ $\tau = \dfrac{1}{\mu} \dfrac{du}{dy}$ ④ $\tau = \mu \sqrt{\dfrac{du}{dy}}$

58 여객기가 720 km/h 로 비행하고 있다. 엔진의 노즐에서 연소가스를 500 m/s로 분출하고, 엔진의 흡기량과 배출되는 연소가스의 양은 같다고 가정하면 엔진의 추진력은 약 몇 N인가? (단, 엔진의 흡기량은 30kg/s이다.)

① 3850N ② 5325N
③ 9000N ④ 11250N

58.
$720\,km/h = 720 \times 10^3/3600$
$\qquad\qquad = 200\,m/s$
$F = \rho\,Q\,(V_2 - V_1)$
$\quad = 30 \times (500 - 200)$
$\quad = 9000\,N$

59 구형 물체 중위의 비압축성 점성 유체의 흐름에서 유속이 대단히 느릴 때(레이놀즈수가 1보다 작을 경우) 구형 물체에 작용하는 항력 D_r은?
(단, 구의 지름은 d, 유체의 점성계수를 μ, 유체의 평균속도를 V라 한다.)

① $D_r = 3\pi\mu dV$ ② $D_r = 6\pi\mu dV$

③ $D_r = \dfrac{3\pi\mu dV}{g}$ ④ $D_r = \dfrac{3\pi dV}{\mu g}$

정답 57 ② 58 ③ 59 ①

60 지름이 10mm의 매끄러운 관을 통해서 유량 0.02L/s의 물이 흐를 때 길이 10m에 대한 압력손실은 약 몇 Pa 인가?
① 1.140 Pa
② 1.819 Pa
③ 1140 Pa
④ 1819 Pa

4과목: 유체기계 및 유압기기

61 펌프의 운전 중 관로에 장치된 밸브를 급폐쇄시키면 관로 내 압력이 변화(상승, 하강반복)되면서 충격파가 발생하는 현상을 무엇이라고 하는가?
① 공동 현상
② 수격 작용
③ 서징 현상
④ 부식 작용

61.
수격작용이란 급수관내의 관로에 장치된 밸브를 급폐쇄시키면 소음, 진동을 유발시키는 현상으로 방지책으로 관경을 크게 하고 유속을 줄이며 공기실 또는 수격방지기를 설치한다.

62 다음 각 수차에 대한 설명 중 틀린 것은?
① 중력수차 : 물이 낙하할 때 중력에 의해 움직이게 되는 수차
② 충동수차 : 물이 갖는 속도 에너지에 의해 물이 충격으로 회전하는 수차
③ 반동수차 : 물이 갖는 압력과 속도에너지를 이용하여 회전하는 수차
④ 프로펠러수차 : 물이 낙하할 때 중력과 속도에너지에 의해 회전하는 수차

62.
물이 낙하할 때 중력과 속도에너지에 의해 회전하는 수차는 충격에너지 수차인 펠톤 수차이다.

정답 60 ③ 61 ② 62 ④

63 토마계수 σ를 사용하여 펌프의 캐비테이션이 발생하는 한계를 표시할 때, 캐비테이션이 발생하지 않는 영역을 바르게 표시한 것은? (단, H는 유효낙차, Ha는 대기압 수두, Hv는 포화증기압 수두, Hs는 흡출고를 나타낸다. 또한, 펌프가 흡출하는 수면은 펌프 아래에 있다.)

① Ha − Hv − Hs 〉 $\sigma \times$ H
② Ha + Hv − Hs 〉 $\sigma \times$ H
③ Ha − Hv − Hs 〈 $\sigma \times$ H
④ Ha + Hv − Hs 〈 $\sigma \times$ H

64 토크 컨버터에 대한 설명으로 틀린 것은?

① 유체 커플링과는 달리 입력축과 출력축의 토크 차를 발생하게 하는 장치이다.
② 토크 컨버터는 유체 커플링의 설계점 효율에 비하여 다소 낮은 편이다.
③ 러너의 출력축 토크는 회전차의 토크에 스테이터의 토크를 뺀 값으로 나타난다.
④ 토크 컨버터의 동력 손실은 열에너지로 전환되어 작동 유체의 온도 상승에 영향을 미친다.

64.
변속기 입력축이 받는 토크는 펌프를 회전시키는데 필요한 엔진의 토크와 스테이터가 오일로부터 받는 토크의 합이다.

65 터빈 펌프와 비교하여 벌류트 펌프가 일반적으로 가지는 특성에 대한 설명으로 옳지 않은 것은?

① 안내깃이 없다.
② 구조가 간단하고 소형이다.
③ 고양정에 적합하다.
④ 캐비테이션이 일어나기 쉽다.

65.
안내날개 유무에 따른 원심펌프의 분류

볼류트 펌프 :
안내날개 없음, 대유량

터빈 펌프 :
안내날개 있음, 고압력

정답 63 ① 64 ③ 65 ③

66 수차는 펌프와 마찬가지로 동일한 상사법칙이 성립하는데, 다음 중 유량(Q)과 관계된 상사법칙으로 옳은 것은?
(단, D는 수차의 크기를 의미하며, N은 회전수를 나타낸다.)

① $\dfrac{Q_1}{D_1^4 N_1^2} = \dfrac{Q_2}{D_2^4 N_2^2}$

② $\dfrac{Q_1}{D_1^4 N_1} = \dfrac{Q_2}{D_2^4 N_2}$

③ $\dfrac{Q_1}{D_1^3 N_1^2} = \dfrac{Q_2}{D_2^3 N_2^2}$

④ $\dfrac{Q_1}{D_1^3 N_1} = \dfrac{Q_2}{D_2^3 N_2}$

67 펌프는 크게 터보형과 용적형, 특수형으로 구분하는데, 다음 중 터보형 펌프에 속하지 않은 것은?

① 원심식 펌프 ② 사류식 펌프
③ 왕복식 펌프 ④ 축류식 펌프

67.
용적형펌프에는 왕복식 펌프와 회전식 펌프 가있다.

68 유회전 진공펌프(Oil-sealed rotary vacuum pump)의 종류가 아닌 것은?

① 너시(Nush)형 진공펌프
② 게데(Gaede)형 진공펌프
③ 키니(Kinney)형 진공펌프
④ 센코(Senko)형 진공펌프

정답 66 ④ 67 ③ 68 ①

69 송풍기에서 발생하는 공기가 전압 400mmAq, 풍량 30m³/min이고, 송풍기의 전압효율이 70%라면 이 송풍기의 축동력은 약 몇 kW인가?

① 1.7　　　　　　② 2.8
③ 17　　　　　　 ④ 28

69.
$$kW = \frac{PQ}{\eta}$$
$$= \frac{400 \times 101.3 \times 30}{10.3 \times 1000 \times 60 \times 0.7}$$
$$= 2.809$$

70 다음 중 캐비테이션 방지법에 대한 설명으로 틀린 것은?
① 펌프의 설치높이를 최대로 높게 설정하여 흡입양정을 길게 한다.
② 펌프의 회전수를 낮추어 흡입 비속도를 작게 한다.
③ 양흡입펌프를 사용한다.
④ 입축펌프를 사용하고, 회전차를 수중에 완전히 잠기게 한다.

70.
캐비테이션 방지법은 펌프의 설치높이를 최대로 낮게 설정하여 흡입양정을 짧게 한다.

71 체크밸브, 릴리프 밸브 등에서 압력이 상승하고 밸브가 열리기 시작하여 어느 일정한 흐름의 양이 인정되는 압력은?
① 토출 압력　　　　② 서지 압력
③ 크래킹 압력　　　④ 오버라이드 압력

72 그림은 KS 유압 도면기호에서 어떤 밸브를 나타낸 것인가?

① 릴리프 밸브
② 무부하 밸브
③ 시퀀스 밸브
④ 감압 밸브

정답　69 ②　70 ①　71 ③　72 ②

73 다음 유압회로는 어떤 회로에 속하는가?

① 로크 회로
② 무부하 회로
③ 블리드 오프 회로
④ 어큐뮬레이터 회로

74 유압모터의 종류가 아닌 것은?
① 회전피스톤 모터   ② 베인 모터
③ 기어 모터   ④ 나사 모터

74.
유압모터의 종류에 나사모터는 없으며 유압펌프에 나사펌프는 있다.

75 유압 기본회로 중 미터인 회로에 대한 설명으로 옳은 것은?
① 유량제어 밸브는 실린더에서 유압작동유의 출구 측에 설치한다.
② 유량제어 밸브를 탱크로 바이패스 되는 관로 쪽에 설치한다.
③ 유량제어 밸브는 실린더에서 유압작동유의 입구 측에 설치한다.
④ 압력설정 회로로 체크밸브에 의하여 양방향만의 속도가 제어된다.

75.
미터인 회로
(Meterin Circuit)
유량조정 밸브를 유압실린더와 방향제어밸브 사이에 설치하여 실린더 피스톤의 속도를 제어하는 회로로서 피스톤의 이동방향과 부하의 작용방향이 서로 반대되는 경우에 사용한다.

정답 73 ① 74 ④ 75 ③

76 그림과 같은 유압 잭에서 지름이 $D_2 = 2D_1$ 일 때 누르는 힘 F_1과 F_2의 관계를 나타낸 식으로 옳은 것은?

① $F_2 = F_1$
② $F_2 = 2F_1$
③ $F_2 = 4F_1$
④ $F_2 = 8F_1$

76.
$P = \dfrac{F_1}{A_1} = \dfrac{F_2}{A_2}$ 에서
$F_2 = \dfrac{F_1}{A_1} \times A_2$
$= \dfrac{4 \times F_1}{\pi \times D_1^2} \times \dfrac{\pi \times D_2^2}{4} = 4F_1$

77 다음 어큐뮬레이터의 종류 중 피스톤 형의 특징에 대한 설명으로 가장 적절하지 않는 것은?

① 대형도 제작이 용이하다.
② 축 유량을 크게 잡을 수 있다.
③ 형상이 간단하고 구성품이 적다.
④ 유실에 가스 침입의 염려가 없다.

78 주로 펌프의 흡입구에 설치되어 유압작동유의 이물질을 제거하는 용도로 사용하는 기기는?

① 드레인 플러그 ② 스트레이너
③ 블래더 ④ 배플

79 카운터 밸런스 밸브에 관한 설명으로 옳은 것은?

① 두 개 이상의 분기 회로를 가질 때 각 유압 실린더를 일정한 순서로 순차 작동시킨다.
② 부하의 낙하를 방지하기 위해서, 배압을 유지하는 압력제어 밸브이다.
③ 회로 내의 최고 압력을 설정해 준다.
④ 펌프를 무부하 운전시켜 동력을 절감시킨다.

정답 76 ③ 77 ④ 78 ② 79 ②

80 유압 베인 모터의 1회전 당 유량이 50cc일 때, 공급 압력을 900 N/cm², 유량을 40 L/min 으로 할 경우 베인 모터의 회전수는 약 몇 rpm인가? (단, 누설량은 무시한다.)
① 600 ② 800
③ 2666 ④ 5333

5과목: 건설기계일반 및 플랜트 배관

81 굴삭기 상부 프레임 지지 장치의 종류가 아닌 것은?
① 볼 베어링식 ② 포스트식
③ 롤러식 ④ 링크식

82 중량물을 달아 올려서, 운반하는 건설기계의 명칭은?
① 컨베이어 벨트 ② 풀 트레일러
③ 기중기 ④ 트랙터

83 아스팔트 피니셔에서 아스팔트 혼합재를 균일한 두께로 다듬질 하는 기구는?
① 스크리드 ② 드라이어
③ 호퍼 ④ 피더

84 로더에 대한 설명으로 옳지 않은 것은?
① 타이어식 로더는 이동성이 좋아 고속작업이 용이하다.
② 쿠션형 로더는 튜브리스 타이어 대신 강철제 트랙을 사용한다.
③ 무한궤도식 로더는 습지 작업이 용이하다.
④ 무한궤도식 로더는 기동성이 떨어진다.

84.
쿠션형 로더는 튜브리스 타이어를 사용한다.

정답 80 ① 81 ④ 82 ③ 83 ① 84 ②

85 다음 재료 중 일반 구조용 압연강재는?

① SM490A ② SM45C
③ SS400   ④ HT50

86 셔블계 굴삭기를 이용한 굴착작업에서 아래와 같을 때, 이 굴삭기의 예상작업량(Q)는 약 몇 m^3/hr 인가?
(단, 버킷용량(q)=1m^3, 1회 사이클시간(Cm)=20s, 버킷개수(K)=0.7, 토량환산계수(f)=0.9, 작업효율(E)=0.8 이다.)

① 61 ② 71
③ 81 ④ 91

87 대규모 항로준설 등에 사용하는 것으로 선체에 펌프를 설치하고 항해하면서 동력에 의해 해저의 토사를 흡상하는 방식의 준설선은?

① 버킷 준설선   ② 펌프 준설선
③ 디퍼 준설선   ④ 그랩 준설선

88 증기사용설비 중 응축수를 자동적으로 외부로 배출하는 장치로서 응축수에 의한 효율저하를 방지하기 위한 장치는?

① 증발기 ② 탈기기
③ 인젝터 ④ 증기트랩

89 콘크리트 말뚝을 박기 위한 천공작업에 사용되는 작업장치는?

① 파일 드라이버 ② 드래그 라인
③ 백 호우   ④ 클램셸

86.
작업능력
$$W = \frac{3600 \cdot q \cdot f \cdot EK}{Cm}$$
$$= \frac{3600 \times 1 \times 0.7 \times 0.9 \times 0.8}{20}$$
$$= 90.72 \, m^3/h$$

87.
버킷(Bucket)준설선
대규모의 항로나 정박지의 준설 작업에 적합하며 단단하지 않은 토질의 비교적 광범위한 준설에 적합하며 깊이가 얕은물의 밑바닥의 흙을 다량으로 퍼 올리는데 쓴다. 선박 위에 버킷 굴착기를 장치한 것으로 대형은 대부분 자항식이다.

그래브(Grab) 준설선
소규모의 항로나 정박지의 준설 작업에 사용하며 선박 위에 크램셸을 장치하고 특수한 기중기에 의해 상하조작을 하여 준설작업을 하는 준설선우로 소규모 운하의 준설, 구조물의 기초 터파기, 물막이, 흙의 제거 등에 사용한다.

디퍼(Dipper)준설선
단단한 지반이나 파쇄된 암석 등을 준설하는 데 사용하며대개 비항식 선박 위에 파워 셔블과 같은 굴착기를 장치하여 굴착량이 많은 단단한 토질이나 암석의 준설에 적합한 준설선이다.

정답 85 ③ 86 ④ 87 ② 88 ④ 89 ①

90 도저의 트랙 슈(shoe)에 대한 설명으로 틀린 것은?
① 습지용 슈 : 접지면적을 작게 하여 연약지반에서 작업하기 좋다
② 스노 슈 : 눈이나 얼음판의 현장작업에 적합하다.
③ 고무 슈 : 노면보호 및 소음방지를 할 수 있다.
④ 평활 슈 : 도로파손을 방지할 수 있다.

91 다음 중 사용압력에 따른 동관의 종류가 아닌 것은?
① K형　　② L형
③ H형　　④ M형

91.
동관의 높은 압력에 사용하는 순서 :
K 〉 L 〉 M 〉 N

92 일반적으로 배관의 위치를 결정할 때 기능적인 면과 시공적 또는 유지관리의 관점에서 가장 적절하지 않은 것은?
① 급수배관은 항상 아래쪽으로 배관해야 한다.
② 전기배선, 덕트 및 연도 등은 위쪽에 설치한다.
③ 자연중력식 배관은 배관구배를 엄격히 지켜야 하며 굽힘부를 적게 하여야 한다.
④ 파손 등에 의해 누수가 염려되는 배관의 위치는 위쪽으로 하는 것이 유지관리상 편리하다.

92.
파손 등에 의해 누수가 염려되는 배관의 위치는 아래쪽과 아래쪽으로 하는 것이 유지관리상 편리하다

93 호칭지름 40mm(바깥지름 48.6mm)의 관을 곡률반경(R) 120mm로 90° 열간 구부림 할때 중심부의 곡선길이(L)는 약 몇 mm인가?
① 188.5　　② 227.5
③ 234.5　　④ 274.5

93.
$\frac{\pi D}{4} = \frac{\pi \times 120 \times 2}{4}$
$= 188.5 mm$

정답　90 ①　91 ③　92 ④　93 ①

94 유량조절이 용이하고 유체가 밸브의 아래로부터 유입하여 밸브 시트의 사이를 통해 흐르는 밸브는?

① 콕크 ② 체크 밸브
③ 글로브 밸브 ④ 게이트 밸브

95 다음 중 냉·난방배관 시험인 기밀시험에 사용하는 가스의 종류가 아닌 것은?

① 탄산가스 ② 염소가스
③ 질소가스 ④ 건조공기

96 구상흑연 주철관이라고 하며, 땅속 또는 지상에 배관하여 압력 상태 또는 무압력 상태에서 물의 수송 등에 사용하는 주철관은?

① 원심력 사형 주철관 ② 원심력 금형 주철관
③ 입형 주철 직관 ④ 닥타일 주철관

97 일반적으로 이음매 없는 관이 사용되며 사용온도가 350℃ 이하, 압력이 9.8MPa 까지의 보일러 증기관 또는 유압관에 사용되는 강관은?

① 배관용 탄소강관
② 압력 배관용 탄소강관
③ 일반 배관용 탄소강관
④ 일반 구조용 탄소강관

94.
글로브 밸브(Glove valve) 옥형밸브 또는 구형밸브라 하며, 밸브의 형상이 둥글게 되어 있으며, 유체의 흐름이 S자 모형으로 되므로 유체의 흐름 저항은 크나 밸브의 리프트(양정)는 작아 개폐가 용이하므로 유량 조절에 적합하고 소형 경량이며 가격이 싸다.

정답 94 ③ 95 ② 96 ④ 97 ②

98 옥내 및 옥외소화전의 시험으로 수원으로부터 가장 높은 위치와 가장 먼 거리에 대하여 규정된 호스와 노즐을 접속하여 실시하는 시험은?
① 통기 및 수압시험
② 내압 및 기밀시험
③ 연기 및 박하시험
④ 방수 및 방출시험

99 관 또는 환봉을 절단하는 기계로서 절삭 시는 톱날에 하중이 걸리고 귀환 시는 하중이 걸리지 않는 공작용 기계는?
① 기계톱
② 파이프 벤딩기
③ 휠 고속절단기
④ 동력 나사 절삭기

100 강관용 공구 중 바이스의 종류가 아닌 것은?
① 램 바이스
② 수평 바이스
③ 체인 바이스
④ 파이프 바이스

정답 98 ④ 99 ① 100 ①

건설기계설비기사

1과목: 재료역학

01 그림과 같이 길이 $l = 4\text{m}$의 단순보에 균일 분포하중 ω가 작용하고 있으며 보의 최대 굽힘응력 $\sigma_{max} = 85\text{N}/\text{cm}^2$ 일 때 최대 전단응력은 약 몇 kPa 인가?
(단, 보의 단면적은 지름이 11cm인 원형단면이다.)

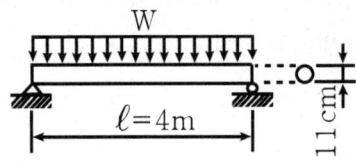

① 1.7
② 15.6
③ 22.9
④ 25.5

1.
$$\sigma_{max} = \frac{M}{Z} = \frac{32wl^2}{\pi d^3 \times 8}$$

$$w = \frac{8\pi d^3 \sigma}{32 l^2} = \frac{8\pi \times 11^3 \times 85}{32 \times 400^2}$$
$$= 0.55543 \, N/cm$$

$$\tau_{max} = \frac{4}{3} \cdot \frac{V}{A} = \frac{4 \times 0.5553 \times 400}{3 \times \frac{\pi \times 11^2}{4} \times 2}$$
$$= 1.558 \, N/cm^2$$
$$= 15.58 \, kPa$$

02 그림과 같은 균일단면을 갖는 부정정보가 단순 지지단에서 모멘트 M_0를 받는다. 단순 지지단에서의 반력 R_a는?
(단, 굽힘강성 EI는 일정하고, 자중은 무시한다.)

① $\dfrac{3M_0}{2l}$
② $\dfrac{3M_0}{4l}$
③ $\dfrac{2M_0}{3l}$
④ $\dfrac{4M_0}{3l}$

2.
$\delta_A = 0$

$$\frac{M_0 \cdot l^2}{2E \cdot I} = \frac{R_a \cdot l^3}{3EI} \text{에서}$$

$$R_a = \frac{3M_0}{2l}$$

정답 01 ② 02 ①

03 폭 b = 60mm, 길이 L = 340mm의 균일강도 외팔보의 자유단에 집중하중 P = 3kN이 작용한다. 허용 굽힘응력을 65MPa이라 하면 자유단에서 250mm되는 지점의 두께 h는 약 몇 mm인가?
(단, 보의 단면은 두께는 변하지만 일정한 폭 b를 갖는 직사각형이다.)

① 24　　　　　② 34
③ 44　　　　　④ 54

3.
$$\sigma_a = \frac{6P \cdot L}{bh^2},$$
$$65 = \frac{6 \times 3 \times 10^3 \times 250}{60 \times h^2}$$
$$h = \sqrt{\frac{6Pl}{\sigma b}} = \sqrt{\frac{6 \times 3 \times 10^3 Pl}{65 \times 60}}$$
$$= 33.97\text{mm}$$

04 평면 응력상태의 한 요소에 $\sigma_x = 100\text{MPa}$, $\sigma_y = -50\text{MPa}$, $\tau_{xy} = 0$ 을 받는 평판에서 평면 내에서 발생하는 최대 전단응력은 몇 MPa 인가?

① 75　　　　　② 50
③ 25　　　　　④ 0

4.
$$\tau_{max} = \sqrt{\left(\frac{\sigma_x - \sigma_y}{2}\right)^2 + \tau_{xy}^2}$$
$$= \frac{\sigma_x - \sigma_y}{2}$$
$$= \frac{100 + 50}{2} = 75\text{MPa}$$

05 그림과 같은 트러스가 점 B에서 그림과 같은 방향으로 5kN의 힘을 받을 때 트러스에 저장되는 탄성에너지는 약 몇 kJ인가?
(단, 트러스의 단면적은 $1.2cm^2$, 탄성계수는 10^6 Pa 이다.)

① 52.1　　　　② 106.7
③ 159.0　　　　④ 267.7

5.

$\alpha = \tan^{-1}\frac{30}{40} = 36.87°$

$F_{BC} \cdot 40 \sin 36.87 = 5 \times \frac{3}{5} \times 40$

$F_{Bc} = \frac{5 \times \frac{3}{5} \times 40}{40 \sin 36.87} = 5\,kw$

$F_{AB} \times 30 = 5 \times \frac{3}{5} \times 40 + 5 \times \frac{4}{5} \times 30$

$F_{AB} = \frac{5 \times \frac{3}{5} \times 40 + 5 \times \frac{4}{5} \times 30}{30}$

$= 8kN$

$\delta_{AB} = \frac{F_{AB}\ell_{AB}}{AE} = \frac{8 \times 10^3 \times 0.4}{1.2 \times 10^{-4} \times 10^6}$
$= 26.67m$

$\delta_{BC} = \frac{F_{BC}\ell_{BC}}{AE} = \frac{5 \times 10^3 \times 0.5}{1.2 \times 10^{-4} \times 10^6}$
$= 20.83m$

$U = \frac{P\delta}{2} = \frac{F_{AB} \cdot \delta_{AB}}{2} + F_{BC} \cdot \delta$

정답　03 ②　04 ①　05 ③

06 그림과 같은 단면에서 대칭축 n-n에 대한 단면 2차 모멘트는 약 몇 cm^4 인가?

① 535　　② 635
③ 735　　④ 835

6.
$$I_G = \frac{13 \times 150^3}{12} \times 2 + \frac{224 \times 13^3}{12}$$
$$= 735.35 \times 10^4 mm^4$$
$$= 735.35 cm^4$$

07 바깥지름 50cm, 안지름 30cm의 속이 빈 축은 동일한 단면적을 가지며 같은 재질의 원형축에 비하여 약 몇 배의 비틀림 모멘트에 견딜 수 있는가?
(단, 중공축과 중실축의 전단응력은 같다.)

① 1.1배　　② 1.2배
③ 1.4배　　④ 1.7배

7.
$$\frac{\pi}{4}(50^2 - 30^2) = \frac{\pi}{4}d^2, \text{에서}$$
$$d = 40cm$$
$$\tau = \frac{T}{Z_P},$$
$$\frac{16 \cdot T_1}{\pi d_2^3(1-x^4)} = \frac{16 \cdot T_2}{\pi d^3}$$
$$T_1 = \frac{d_2^3(1-x^4)}{d^3} T_2$$
$$= \frac{50^3\left(1-\left(\frac{3}{5}\right)^4\right)}{40^3} T_2$$
$$= 1.7 T_2$$

08 진변형률(ε_T)과 진응력(σ_T)을 공칭 응력(σ_n)과 공칭 변형률(ε_n)로 나타낼 때 옳은 것은?

① $\sigma_T = \ln(1+\sigma_n), \ \varepsilon_T = \ln(1+\varepsilon_n)$
② $\sigma_T = \ln(1+\sigma_n), \ \varepsilon_T = \ln\left(\frac{\sigma_T}{\sigma_n}\right)$
③ $\sigma_T = \sigma_n(1+\varepsilon_n), \ \varepsilon_T = \ln(1+\varepsilon_n)$
④ $\sigma_T = \ln(1+\varepsilon_n), \ \varepsilon_T = \varepsilon_n(1+\sigma_n)$

8.
$$\varepsilon_T = \int_{\ell_0}^{\ell} \frac{d\ell}{\ell} = \ell_n \ell \Big]_{\ell_0}^{\ell} = \ell_n \frac{\ell}{\ell_0}$$
$$= \ell_n \frac{\ell_0 + \delta}{\ell_0} = \ell_n(1+\varepsilon)$$
$A_0 \ell_0 = A \cdot \ell$ 에서
$$A = \frac{A_0 \ell_0}{\ell}$$
$$\sigma_T = \frac{P}{A} = \frac{P\ell}{A_0 \ell_0} = \sigma_0 \frac{\ell_0 + \delta}{\ell_0}$$
$$= \sigma_0(1+\varepsilon)$$

정답　06 ③　07 ④　08 ③

09 길이 1m인 외팔보가 아래 그림처럼 q = 5kN/m의 균일 분포하중과 P = 1kN의 집중하중을 받고 있을 때 B점에서의 회전각은 얼마인가? (단, 보의 굽힘강성은 EI 이다.)

① $\dfrac{120}{EI}$ ② $\dfrac{260}{EI}$

③ $\dfrac{486}{EI}$ ④ $\dfrac{680}{EI}$

9.
$\theta_1 = \dfrac{P\ell^2}{2EI} = \dfrac{1 \times 10^3 \times 1^2}{2EI}$
$= \dfrac{500}{EI}$

$\theta_2 = \dfrac{5 \times 10^3 \times 0.6 \times 0.3 \times 0.6}{3EI}$
$= \dfrac{180}{EI}$

$\theta = \theta_1 + \theta_2 = \dfrac{680}{EI}$

10 탄성 계수(영계수)E, 전단 탄성 계수 G, 체적 탄성 계수 K 사이에 성립되는 관계식은?

① $E = \dfrac{9KG}{2K+G}$

② $E = \dfrac{3K-2G}{6K+2G}$

③ $K = \dfrac{EG}{3(3G-E)}$

④ $K = \dfrac{9EG}{3E+G}$

10.
$G = \dfrac{E}{2(1+\mu)}$,
$\mu = \dfrac{E}{2G} - 1 = \dfrac{E-2G}{2G}$

$K = \dfrac{E}{3(1-2\mu)}$
$= \dfrac{E}{3(1-2 \times \dfrac{E-2G}{2G})}$
$= \dfrac{EG}{3(3G-E)}$

정답 09 ④ 10 ③

11 그림과 같은 막대가 있다. 길이는 4m이고 힘은 지면에 평행하게 200N만큼 주었을 때 o점에 작용하는 힘과 모멘트는?

① $F_{ox} = 0$, $F_{oy} = 200N$, $M_z = 200N \cdot m$
② $F_{ox} = 200N$, $F_{oy} = 0$, $M_z = 400N \cdot m$
③ $F_{ox} = 200N$, $F_{oy} = 200N$, $M_z = 200N \cdot m$
④ $F_{ox} = 0$, $F_{oy} = 0$, $M_z = 400N \cdot m$

11.
$M_z = 200 \times 4 \times \sin 30°$
$\quad = 400N \cdot m$
$F_{ox} = 200N$
$F_{oy} = 0$

12 그림과 같은 치차 전동 장치에서 A 치차로부터 D 치차로 동력을 전달한다. B와 C 치차의 피치원의 직경의 비가 $\dfrac{D_B}{D_C} = \dfrac{1}{9}$일 때, 두 축의 최대 전단응력들이 같아지게 되는 직경의 비 $\dfrac{d_2}{d_1}$은 얼마인가?

① $\left(\dfrac{1}{9}\right)^{\frac{1}{3}}$ 　　　② $\dfrac{1}{9}$
③ $9^{\frac{1}{3}}$ 　　　　④ $9^{\frac{2}{3}}$

12.
$\dfrac{N_c}{N_B} = \dfrac{D_B}{D_C} = \dfrac{1}{9} = \dfrac{T_B}{T_C}$

$\tau = \dfrac{16 T_B}{\pi d_1^3} = \dfrac{16 T_C}{\pi d_2^3}$

$\dfrac{d_1}{d_2} = \sqrt[3]{\dfrac{T_B}{T_C}} = \sqrt[3]{\dfrac{1}{9}}$

$= 9^{\frac{1}{3}}$

정답　11 ②　12 ③

13 그림과 같이 길이 l인 단순 지지된 보 위를 하중 W가 이동하고 있다. 최대 굽힘응력은?

① $\dfrac{Wl}{bh^2}$ ② $\dfrac{9Wl}{4bh^3}$

③ $\dfrac{Wl}{2bh^2}$ ④ $\dfrac{3Wl}{2bh^2}$

13.
$$M_x = \dfrac{W(l-x)\cdot x}{\ell}$$
$$x = \dfrac{\ell}{2},\ M_{max} = \dfrac{W\cdot l}{4}$$
$$\sigma_{bmax} = \dfrac{M_{max}}{Z}$$
$$= \dfrac{6\times W\cdot l}{bh^2 \times 4}$$
$$= \dfrac{3W\cdot l}{2bh^2}$$

14 그림과 같은 단순지지보에서 2kN/m의 분포하중이 작용할 경우 중앙의 처짐이 0이 되도록하기 위한 힘 P의 크기는 몇 kN 인가?

① 6.0   ② 6.5
③ 7.0   ④ 7.5

14.
$$\dfrac{5wl^4}{384EI} = \dfrac{P\cdot l^3}{48EI}$$
$$P = \dfrac{5wl}{8} = \dfrac{5\times 2\times 6}{8}$$
$$= 7.5\text{kN}$$

15 양단이 고정된 직경 30mm, 길이가 10m인 중실축에서 그림과 같이 비틀림 모멘트 1.5kN·m가 작용할 때 모멘트 작용점에서의 비틀림 각은 약 몇 rad인가?
(단, 봉재의 전단탄성계수 G = 100GPa이다.)

① 0.45
② 0.56
③ 0.63
④ 0.77

15.
$$T_a = \frac{Tb}{l} = \frac{1.5 \times 10^3 \times 6}{10}$$
$$= 900 \text{N} \cdot \text{m}$$

$$\theta = \frac{T_a \times a}{G I_p}$$
$$= \frac{900 \times 4}{100 \times 10^9 \times \frac{\pi \times 0.03^4}{32}}$$
$$= 0.453 \text{rad}$$

16 부재의 양단이 자유롭게 회전할 수 있도록 되어있고, 길이가 4m인 압축 부재의 좌굴 하중을 오일러 공식으로 구하면 약 몇 kN인가? (단, 세로탄성계수는 100GPa이고, 단면 b×h = 100mm×50mm이다.)

① 52.4
② 64.4
③ 72.4
④ 84.4

16 해설

$$P_{cr} = \frac{n\pi^2 EI}{l^2} = \frac{1 \times \pi^2 \times 100 \times 10^9 \times 0.1 \times 0.05^3 \times 10^{-3}}{4^2 \times 12} = 64\text{kN}$$

17 그림과 같은 외팔보에 균일분포하중 ω가 전길이에 걸쳐 작용할 때 자유단의 처짐 δ는 얼마인가?
(단, E : 탄성계수, I : 단면2차모멘트이다.)

① $\frac{\omega l^4}{3EI}$
② $\frac{\omega l^4}{6EI}$
③ $\frac{\omega l^4}{8EI}$
④ $\frac{\omega l^4}{24EI}$

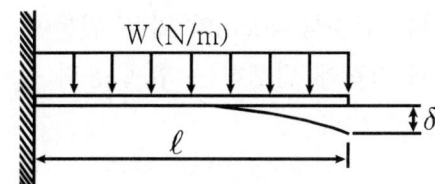

17.
$$\delta = \frac{1}{EI} A_m \overline{x}$$
$$= \frac{w\ell^2 \times \ell}{3EI \times 2} \times \frac{3}{4}\ell$$
$$= \frac{w\ell^4}{8EI}$$

정답 15 ① 16 ② 17 ③

18 단면적이 $2cm^2$이고 길이가 4m인 환봉에 10kN의 축 방향 하중을 가하였다. 이때 환봉에 발생한 응력은 몇 N/m^2인가?

① 5000
② 2500
③ 5×10^5
④ 5×10^7

18.
$\sigma = \dfrac{P}{A} = \dfrac{10 \times 10^3}{2 \times 10^{-4}}$
$= 5 \times 10^7 \ N/m^2$

19 그림과 같이 단면적이 $2 \ cm^2$인 AB 및 CD 막대의 B점과 C점이 1cm 만큼 떨어져 있다. 두 막대에 인장력을 가하여 늘인 후 B점과 C점에 핀을 끼워 두 막대를 연결하려고 한다. 연결 후 두 막대에 작용하는 인장력은 약 몇 kN인가? (단, 재료의 세로탄성계수는 200GPa이다.)

① 33.3
② 66.6
③ 99.9
④ 133.3

19 해설

$\sigma_{AB} = \dfrac{P}{A} = E \cdot \dfrac{\delta_{AB}}{l_{AB}}$ $\sigma_{CD} = \dfrac{P}{A} = E \cdot \dfrac{\delta_{CD}}{l_{CD}}$

$\dfrac{\delta_{AB}}{l_{AB}} = \dfrac{0.01 - \delta_{AB}}{l_{CD}}$ $\delta_{AB} \cdot (l_{AB} + l_{CD}) = 0.01 \ l_{AB}$ $\delta_{AB} = \dfrac{0.01 \times 2}{1+2} = 0.0067m$

$P = \dfrac{2 \times 10^{-4} \times 200 \times 10^9 \times 0.0067}{2} \times 10^{-3} = 134N$

20 두께 8mm의 강판으로 만든 안지름 40cm의 얇은 원통에 1MPa의 내압이 작용할 때 강판에 발생하는 후프 응력(원주 응력)은 몇 MPa인가?

① 25
② 37.5
③ 12.5
④ 50

20.
$\sigma_t = \dfrac{P \cdot d}{2t} = \dfrac{1 \times 400}{2 \times 8}$
$= 25MPa$

정답 18 ④ 19 ④ 20 ①

2과목: 기계열역학

21 어떤 기체 동력장치가 이상적인 브레이턴 사이클로 다음과 같이 작동할 때 이 사이클의 열효율은 약 몇 % 인가?
(단, 온도(T)-엔트로피(s) 선도에서 $T_1 = 30℃$, $T_2 = 200℃$, $T_3 = 1060℃$, $T_4 = 160℃$이다.)

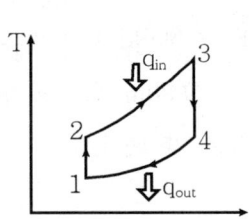

① 81% ② 85%
③ 89% ④ 92%

21.
$\eta_B = 1 - \left(\dfrac{T_4 - T_1}{T_3 - T_2}\right)$
$= 1 - \left(\dfrac{160 - 30}{1060 - 200}\right) = 0.85$

22 체적이 일정하고 단열된 용기 내에 80℃, 320kPa의 헬륨 2kg이 들어 있다. 용기 내에 있는 회전날개가 20W의 동력으로 30분 동안 회전한다고 할 때 용기 내의 최종 온도는 약 몇 ℃인가?
(단, 헬륨의 정적비열은 3.12kJ/(kg·K)이다.)

① 81.9℃ ② 83.3℃
③ 84.9℃ ④ 85.8℃

22.
$Q = 20 \times 30 \times 60$
$= 36000 J$
$= 36 kJ$
$Q = mC(t_2 - t_1)$에서
$T_2 = \dfrac{Q}{mc} + T_1$
$= \dfrac{36}{2 \times 3.12} + 80$
$= 85.77 ℃$

23 유리창을 통해 실내에서 실외로 열전달이 일어난다. 이때 열전달량은 약 몇 W인가?
(단, 대류열전달계수는 50 $W/m^2 K$, 유리창 표면온도는 25℃, 외기온도는 10℃, 유리창면적은 $2m^2$ 이다.)

① 150 ② 500
③ 1500 ④ 5000

23.
$\dot{Q} = hA\Delta T$
$= 50 \times 2 \times (25 - 10)$
$= 1500 W$

정답 21 ② 22 ④ 23 ③

24 밀폐계가 가역정압 변화를 할 때 계가 받은 열량은?

① 계의 엔탈피 변화량과 같다.
② 계의 내부에너지 변화량과 같다.
③ 계의 엔트로피 변화량과 같다.
④ 계가 주위에 대해 한 일과 같다.

24.
$Q = \triangle H$
$\quad = mC_p(T_2 - T_1)$

25 실린더에 밀폐된 8kg의 공기가 그림과 같이 $P_1 = 800$kPa, 체적 $V_1 = 0.27$m^3 에서 $P_2 = 350$kPa, 체적 $V_2 = 0.80$m^3 으로 직선 변화하였다. 이 과정에서 공기가 한 일은 약 몇 kJ인가?

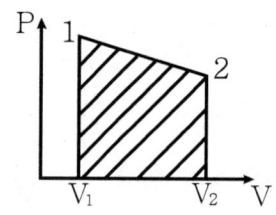

① 305 ② 334
③ 362 ④ 390

25.
$_1W_2 = \frac{1}{2} \times (800 - 350)$
$\quad \times (0.8 - 0.27)$
$\quad + 350 \times (0.8 - 0.27)$
$\quad = 304.75$kJ

26 이상기체에 대한 다음 관계식 중 잘못된 것은?
(단, Cv는 정적비열, Cp는 정압비열, u는 내부에너지, T는 온도, V는 부피, h는 엔탈피, R은 기체상수, k는 비열비이다.)

① $Cv = (\frac{\partial u}{\partial T})_V$
② $Cp = (\frac{\partial h}{\partial T})_V$
③ $Cp - Cv = R$
④ $Cp = \frac{kR}{k-1}$

26.
$Cp = (\frac{\partial h}{\partial T})p$ 이다

정답 24 ① 25 ① 26 ②

27 터빈, 압축기, 노즐과 같은 정상 유동장치의 해석에 유용한 몰리에(Mollier) 선도를 옳게 설명한 것은?

① 가로축에 엔트로피, 세로축에 엔탈피를 나타내는 선도이다.
② 가로축에 엔탈피, 세로축에 온도를 나타내는 선도이다.
③ 가로축에 엔트로피, 세로축에 밀도를 나타내는 선도이다.
④ 가로축에 비체적, 세로축에 압력을 나타내는 선도이다.

28 다음 중 강도성 상태량(Intensive property)이 아닌 것은?
① 온도
② 압력
③ 체적
④ 밀도

29 600kPa, 300K 상태의 이상기체 1kmol이 등온과정을 거쳐 압력이 200kPa로 변했다. 이 과정동안의 엔트로피 변화량은 약 몇 kJ/K 인가?
(단, 일반기체상수($\overline{R}$)은 8.31451kJ/(kmol·K)이다.)
① 0.782
② 6.31
③ 9.13
④ 18.6

30 공기 1kg이 압력 50kPa, 부피 $3m^3$인 상태에서 압력 900 kPa, 부피 $0.5m^3$인 상태로 변화할 때 내부 에너지가 160kJ 증가하였다. 이 때 엔탈피는 약 몇 kJ이 증가하였는가?
① 30
② 185
③ 235
④ 460

27.
체적은 질량에 비례하는 종량성 상태량이다.

29.
$\triangle s = mR\ln\left(\dfrac{P_1}{P_2}\right)$
$= n\overline{R}\ln\left(\dfrac{P_1}{P_2}\right)$
$= 1 \times 8.31451 \times \ln\left(\dfrac{600}{200}\right)$
$= 9.13 kJ/K$

30.
$\triangle H = \triangle U + (P_2 V_2 - P_1 V_1)$
$= 160 + (900 \times 0.5 - 50 \times 3)$
$= 460 kJ$

정답 27 ① 28 ③ 29 ③ 30 ④

31 그림과 같은 Rankine 사이클로 작동하는 터빈에서 발생하는 일은 약 몇 kJ/kg인가?
(단, h는 엔탈피, s는 엔트로피를 나타내며,
$h_1 = 191.8 kJ/kg$, $h_2 = 193.8 kJ/kg$, $h_3 = 2799.5 kJ/kg$,
$h_4 = 2007.5 kJ/kg$이다.)

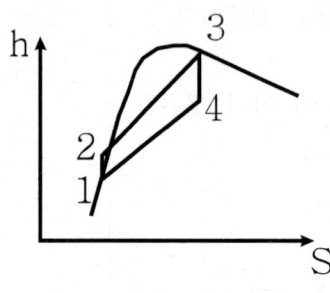

① 2.0kJ/kg
② 792.0kJ/kg
③ 2605.7kJ/kg
④ 1815.7kJ/kg

31.
$w = (h_3 - h_4)$
$= (2799.5 - 2007.5)$
$= 792 kJ/kg$

32 열역학 제2법칙에 관해서는 여러 가지 표현으로 나타낼 수 있는데, 다음 중 열역학 제2법칙과 관계되는 설명으로 볼 수 없는 것은?

① 열을 일로 변환하는 것은 불가능하다.
② 열효율이 100%인 열기관을 만들 수 없다.
③ 열은 저온 물체로부터 고온 물체로 자연적으로 전달되지 않는다.
④ 입력되는 일 없이 작동하는 냉동기를 만들 수 없다.

32.
열을 일로 변환하는 것은 불가능하다는 열역학 제1법칙 이다.

정답 31 ② 32 ①

33 시간당 380000kg의 물을 공급하여 수증기를 생산하는 보일러가 있다. 이 보일러에 공급하는 물의 엔탈피는 830kJ/kg이고, 생산되는 수증기의 엔탈피는 3230kJ/kg이라고 할 때, 발열량이 32000kJ/kg인 석탄을 시간당 34000kg씩 보일러에 공급한다면 이 보일러의 효율은 약 몇 %인가?

① 66.9%   ② 71.5%
③ 77.3%   ④ 83.8%

33.
$$\eta = \frac{38000 \times (3230 - 830)}{34000 \times 32000}$$
$$= 0.838$$

34 그림과 같은 단열된 용기 안에 25℃의 물이 $0.8m^3$ 들어 있다. 이 용기 안에 100℃, 50kg의 쇳덩어리를 넣은 후 열적 평형이 이루어 졌을 때 최종 온도는 약 몇 ℃인가?(단, 물의 비열은 4.18kJ/(kg·K), 철의 비열은 0.45kJ/(kg·K)이다.)

① 25.5   ② 27.4
③ 29.2   ④ 31.4

34.
$$50 \times 0.45 \times (100 - T_m)$$
$$= 1000 \times 0.8 \times 4.18 \times (T_m - 25)$$
$$T_m = 25.5℃$$

정답   33 ④   34 ①

35 어느 내연기관에서 피스톤의 흡기과정으로 실린더 속에 0.2kg의 기체가 들어왔다. 이것을 압축할 때 15kJ의 일이 필요하였고, 10kJ의 열을 방출하였다고 한다면, 이 기체 1kg당 내부에너지의 증가량은?

① 10kJ/kg
② 25kJ/kg
③ 35kJ/kg
④ 50kJ/kg

35.
$_1Q_2 = \Delta U + {}_1W_2$ 에서
$\Delta U = Q - W$
$= -10 + 15 = 5kJ$
$\Delta h = \dfrac{\Delta U}{m} = \dfrac{5}{0.2}$
$= 25kJ/kg$

36 압력 2MPa, 300℃의 공기 0.3kg이 폴리트로픽 과정으로 팽창하여, 압력이 0.5MPa로 변화하였다. 이때 공기가 한 일은 약 몇 kJ 인가?
(단, 공기는 기체상수가 0.287kJ/(kg·K)인 이상기체이고, 폴리트로픽 지수는 1.3이다.)

① 416
② 157
③ 573
④ 45

36.
$\dfrac{T_2}{T_1} = \left(\dfrac{P_2}{P_1}\right)^{\frac{n-1}{n}}$ 에서
$T_2 = T_1 \left(\dfrac{P_2}{P_1}\right)^{\frac{n-1}{n}}$
$= (300 + 273) \times \left(\dfrac{0.5}{2}\right)^{\frac{0.3}{1.3}}$
$= 416.12K = 143.12℃$
$_1W_2 = \dfrac{mR(T_1 - T_2)}{n-1}$
$= \dfrac{0.3 \times 0.287 \times (300 - 143.12)}{0.3}$
$= 45\ kJ$

37 이상적인 오토사이클에서 열효율을 55%로 하려면 압축비를 약 얼마로 하면 되겠는가?
(단, 기체의 비열비는 1.4이다.)

① 5.9
② 6.8
③ 7.4
④ 8.5

37.
$n_0 = 1 - \left(\dfrac{1}{\varepsilon}\right)^{k-1}$ 에서
$\varepsilon = 7.36$

38 이상기체 1kg이 초기에 압력 2kPa, 부피 $0.1m^3$를 차지하고 있다. 가역등온과정에 따라 부피가 $0.3m^3$로 변화했을 때 기체가 한 일은 약 몇 J 인가?

① 9540
② 2200
③ 954
④ 220

38.
$_1W_2 = P_1 \cdot V_1 \cdot \ln\left(\dfrac{V_2}{V_1}\right)$
$= 2 \times 0.1 \times \ln\left(\dfrac{0.3}{0.1}\right)$
$= 0.22kJ = 220\ J$

정답 35 ② 36 ④ 37 ③ 38 ④

39 다음 중 기체상수(gas constant, R[kJ/(kg·K)]) 값이 가장 큰 기체는?

① 산소(O_2)   ② 수소(H_2)
③ 일산화탄소(CO)   ④ 이산화탄소(CO_2)

39.
$R = \dfrac{8.312}{M}$ 에서 분자량(M)이 작을수록 분자량이 크다.

40 계의 엔트로피 변화에 대한 열역학적 관계식 중 옳은 것은? (단, T는 온도, S는 엔트로피, U는 내부 에너지, V는 체적, P는 압력, H는 엔탈피를 나타낸다.)

① $TdS = dU - PdV$
② $TdS = dH - PdV$
③ $TdS = dU - VdP$
④ $TdS = dH - VdP$

40.
$dH = dU + \triangle PV$
$\quad = dU + PdV + VdP$

$\delta Q = dU + PdV$
$\quad = dH - VdP = TdS$

3과목: 기계유체역학

41 유속 3m/s로 흐르는 물 속에 흐름방향의 직각으로 피토관을 세웠을 때, 유속에 의해 올라가는 수주의 높이는 약 몇 m인가?

① 0.46   ② 0.92
③ 4.6   ④ 9.2

41.
$V = \sqrt{2gH}$ 에서
$H = \dfrac{3^2}{2 \times 9.8} = 0.46$m

정답   39 ②   40 ④   41 ①

42 온도 27℃, 절대압력 380kPa인 기체가 6m/s로 지름 5cm인 매끈한 원관 속을 흐르고 있을 때 유동상태는?
(단, 기체상수는 187.8N·m/(kg·K), 점성계수는 1.77×10^{-5} kg/(m·s), 상, 하 임계 레이놀즈수는 각각 4000, 2100 이라 한다.)

① 층류영역　　② 천이영역
③ 난류영역　　④ 포텐셜영역

42.
$$\rho = \frac{P}{RT}$$
$$= \frac{380 \times 10^3}{187.8 \times (27+273)}$$
$$= 6.74 \text{kg/m}^3$$

$$Re = \frac{\rho V d}{\mu}$$
$$= \frac{6.74 \times 6 \times 0.05}{1.77 \times 10^{-5}}$$
$$= 114,237.288$$

4000이상이므로 난류영역

43 일정 간격의 두 평판 사이에 흐르는 완전 발달된 비압축성 정상유동에서 x는 유동방향 y는 평판 중심을 0으로 하여 x 방향에 직교하는 방향의 좌표를 나타낼 때 압력강하와 마찰손실의 관계로 옳은 것은?
(단, P는 압력, τ는 전단응력, μ는 점성계수(상수)이다.)

① $\dfrac{dP}{dy} = \mu \dfrac{d\tau}{dx}$　　② $\dfrac{dP}{dy} = \dfrac{d\tau}{dx}$

③ $\dfrac{dP}{dx} = \dfrac{d\tau}{dy}$　　④ $\dfrac{dP}{dx} = \dfrac{1}{\mu} \dfrac{d\tau}{dy}$

43.
$$\left(P + \frac{\partial P}{2x}\Delta x\right)dA - P\Delta x dA$$
$$- \tau \times 2\pi R \times \Delta x = 0$$

$$\frac{\partial P}{\partial x}\Delta x \cdot dA = \tau 2\pi R \times \Delta x$$

$$\frac{d\tau}{dy} = \frac{dP}{dx}, \quad \frac{\partial P}{\partial x}\Delta x \pi R^2 = \tau 2\pi R \Delta x$$

$$\frac{\partial P}{\partial x} = \frac{\tau 2\pi R}{\pi R^2} = \frac{\tau}{\frac{R}{2}} = \frac{d\tau}{dy}$$

44 2m×2m×2m의 정육면체로 된 탱크 안의 비중이 0.8인 기름이 가득 차 있고, 위 뚜껑이 없을 때 탱크의 한 옆면에 작용하는 전체 압력에 의한 힘은 약 몇 kN인가?

① 7.6　　② 15.7
③ 31.4　　④ 62.8

44.
$$F = \gamma \bar{h} \cdot A$$
$$= 0.8 \times 9800 \times 1 \times (2 \times 2) \times 10^{-3}$$
$$= 31.36 \text{kN}$$

정답　42 ③　43 ③　44 ③

45 그림과 같은 원형관에 비압축성 유체가 흐를 때 A 단면의 평균속도가 V_1 일 때 B 단면에서의 평균속도 V는?

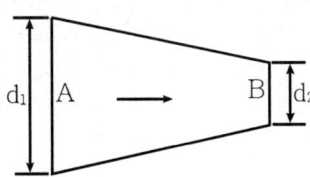

① $V = (\dfrac{d_1}{d_2})^2 V_1$ ② $V = \dfrac{d_1}{d_2} V_1$

③ $V = (\dfrac{d_2}{d_1})^2 V_1$ ④ $V = \dfrac{d_2}{d_1} V_1$

45.
$A_1 V_1 = A_2 V_2$
$V_2 = \dfrac{d_1^2}{d_2^2} V_1$

46 그림과 같이 유속 10m/s인 물 분류에 대하여 평판을 3m/s 의 속도로 접근하기 위하여 필요한 힘은 약 몇 N인가? (단, 분류의 단면적은 $0.01 m^2$ 이다.)

① 130   ② 490
③ 1350   ④ 1690

46.
$F = \rho A (V+u)^2$
$= 1000 \times 0.01 \times (10+3)^2$
$= 1690 N$

정답 45 ① 46 ④

47 정상, 2차원, 비압축성 유동장의 속도성분이 아래와 같이 주어질 때 가장 간단한 유동함수(Ψ)의 형태는?
(단, u는 x방향, v는 y방향의 속도성분이다.)

$$u = 2y, \ v = 4x$$

① $\Psi = -2x^2 + y^2$
② $\Psi = -x^2 + y^2$
③ $\Psi = -x^2 + 2y^2$
④ $\Psi = -4x^2 + 4y^2$

47.
$u = \dfrac{\partial \psi}{\partial y} \quad \partial \psi = u \partial y = 2y \partial y$
$\psi = y^2 + C_1$
$v = -\dfrac{\partial \psi}{\partial x}$
$\partial \psi = v \partial x = 4x \partial x$
$\psi = -2x^2 + C_2$

두 식에서 $C_1 = -2x^2 \ C_2 = y^2$
$\psi = -2x^2 + y^2$

48 중력은 무시할 수 있으나 관성력과 점성력 및 표면장력이 중요한 역할을 하는 미세구조물 중 마이크로 채널 내부의 유동을 해석하는 데 중요한 역할을 하는 무차원 수만으로 짝지어진 것은?

① Reynolds 수, Froude 수
② Reynolds 수, Mach 수
③ Reynolds 수, Weber 수
④ Reynolds 수, Cauchy 수

48.
$Re = \dfrac{관성력}{점성력}$
$We(웨버수) = \dfrac{관성력}{표면장력}$

49 다음과 같은 베르누이 방정식을 적용하기 위해 필요한 가정과 관계가 먼 것은?
(단, 식에서 P는 압력, ρ는 밀도, V는 유속, γ는 비중량, Z는 유체의 높이를 나타낸다.)

$$P_1 + \dfrac{1}{2}\rho V_1^2 + \gamma Z_1 = P_2 + \dfrac{1}{2}\rho V_2^2 + \gamma Z_2$$

① 정상 유동
② 압축성 유체
③ 비점성 유체
④ 동일한 유선

49.
베르누이 방정식을 적용하기 위해 필요한 가정은 동일한 유선, 정상 유동, 비점성 유체, 비압축성 유체 이다.

정답 47 ① 48 ③ 49 ②

50 물을 사용하는 원심 펌프의 설계점에서의 전양정이 30m이고 유량은 $1.2 m^3/min$이다. 이 펌프를 설계점에서 운전할 때 필요한 축동력이 7.35 kW라면 이 펌프의 효율은 약 얼마인가?

① 75%　　　　　　② 80%
③ 85%　　　　　　④ 90%

50.
$$\eta = \frac{9.8 \times 1.2 \times 30}{7.35 \times 60} \times 100 = 80\%$$

51 골프공 표면의 딤플(dimple, 표면 굴곡)이 항력에 미치는 영향에 대한 설명으로 잘못된 것은?

① 딤플은 경계층의 박리를 지연시킨다.
② 딤플이 층류경계층을 난류경계층으로 천이시키는 역할을 한다.
③ 딤플이 골프공의 전체적인 항력을 감소시킨다.
④ 딤플은 압력저항보다 점성저항을 줄이는데 효과적이다.

52 점성계수가 0.3 N·s/m^2이고, 비중이 0.9인 뉴턴유체가 지름 30mm인 파이프를 통해 3m/s의 속도로 흐를 때 Reynolds 수는?

① 24.3　　　　　　② 270
③ 2700　　　　　　④ 26460

52.
$$Re = \frac{\rho V d}{\mu} = \frac{0.9 \times 10^3 \times 3 \times 0.03}{0.3} = 270$$

53 비중 0.85인 기름의 자유표면으로부터 10m 아래에서의 계기압력은 약 몇 kPa인가?

① 83　　　　　　② 830
③ 98　　　　　　④ 980

53.
$$P = \gamma h = 0.85 \times 9.8 \times 10 = 83.3 kPa$$

정답　50 ②　51 ④　52 ②　53 ①

54 2차원 유동장이 $\vec{V}(x,y) = cx\vec{i} - cy\vec{j}$로 주어질 때, 가속도장 $\vec{a}(x,y)$는 어떻게 표시되는가?
(단, 유동장에서 c는 상수를 나타낸다.)

① $\vec{a}(x,y) = cx^2\vec{i} - cy^2\vec{j}$
② $\vec{a}(x,y) == cx^2\vec{i} + cy^2\vec{j}$
③ $\vec{a}(x,y) = c^2x\vec{i} - c^2y\vec{j}$
④ $\vec{a}(x,y) = c^2x\vec{i} + c^2y\vec{j}$

54.
가속도
$a = u\dfrac{\partial \vec{V}}{\partial x} + v\dfrac{\partial \vec{V}}{\partial y}$
$= cx \times c\hat{i} + (-cy) \times (-c)\hat{j}$
$= c^2x\hat{i} + c^2y\hat{j}$

55 물(비중량 9800N/m^3) 위를 3m/s의 속도로 항진하는 길이 2m인 모형선에 작용하는 조파저항이 54N이다. 길이 50m인 실선을 이것과 상사한 조파상태인 해상에서 항진시킬 때 조파 저항은 약 얼마인가?
(단, 해수의 비중량은 10075 N/m^3 이다.)

① 43kN　② 433kN
③ 87kN　④ 867kN

55.
$F = C_D \dfrac{\rho V^2}{2} \cdot L^2$

$\dfrac{F}{\rho V^2 L^2} = \dfrac{F}{\rho V^2 L^2}$

$\dfrac{V_1^2}{\ell_1 g} = \dfrac{V_2^2}{\ell_2 g}$　$\dfrac{3^2}{2} = \dfrac{V^2}{50}$　$V = 15\,m/s$

$\dfrac{54}{\frac{9800}{9.8} \times 3^2 \times 2^2} = \dfrac{F}{\frac{10075}{3.8} \times 15^2 \times 50^2}$

$F = 867,426.7\,N = 867,426\,kN$

56 동점성계수가 $10\,cm^2/s$이고 비중이 1.2인 유체의 점성계수는 몇 Pa·s인가?

① 0.12　② 0.24
③ 1.2　④ 2.4

56.
$\mu = \rho \cdot \nu = 1000\,S\,V$
$= 1.2 \times 10^3 \times 10 \times 10^{-4}$
$= 1.2\,Pa\,s$

57 어떤 액체의 밀도는 890kg/m^3, 체적 탄성계수는 2200MPa이다. 이 액체 속에서 전파되는 소리의 속도는 약 몇 m/s인가?

① 1572　② 1483
③ 981　④ 345

57.
$C = \sqrt{\dfrac{K}{\rho}}$
$= \sqrt{\dfrac{2200 \times 10^6}{890}}$
$= 1572.23\,m/s$

정답　54 ④　55 ④　56 ③　57 ①

58 펌프로 물을 양수할 때 흡입측에서의 압력이 진공 압력계로 75mmHg(부압)이다. 이 압력은 절대 압력으로 약 몇 kPa인가?
(단, 수은의 비중은 13.6이고, 대기압은 760mmHg이다.)
① 91.3　　　② 10.4
③ 84.5　　　④ 23.6

58.
$$P = (760 - 75)\frac{101.3}{760}$$
$$= 91.3\,kPa$$

59 평판 위를 어떤 유체가 층류로 흐를 때, 선단으로부터 10cm 지점에서 경계층두께 1mm일 때, 20cm 지점에서의 경계층두께는 얼마인가?
① 1mm　　　② $\sqrt{2}$ mm
③ $\sqrt{3}$ mm　　　④ 2mm

59.
$$\delta = \frac{5x}{\sqrt{Re}}$$
$$= 5xRe^{-\frac{1}{2}}$$
$$= 5x\left(\frac{Vx}{\nu}\right)^{-\frac{1}{2}}$$
$$= \left(\frac{V}{\nu}\right)^{-\frac{1}{2}} \times 5x^{\frac{1}{2}}$$
$$\left(\frac{V}{\nu}\right)^{-\frac{1}{2}} = \frac{\delta}{5.0 \times \sqrt{x}}$$
$$= \frac{1}{5.0 \times \sqrt{100}}$$
$$= 0.02$$
$$\delta = 0.02 \times 5 \times \sqrt{0.2}$$
$$= \sqrt{2}\,mm$$

60 원관에서 난류로 흐르는 어떤 유체의 속도가 2배로 변하였을 때, 마찰계수가 변경 전 마찰계수의 $\frac{1}{\sqrt{2}}$로 줄었다. 이때 압력손실은 몇 배로 변하는가?
① $\sqrt{2}$ 배　　　② $2\sqrt{2}$ 배
③ 2배　　　④ 4배

60.
$$h_\ell = f \cdot \frac{\ell}{d} \cdot \frac{V^2}{2g}$$
$$h_\ell' = \frac{f}{\sqrt{2}} \cdot \frac{\ell}{d} \cdot \frac{(2V)^2}{2g}$$
$$= \frac{4}{\sqrt{2}}h_\ell = 2\sqrt{2}\,h_\ell$$

정답　58 ①　59 ②　60 ②　61 ②

4과목: 유체기계 및 유압기기

61 유체기계의 일종인 공기기계에 관한 설명으로 옳지 않은 것은?

① 기체의 단위체적당 중량이 물의 약 1/830(20℃기준)로서 작은 편이다.
② 기체는 압축성이므로 압축, 팽창을 할 때 거의 온도변화가 발생하지 않는다.
③ 각 유로나 관로에서의 유속은 물인 경우보다 수배 이상으로 높일 수 있다.
④ 공기기계의 일종인 압축기는 보통 압력 상승이 1 kgf/cm² 이상인 것을 말한다.

61.
기체는 압축성이므로 일반적으로 압축시 온도증가, 팽창을 할 때 온도 감소 가 발생한다.

62 다음 중 프로펠러 수차에 관한 설명으로 옳지 않은 것은?

① 일반적으로 3~90 m의 저낙차로서 유량이 큰 곳에 사용한다.
② 반동 수차에 속하며, 물이 미치는 형식은 축류 형식에 속한다.
③ 회전차의 형식에서 고정익의 형태를 가지면 카플란 수차, 가동익의 형태를 가지면 지라르 수차라고 한다.
④ 프로펠러 수차의 형식은 축류 펌프와 같고, 다만 에너지의 주고 받는 방향이 반대일 뿐이다.

62.
지라르 수차는 충동터빈이며 카플란 수차는 가동익의 반동수차이다.

63 토크 컨버터의 주요 구성요소들을 나타낸 것은?

① 구동기어, 종동기어, 버킷
② 피스톤, 실린더, 체크밸브
③ 밸런스디스크, 베어링, 프로펠러
④ 펌프회전차, 터빈회전차, 안내깃(스테이터)

정답 61 ② 62 ③ 63 ④

64 진공펌프는 기체를 대기압 이하의 저압에서 대기압까지 압축하는 압축기의 일종이다. 다음 중 일반 압축기와 다른 점을 설명한 것으로 옳지 않은 것은?

① 흡입압력을 진공으로 함에 따라 압력비는 상당히 커지므로 격간용적, 기체누설을 가급적 줄여야 한다.
② 진공화에 따라서 외부의 액체, 증기, 기체를 빨아들이기 쉬워서 진공도를 저하시킬 수 있으므로 이에 주의를 요한다.
③ 기체의 밀도가 낮으므로 실린더 체적은 축동력에 비해 크다.
④ 송출압력과 흡입압력의 차이가 작으므로 기체의 유로 저항이 커져도 손실동력이 비교적 적게 발생한다.

64.
진공펌프는 송출압력과 흡입압력의 차이가 크므로 기체의 유로 저항이 커지면 손실동력이 비교적 크게 발생한다.

65 다음 각 수차들에 관한 설명 중 옳지 않은 것은?
① 펠턴 수차는 비속도가 가장 높은 형식의 수차이다.
② 프란시스 수차는 반동형 수차에 속한다.
③ 프로펠러 수차는 저낙차 대유량인 곳에 주로 사용된다.
④ 카플란 수차는 축류 수차에 해당한다.

65.
비속도(m-kW)
펠턴 수차 (10~25)
프란시스 수차 (50~430)
카플란 수차 (250~800)

66 다음 중 일반적으로 유체기계에 속하지 않는 것은?
① 유압 기계　　　　　② 공기 기계
③ 공작 기계　　　　　④ 유체 전송 장치

67 공동현상(Cavitation)이 발생했을 때 일어나는 현상이 아닌 것은?
① 압력의 급변화로 소음과 진동이 발생한다.
② 펌프 흡입관의 손실수두나 부차적 손실이 큰 경우 공동현상이 발생되기 쉽다.
③ 양정, 효율 및 축동력이 동시에 급격히 상승한다.
④ 깃의 벽면에 부식(Pitting)이 일어나 사고로 이어질 수 있다.

67.
공동현상(Cavitation)이 발생했을 때 진동 및 소음 발생 펌프 효율 저하 현상이 발생한다.

정답　64 ④　65 ①　66 ③　67 ③

68 다음 왕복펌프의 효율에 관한 설명 중 옳지 않은 것은?

① 피스톤 1회 왕복중의 실제 흡입량 V와 행정체적 V0의 비를 체적효율(η_v)이라고 하며, $\eta_v = \dfrac{V}{V_0}$ 로 나타낸다.

② 피스톤이 유체에 주는 도시동력 L과 펌프의 축동력 L1과의 비를 기계효율(ηm)이라고 하며, $\eta_m = \dfrac{L_1}{L}$ 로 나타낸다.

③ 펌프에 의하여 최종적으로 얻어지는 압력증가량 p와 흡입행정 중에 피스톤 작동면에 작용하는 평균유효압력 pm의 비를 수력효율(ηh)이라고 하며, $\eta_h = \dfrac{P}{P_m}$ 으로 나타낸다.

④ 펌프의 전효율 η는 체적효율, 기계효율, 수력효율의 전체 곱으로 나타낸다.

68.
기계효율은
$\eta_m = \dfrac{L}{L_1}$ 이다.

69 수차에 직결되는 교류 발전기에 대해서 주파수를 f(Hz), 발전기의 극수를 p라고 할 때 회전수 n(rpm)을 구하는 식은?

① $n = 60\dfrac{p}{f}$ ② $n = 60\dfrac{f}{p}$

③ $n = 120\dfrac{p}{f}$ ④ $n = 120\dfrac{f}{p}$

70 양정 20 m, 송출량 0.3 m³/min, 효율 70 %인 물펌프의 축동력은 약 얼마인가?

① 1.4 kW   ② 4.2 kW
③ 1.4 MW   ④ 4.2 MW

70.
$kW = \dfrac{\gamma Q H}{\eta}$
$= \dfrac{9.8 \times 0.3 \times 20}{60 \times 0.7}$
$= 1.4\ kW$

정답 68 ② 69 ④ 70 ①

71 저 압력을 어떤 정해진 높은 출력으로 증폭하는 회로의 명칭은?

① 부스터 회로　　　　② 플립플롭 회로
③ 온오프제어 회로　　④ 레지스터 회로

71.
부스터(booster)는 중압기 또는 승압기라고도하며 유체 흐름의 중간에 설치하여 압력을 증가시킬 것을 목적으로 한 장치

72 점성계수(coefficient of viscosity)는 기름의 중요 성질이다. 점도가 너무 낮을 경우 유압기기에 나타나는 현상은?

① 유동저항이 지나치게 커진다.
② 마찰에 의한 동력손실이 증대된다.
③ 각 부품 사이에서 누줄 손실이 커진다.
④ 밸브나 파이프를 통과할 때 압력손실이 커진다.

72.
점도가 너무 낮은 경우
㉠ 유압유의 누설이 증가한다.
㉡ 윤활성능의 저하에 따라 마찰부분의 마모가 심해진다.
㉢ 유압펌프의 체적효율이 저하한다.
㉣ 필요한 압력의 발생이 곤란하므로 정확한 작동과 정밀한 제어가 어려워진다.

73 베인펌프의 일반적인 구성 요소가 아닌 것은?

① 캠링　　　　② 베인
③ 로터　　　　④ 모터

73.
유압모터는 유압펌프와 반대 원리로 유체에너지를 기계적 에너지로 변환시키는 장치이다.

74 지름이 2cm인 관속을 흐르는 물의 속도가 1m/s이면 유량은 약 몇 cm^3/s인가?

① 3.14　　　　② 31.4
③ 314　　　　④ 3140

74.
$$Q = \frac{\pi \times 2^2}{4} = (1 \times 10^2)$$
$$= 314.16 cm^3/sec$$

정답　71 ①　72 ③　73 ④　74 ③

75 감압밸브, 체크밸브, 릴리프밸브 등에서 밸브 시트를 두드려 비교적 높은 음을 내는 일종의 자려 진동 현상은?

① 유격 현상 ② 채터링 현상
③ 폐입 현상 ④ 캐비테이션 현상

76 한 쪽 방향으로 흐름은 자유로우나 역방향의 흐름을 허용하지 않는 밸브는?

① 체크 밸브 ② 셔틀 밸브
③ 스로틀 밸브 ④ 릴리프 밸브

77 유압 파워유닛의 펌프에서 이상 소음 발생의 원인이 아닌 것은?

① 흡입관의 막힘
② 유압유에 공기 혼입
③ 스트레이너가 너무 큼
④ 펌프의 회전이 너무 빠름

78 다음 중 유량제어밸브에 의한 속도 제어회로를 나타낸 것이 아닌 것은?

① 미터 인 회로
② 블리드 오프 회로
③ 미터 아웃 회로
④ 카운터 회로

79 유공압 실린더의 미끄러짐 면의 운동이 간헐적으로 되는 현상은?

① 모노 피딩(Mono - feeding)
② 스틱 슬립(Stick - slip)
③ 컷 인 다운(Cut in - down)
④ 듀얼 액팅(Dual acting)

75.
① 유격 현상은 물체의 간격이다.

③ 폐입 현상은 두 개의 치차가 동시에 접촉하는 경우에 두 점 사이의 밀폐공간에 유체가 유입되고 밀폐된 공간은 흡입구나 송출구로 통하지 않으며 폐입 된 유체의 압력이 밀폐용적의 변화에 의하여 변화하는 현상

④ 캐비테이션 현상은 압력이 액체의 증기압 이하로 내려가면 기체가 유리되면서 기포를 발생하는 현상이다.

정답 75 ② 76 ① 77 ③ 78 ④ 79 ②

80 유체를 에너지원 등으로 사용하기 위하여 가압 상태로 저장하는 용기는?

① 디퓨져
② 액추에이터
③ 스로틀
④ 어큐뮬레이터

5과목: 건설기계일반 및 플랜트 배관

81 타이어식과 비교한 무한궤도식 불도저의 특징으로 틀린 것은?

① 접지압이 작다.
② 견인력이 강하다.
③ 기동성이 빠르다.
④ 습지, 사지에서 작업이 용이하다.

81.
무한궤도식은 타이어식과 비교해 기동성이 느리다.

82 버킷 용량은 1.34 m³, 버킷 계수는 1.2, 작업효율은 0.8, 체적환산계수는 1, 1회 사이클 시간은 40초라고 할 때 이 로더의 운전시간당 작업량은 약 몇 m³/h인가?

① 24 ② 53
③ 84 ④ 116

82.
$$W = \frac{3600 \cdot E \, Q \, f}{Cm}$$
$$= \frac{3600 \times 1.2 \times 1.34 \times 0.8}{40}$$
$$= 115.776 \, m^3/h$$

83 쇼벨계 굴삭기계의 작업구동방식에서 기계 로프식과 유압식을 비교한 것 중 틀린것은?

① 기계 로프식은 굴삭력이 크다.
② 유압식은 구조가 복잡하여 고장이 많다.
③ 유압식은 운전조작이 용이하다.
④ 기계 로프식은 작업성이 나쁘다.

83.
유압식은 구조가 간단하여 고장이 적다.

정답 80 ④ 81 ③ 82 ④ 83 ②

84 짐칸을 옆으로 기울게 하여 짐을 부리는 트럭은?
① 사이드(side)덤프트럭
② 리어(rear)덤프트럭
③ 다운(down)덤프트럭
④ 버텀(bottom)덤프트럭

85 콘크리트를 구성하는 재료를 저장하고 소정의 배합 비율대로 계량하고 MIXER에 투입하여 요구되는 품질의 콘크리트를 생산하는 설비는?
① ASPHALT PLANT
② BATCHER PLANT
③ CRUSHING PLANT
④ CHEMICAL PLANT

86 건설기계의 내연기관에서 연소실의 체적이 30 cc이고 행정 체적이 240cc인 경우, 압축비는 얼마인가?
① 6 : 1
② 7 : 1
③ 8 : 1
④ 9 : 1

86.
$\varepsilon = \dfrac{30+240}{30} = 9$

87 다음 중 1차 쇄석기(crusher)는?
① 조(jaw) 쇄석기
② 콘(cone) 쇄석기
③ 로드 밀(rod mill) 쇄석기
④ 해머 밀(hammer mill) 쇄석기

87.
1차 파쇄기는 조쇄기라 하며 죠크러셔와 자이러토리 그러셔가 있고 2차 3차 파쇄기는 중쇄기라 하며 콘, 임팩트, 로울 크러셔가 있다. 해머나 로드밀, 볼밀 크러셔는 분쇄기 또는 제사기라고 한다.

정답 84 ① 85 ② 86 ④ 87 ①

88 버킷 준설선에 관한 설명으로 옳지 않은 것은?
① 토질에 영향이 적다.
② 암반 준설에는 부적합하다.
③ 준선 능력이 크며 대용량 공사에 적합하다.
④ 협소한 장소에서도 작업이 용이하다.

88.
버킷 준설선은 해저의 토사를 일종의 버킷 콘베이어를 사용하여 연속적으로 굴착하는 배이므로 협소한 장소에서는 작업이 불가능하다.

89 기계부품에서 예리한 모서리가 있으면 국부적인 집중응력이 생겨 파괴되기 쉬워지는 것으로 강도가 감소하는 것은?
① 잔류응력
② 노치효과
③ 질량효과
④ 단류선

90 기중기의 작업장치(전부장치)에 대한 설명으로 옳지 않은 것은?
① 드래그라인 : 수중굴착에 용이
② 백호 : 지면보다 아래 굴착에 용이
③ 셔블 : 지면보다 낮은 곳의 굴착에 용이
④ 크램셸 : 수중굴착 및 깊은 구멍 굴착에 용이

90.
파워 셔블
(Power Shovel) :
작업위치보다 높은 굴착에 적합하며, 산, 절벽 굴착에 쓰인다.

91 슬루스 밸브라고 하며, 유체의 흐름을 단속하려고 할 때 사용하는 밸브는?
① 글로브밸브
② 게이트밸브
③ 볼 밸브
④ 버터플라이밸브

92.
동관용 공구
① 사이징 툴 - 동관의 끝을 정확하게 원형으로 가공하는 공구
② 익스펜더 - 동관의 확장용 공구
③ 플레어링 툴 - 동관 끝을 나팔관 모양으로 확대하여 압축접합용 공구로서 주로 20 mm 이하 관에 사용한다.

92 동관용 공작용 공구가 아닌 것은?
① 링크형 파이프커터
② 플레어링 툴 세트
③ 사이징 툴
④ 익스팬더

정답 88 ④ 89 ② 90 ③ 91 ② 92 ①

93 관 또는 환봉을 동력에 의해 톱날이 상하 또는 좌우 왕복을 하며 공작물을 한쪽 방향으로 절단하는 기계는?
① 동력 나사 절삭기　② 파이프 가스 절단기
③ 숫돌 절단기　　　④ 핵 소잉 머신

94 최고사용 압력이 5MPa인 배관에서 압력 배관용 탄소강관의 인장강도가 38 kg/mm²인 것을 사용할 때 스케줄 번호(sch No.)는?
(단, 안전율 5이며, SPPS-38의 sch No. 10, 20, 40, 60, 80 이다.)
① 20　　　　　　② 40
③ 60　　　　　　④ 80

94.
$SCH = 1000 \times \dfrac{P}{S}$
$= 1000 \times \dfrac{5 \times 5}{9.8 \times 38}$
$= 67.132 ≒ 80$

95 나사 내는 탭(tap)의 재질은 탄소공구강, 합금공구강, 고속도강이 있는데 표준경도로 적당한 것은?
① Hrc 40　　　　② Hrc 50
③ Hrc 60　　　　④ Hrc 70

96 배관 용접부의 비파괴 검사방법 중에서 널리 사용하고 있는 방법으로 물질을 통과하기 쉬운 X선 등을 사용하며 균열, 융합 불량, 용입 불량, 기공, 슬래그 섞임, 언더 컷 등의 결함을 검출할 때 가장 적절한 방법은?
① 누설검사　　　　② 육안검사
③ 초음파검사　　　④ 방사선투과검사

97 강관의 표시 방법 중 냉간가공 아크용접 강관은?
① -S-H　　　　② -A-C
③ -E-C　　　　④ -S-C

정답　93 ④　94 ④　95 ③　96 ④　97 ②

98 글로브 밸브(globe valve)에 관한 설명으로 틀린 것은?
① 유체의 흐름에 따른 관내 마찰 저항 손실이 작다.
② 개폐가 쉽고 유량 조절용으로 적합하다.
③ 평면형, 원뿔형, 반구형, 반원형 디스크가 있다.
④ 50 mm 이하는 나사형, 65 mm 이상은 플랜지형 이음을 사용한다.

98.
글로브 밸브는 유체의 흐름이 S자 모형으로 되므로 유체의 흐름 저항은 크나 밸브의 리프트(양정)는 작아 개폐가 용이하므로 유량 조절에 적합하고 소형 경량이며 가격이 싸다.

99 유류배관설비의 기밀시험을 할 때 사용해서는 안 되는 가스는?
① 질소가스
② 수소
③ 탄산가스
④ 아르곤

100 스테인리스 강관의 용접 시 열 영향 방지 대책으로 옳은 것은?
① 용접봉은 가능한 한 직경이 작은 것을 사용하여 모재에 입열을 적게 하는 것이 좋다.
② 티타늄(Ti) 등의 안정화 원소를 첨가하여 니켈 탄화물의 형성을 방지한다.
③ 탄소(C)가 0.1 % 이상 함유된 오스테나이트 스테인리스강에는 일반적으로 304 L, 316 L 등의 용접봉이 사용된다.
④ 탄화물 석출의 억제를 위해 모재 및 용착금속의 탄화물 석출온도 범위를 가능한 장시간에 걸쳐 냉각시킨다.

정답 98 ① 99 ② 100 ①

건설기계설비기사

1과목: 재료역학

01 원형단면 축에 147 kW의 동력을 회전수 2000 rpm으로 전달시키고자 한다. 축 지름은 약 몇 cm로 해야 하는가?
(단, 허용전단응력은 $\tau_w = 50 MPa$이다.)

① 4.2 ② 4.6
③ 8.5 ④ 9.9

1.
$$T = \frac{L}{\omega} = \frac{60 \times 1000\,kw}{2\pi N}$$
$$= \frac{60 \times 1000 \times 147}{2\pi \times 2000}$$
$$= 701.87\,N \cdot m$$
$$d = \sqrt[3]{\frac{16T}{\pi\tau}} = \sqrt[3]{\frac{16 \times 701.87}{\pi \times 50 \times 10^6}}$$
$$= 0.0415\,m = 4.15\,cm$$

02 그림과 같이 외팔보의 중앙에 집중하중 P가 작용하는 경우 집중하중 P가 작용하는 지점에서의 처짐은?
(단, 보의 굽힘강성 EI는 일정하고, L은 보의 전체의 길이이다.)

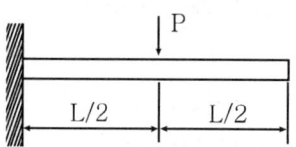

① $\dfrac{PL^3}{3EI}$ ② $\dfrac{PL^3}{24EI}$

③ $\dfrac{PL^3}{8EI}$ ④ $\dfrac{5PL^3}{48EI}$

2.
$$\delta = \frac{P\left(\frac{L}{2}\right)^3}{3EI} = \frac{PL^3}{24EI}$$

정답 01 ① 02 ②

03 직사각형 단면의 단주에 150 kN 하중이 중심에서 1 m만큼 편심되어 작용할 때 이 부재 BD에서 생기는 최대 압축응력은 약 몇 kPa인가?

① 25
② 50
③ 75
④ 100

3.
$$\sigma = \frac{P}{A} + \frac{M}{Z} = \frac{150}{3 \times 2} + \frac{6 \times 150 \times 1}{2 \times 3^2}$$
$$= 25 + 50 = 75$$

04 그림과 같은 균일 단면의 돌출보에서 반력 R_A는? (단, 보의 자중은 무시한다.)

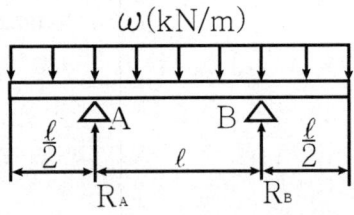

① wl
② $\dfrac{wl}{4}$
③ $\dfrac{wl}{3}$
④ $\dfrac{wl}{2}$

4.
$$R_A = \frac{wl \cdot \dfrac{l}{2} + \dfrac{wl}{2} \cdot \dfrac{5l}{4} - \dfrac{wl}{2} \cdot \dfrac{l}{4}}{l} = wl$$

정답 03 ③ 04 ①

05 양단이 고정된 축을 그림과 같이 m-n단면에서 T만큼 비틀면 고정단 AB에서 생기는 저항 비틀림 모멘트의 비 T_A/T_B 는?

① $\dfrac{b^2}{a^2}$ ② $\dfrac{b}{a}$

③ $\dfrac{a}{b}$ ④ $\dfrac{a^2}{b^2}$

5.
$$\dfrac{T_A}{T_B} = \dfrac{\dfrac{T \cdot b}{a+b}}{\dfrac{T a}{a+b}} = \dfrac{b}{a}$$

06 그림의 평면응력상태에서 최대 주응력은 약 몇 MPa인가? (단, $\sigma_x = 175\,Mpa$, $\sigma_y = 35\,MPa$, $\tau_{xy} = 60 MPa$이다.)

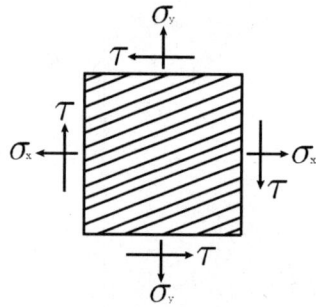

① 92   ② 105
③ 163   ④ 197

6.
$$\sigma = \dfrac{\sigma_x + \sigma_y}{2} + \sqrt{\left(\dfrac{\sigma_x - \sigma_y}{2}\right)^2 + \tau_{xy}^2}$$
$$= \dfrac{175 + 35}{2} + \sqrt{\left(\dfrac{175 - 35}{2}\right)^2 + 60^2}$$
$$= 197.2\,MPa$$

정답 05 ② 06 ④

07 동일한 길이와 재질로 만들어진 두 개의 원형단면 축이 있다. 각각의 지름이 d_1, d_2일 때 각 축에 저장되는 변형에너지 u_1, u_2의 비는?
(단, 두 축은 모두 비틀림 모멘트 T를 받고 있다.)

① $\dfrac{u_1}{u_2} = \left(\dfrac{d_2}{d_1}\right)^4$ ② $\dfrac{u_2}{u_1} = \left(\dfrac{d_2}{d_1}\right)^3$

③ $\dfrac{u_1}{u_2} = \left(\dfrac{d_2}{d_1}\right)^3$ ④ $\dfrac{u_2}{u_1} = \left(\dfrac{d_2}{d_1}\right)^4$

7.
$U = \dfrac{T\theta}{2} = \dfrac{T^2 l}{2GI_P} = \dfrac{32 T^2 l}{2G\pi d^4}$
$u_1 d_1^4 = u_2 d_2^4$
$\dfrac{u_1}{u_2} = \left(\dfrac{d_2}{d_1}\right)^4$

08 철도 레일의 온도가 50℃에서 15℃로 떨어졌을 때 레일에 생기는 열응력은 약 몇 MPa인가?
(단, 선팽창계수는 0.000012/℃, 세로탄성계수는 210 GPa이다.)

① 4.41 ② 8.82
③ 44.1 ④ 88.2

8.
$\sigma = E \alpha \Delta T$
$= 210 \times 10^3 \times 0.000012 \times (50-15)$
$= 88.2 \text{MPa}$

09 그림과 같이 양단에서 모멘트가 작용할 경우 A지점의 처짐각 θ_A는?
(단, 보의 굽힘 강성 EI는 일정하고, 자중은 무시한다.)

① $\dfrac{ML}{2EI}$ ② $\dfrac{2ML}{5EI}$

③ $\dfrac{ML}{6EI}$ ④ $\dfrac{3ML}{4EI}$

정답 07 ① 08 ④ 09 ④

10 그림과 같은 트러스 구조물에서 B점에서 10kN의 수직 하중을 받으면 BC에 작용하는 힘은 몇 kN인가?

① 20
② 17.32
③ 10
④ 8.66

10.
$$\frac{10}{\sin 30} = \frac{F}{\sin 270}$$
$$F = 10 \times \frac{\sin 270}{\sin 30} = -20\,kN$$

11 그림과 같이 길고 얇은 평판이 평면 변형률 상태로 σ_x를 받고 있을 때, ε_x는?

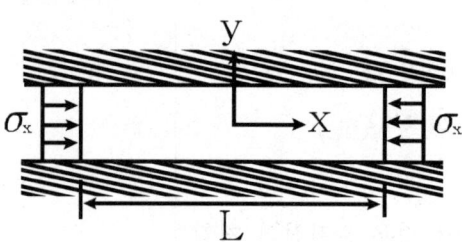

① $\varepsilon_x = \dfrac{1-\nu}{E}\sigma_x$

② $\varepsilon_x = \dfrac{1+\nu}{E}\sigma_x$

③ $\varepsilon_x = \left(\dfrac{1-\nu^2}{E}\right)\sigma_x$

④ $\varepsilon_x = \left(\dfrac{1+\nu^2}{E}\right)\sigma_x$

11.
조건에서
$\varepsilon_y = 0$
$\varepsilon_x = \dfrac{1}{E}(\sigma_x - \mu\sigma_y)$
$\varepsilon_y = \dfrac{1}{E}(\sigma_y - \mu\sigma_x)$
$\sigma_y = E\varepsilon_y + \mu\sigma_x$ 에서
$\varepsilon_x = \dfrac{1}{E}(\sigma_x - \mu(E\varepsilon_y + \mu\varepsilon_y))$
$\sigma_x = \dfrac{E}{1-\mu^2}(\varepsilon_x + \mu\varepsilon_y)$
$\varepsilon_y = 0$ 이므로
$\varepsilon_x = \dfrac{(1-\mu^2)}{E}\sigma_x$

정답 10 ① 11 ③

12 그림과 같은 빗금 친 단면을 갖는 중공축이 있다. 이 단면의 O점에 관한 극단면 2차모멘트는?

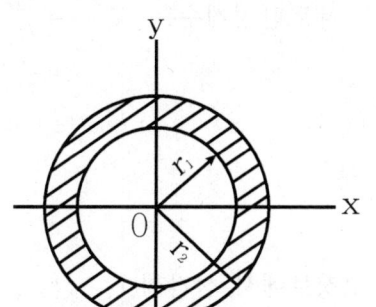

① $\pi(r_2^4 - r_1^4)$
② $\dfrac{\pi}{2}(r_2^4 - r_1^4)$
③ $\dfrac{\pi}{4}(r_2^4 - r_1^4)$
④ $\dfrac{\pi}{16}(r_2^4 - r_1^4)$

12.
$$I_P = \frac{\pi(d_2^4 - d_1^4)}{32} = \frac{\pi(r_2^4 - r_1^4)}{2}$$

13 외팔보의 자유단에 연직 방향으로 10kN의 집중 하중이 작용하면 고정단에 생기는 굽힘응력은 약 몇 MPa인가?
(단, 단면(폭 × 높이) b × h=10 cm × 15 cm, 길이 1.5 m이다.)

① 0.9
② 5.3
③ 40
④ 100

13.
$$\sigma = \frac{M}{Z} = \frac{6Pl}{bh^2} = \frac{6 \times 10 \times 10^3 \times 1500}{100 \times 150^2}$$
$$= 40\,\text{N/mm}^2\,[\text{MPa}]$$

14 지름 300 mm의 단면을 가진 속이 찬 원형보가 굽힘을 받아 최대 굽힘 응력이 100 MPa이 되었다. 이 단면에 작용한 굽힘 모멘트는 약 몇 kN·m인가?

① 265
② 315
③ 360
④ 425

14.
$$M = \sigma \cdot Z = \sigma \cdot \frac{\pi d^3}{32}$$
$$= 100 \times \frac{\pi \times 300^3}{32} \times 10^{-6}$$
$$= 265.07\,kN \cdot m$$

정답 12 ② 13 ③ 14 ①

15 원형 봉에 축방향 인장하중 P=88 kN이 작용할 때 직경의 감소량은 약 몇 mm인가?
(단, 봉은 길이 L=2 m, 직경 d=40 mm, 세로탄성계수는 70 GPa, 포아송비 μ=0.3이다.)

① 0.006 ② 0.012
③ 0.018 ④ 0.036

15.
$\delta' = \dfrac{\mu d \sigma}{E} = \dfrac{\mu d 4P}{E \pi d^2}$
$= \dfrac{4\mu P}{E \pi d}$
$= \dfrac{4 \times 0.3 \times 88 \times 10^3}{70 \times 10^9 \times \pi \times 0.04} \times 10^3$
$= 0.012 mm$

16 전체 길이가 L이고, 일단 지지 및 타단 고정보에서 삼각형 분포 하중이 작용할 때, 지지점 A에서의 반력은?
(단, 보의 굽힘강성 EI는 일정하다.)

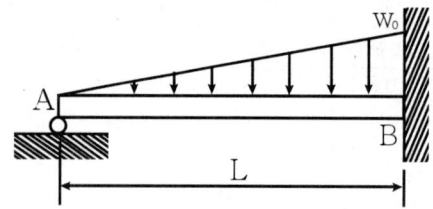

① $\dfrac{1}{2}w_0 L$ ② $\dfrac{1}{3}w_0 L$
③ $\dfrac{1}{5}w_0 L$ ④ $\dfrac{1}{10}w_0 L$

17 지름 D인 두께가 얇은 링(ring)을 수평면 내에서 회전 시킬 때, 링에 생기는 인장응력을 나타내는 식은?
(단, 링의 단위 길이에 대한 무게를 W, 링의 원주속도를 V, 링의 단면적을 A, 중력가속도를 g로 한다.)

① $\dfrac{WV^2}{DAg}$ ② $\dfrac{WDV^2}{Ag}$
③ $\dfrac{WV^2}{Ag}$ ④ $\dfrac{WV^2}{Dg}$

17.
$\sigma = \dfrac{rV^2}{g} = \dfrac{WV^2}{Ag}$

정답   15 ②   16 ④   17 ③

18 단면적이 4 cm^2인 강봉에 그림과 같은 하중이 작용하고 있다. W=60 kN, P=25 kN, ℓ=20 cm일 때 BC 부분의 변형률 ε은 약 얼마인가?
(단, 세로탄성계수는 200 GPa이다.)

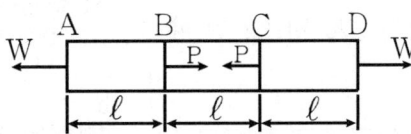

① 0.00043
② 0.0043
③ 0.043
④ 0.43

18.
$$\varepsilon_{BC} = \frac{(W-P)}{AE}$$
$$= \frac{(60-25) \times 10^3}{4 \times 10^{-4} \times 200 \times 10^9}$$
$$= 4.375 \times 10^{-4}$$

19 오일러 공식이 세장비 $\frac{l}{k} > 100$에 대해 성립한다고 할 때, 양단이 한지인 원형단면 기둥에서 오일러 공식이 성립하기 위한 길이 "l"과 지름 "d"와의 관계가 옳은 것은?
(단, 단면의 회전반경을 k라 한다.)

① $l > 4d$
② $l > 25d$
③ $l > 50d$
④ $l > 100d$

19.
$$\frac{l}{k} = \frac{l}{\sqrt{\frac{I}{A}}} = \frac{4l}{d} > 100$$
$$l > 25d$$

20 그림과 같은 단면을 가진 외팔보가 있다. 그 단면의 자유단에 전단력 V=40 kN이 발생한다면 단면 a-b 위에 발생하는 전단응력은 약 몇 MPa인가

① 4.57
② 4.88
③ 3.87
④ 3.14

20.
$$I = \frac{4 \times 30^3}{12} + \frac{8 \times 10^3}{12} \times 2 = 10333 \, cm^4$$
$$Q = 4 \times 10 \times 10 = 400$$
$$\tau = \frac{VQ}{Ib} = \frac{40 \times 10^3 \times 400}{10333 \times 4}$$
$$= 387.1 \, N/cm^2$$
$$= 3.871 \, N/mm^2 \, [MPa]$$

정답 18 ① 19 ② 20 ③

2과목: 기계열역학

21 압력 1000 kPa, 온도 300℃ 상태의 수증기 (엔탈피 3051.15 kJ/kg, 엔트로피 7.1228 kJ/kg·K)가 증기터빈으로 들어가서 100 kPa 상태로 나온다. 터빈의 출력 일이 370 kJ/kg 일 때 터빈의 효율(%)은?

수증기의 포화 상태표			
(압력 100 kPa / 온도 99.62℃)			
엔탈피(kJ/kg)		엔트로피(kJ/kg·K)	
포화 액체	포화 증기	포화 액체	포화 증기
417.44	2675.46	1.3025	7.3593

① 15.6
② 33.2
③ 66.8
④ 79.8

22 열역학 제 2 법칙에 대한 설명으로 틀린 것은?

① 효율이 100%인 열기관은 얻을 수 없다.
② 제 2종의 영구 기관은 작동 물질의 종류에 따라 가능하다.
③ 열은 스스로 저온의 물질에서 고온의 물질로 이동하지 않는다.
④ 열기관에서 작동 물질이 일을 하게 하려면 그보다 더 저온인 물질이 필요하다.

21.
7.1228
=1.3025+y(7.3593−1.3025)
y = 0.961

h
=417.44+0.961 (2675.46−417.44)
=2587.4

$\eta = \dfrac{370}{3051.15 - 2587.4} = 0.7978$

22.
열역학 제2법칙을 위배하는 기관을 제2종영구기관으로 하며 존재하지 않는다.

정답 21 ④ 22 ②

23 300 L 체적의 진공인 탱크가 25 ℃, 6 MPa의 공기를 공급하는 관에 연결된다. 밸브를 열어 탱크 안의 공기 압력이 5 MPa이 될 때까지 공기를 채우고 밸브를 닫았다. 이 과정이 단열이고 운동에너지와 위치에너지의 변화를 무시한다면 탱크 안의 공기의 온도(℃)는 얼마가 되는가?
(단, 공기의 비열비는 1.4이다.)

① 1.5　　② 25.0
③ 84.4　　④ 144.2

23.
$$T_2 = kT_1 = 1.4 \times (25+273)$$
$$= 417.2 K = 144.2 ℃$$

24 단열된 가스터빈의 입구 측에서 압력 2 MPa, 온도 1200 K 인 가스가 유입되어 출구 측에서 압력 100 kPa, 온도 600 K로 유출된다. 5 MW의 출력을 얻기 위해 가스의 질량유량(kg/s)은 얼마이어야 하는가?
(단, 터빈의 효율은 100%이고, 가스의 정압비열은 1.12 kJ/(kg·K)이다.)

① 6.44　　② 7.44
③ 8.44　　④ 9.44

24.
$$m = \frac{W}{C_P(T_2 - T_1)}$$
$$= \frac{5 \times 10^3}{1.12 \times (1200-600)}$$
$$= 7.44 \text{ kg/s}$$

25 공기 10 kg이 압력 200 kPa, 체적 5 m³인 상태에서 압력 400 kPa, 온도 300 ℃인 상태로 변한 경우 최종 체적(m³)은 얼마인가?
(단, 공기의 기체상수는 0.287 kJ/kg·K이다.)

① 10.7　　② 8.3
③ 6.8　　④ 4.1

25.
$$T_1 = \frac{P_1 V_1}{mR} = 348.43 k$$
$$V_2 = \frac{P_1 V_1 T_2}{T_1 P_2}$$
$$= \frac{200 \times 5 \times (300+273)}{348.43 \times 400}$$
$$= 4.11$$

정답　23 ④　24 ②　25 ④

26 이상적인 냉동사이클에서 응축기 온도가 30 ℃, 증발기 온도가 −10 ℃일 때 성적 계수는?

① 4.6
② 5.2
③ 6.6
④ 7.5

26.
$(COP)_R = \dfrac{-10+273}{30+10} = 6.575$

27 초기 압력 100 kPa, 초기 체적 0.1 m³인 기체를 버너로 가열하여 기체 체적이 정압과정으로 0.5 m³이 되었다면 이 과정 동안 시스템이 외부에 한 일(kJ)은?

① 10
② 20
③ 30
④ 40

27.
$W = P(V_2 - V_1)$
$= 100 \times (0.5 - 0.1)$
$= 40\,kJ$

28 랭킨사이클에서 보일러 입구 엔탈피 192.5 kJ/kg, 터빈 입구 엔탈피 3002.5 kJ/kg, 응축기 입구 엔탈피 2361.8 kJ/kg일 때 열효율(%)은? (단. 펌프의 동력은 무시한다.)

① 20.3
② 22.8
③ 25.7
④ 29.5

28.
$\eta = \dfrac{3002.5 - 2361.8}{3002.5 - 192.5} \times 100 = 22.8\%$

29 준평형 정적과정을 거치는 시스템에 대한 열 전달량은? (단. 운동에너지와 위치에너지의 변화는 무시한다.)

① 0 이다.
② 이루어진 일량과 같다.
③ 엔탈피 변화량과 같다.
④ 내부에너지 변화량과 같다.

29.
$Q_V = \Delta U = mC_V(T_2 - T_1)$

정답 26 ③ 27 ④ 28 ② 29 ④

30 1 kW의 전기히터를 이용하여 101 kPa, 15 ℃의 공기로 차 있는 100m³의 공간을 난방하려고 한다. 이 공간은 견고하고 밀폐되어 있으며 단열되어 있다. 히터를 10분 동안 작동시킨 경우, 이 공간의 최종온도(℃)는?
(단, 공기의 정적비열은 0.718 kJ/kg·K이고, 기체상수는 0.287 kJ/kg·K이다.)

① 18.1 ② 21.8
③ 25.3 ④ 29.4

30.
$$m = \frac{PV}{RT} = \frac{101 \times 100}{0.287 \times (15+273)}$$
$$= 122.193$$
$$T_2 = \frac{Q}{mc} = T_1$$
$$= \frac{1 \times 10 \times 60}{122.193 \times 0.718} + (15+273)$$
$$= 294.84\,\mathrm{K} = 21.8℃$$

31 펌프를 사용하여 150 kPa, 26 ℃의 물을 가역단열과정으로 650 kPa까지 변화시킨 경우, 펌프의 일(kJ/kg)은?
(단, 26 ℃의 포화액의 비체적은 0.001 m³/kg이다.)

① 0.4 ② 0.5
③ 0.6 ④ 0.7

31.
$$W = V(P_2 - P_1)$$
$$= 0.001 \times (650-150)$$
$$= 0.5\,\mathrm{kJ/kg}$$

32 열역학적 관점에서 다음 장치들에 대한 설명으로 옳은 것은?

① 노즐은 유체를 서서히 낮은 압력으로 팽창하여 속도를 감속시키는 기구이다.
② 디퓨저는 저속의 유체를 가속하는 기구이며 그 결과 유체의 압력이 증가한다.
③ 터빈은 작동유체의 압력을 이용하여 열을 생성하는 회전식 기계이다.
④ 압축기의 목적은 외부에서 유입된 동력을 이용하여 유체의 압력을 높이는 것이다.

정답 30 ② 31 ② 32 ④

33 피스톤-실린더 장치에 들어있는 100 kPa, 27℃의 공기가 600 kPa까지 가역단열과정으로 압축된다. 비열비가 1.4로 일정하다면 이 과정 동안에 공기가 받은 일(kJ/kg)은?
(단, 공기의 기체상수는 0.287 kJ/(kg·K)이다.)

① 263.6　　② 171.8
③ 143.5　　④ 116.9

34 다음 중 가장 큰 에너지는?

① 100kW 출력의 엔진이 이 10시간 동안 한 일
② 발열량 10000 kJ/kg의 연료를 100 kg 연소시켜 나오는 열량
③ 대기압 하에서 10℃ 물 10 m³를 90℃로 가열하는데 필요한 열량 (단, 물의 비열은 4.2 kJ/(kg·K)이다.)
④ 시속 100 km로 주행하는 총 질량 2000 kg인 자동차의 운동에너지

34.
① $100 \times 3600 \times 10 = 3,600,000 \, kJ$
② $10000 \times 100 = 1,000,000 \, kJ$
③ $10 \times 1000 \times 4.2 \times (90-10)$
$= 3360,000 \, kJ$
④ $\dfrac{mV^2}{2}$
$= \dfrac{2000}{2 \times 1000} \times \left(\dfrac{100 \times 1000}{3600}\right)^2$
$= 771.6 \, kJ$

35 이상기체 1 kg을 300 K, 100 kPa에서 500 K까지 "PVⁿ = 일정"의 과정(n=1.2)을 따라 변화시켰다. 이 기체의 엔트로피 변화량(kJ/K)은?
(단, 기체의 비열비는 1.3, 기체상수는 0.287 kJ/(kg·K)이다.)

① -0.244　　② -0.287
③ -0.344　　④ -0.373

35.
$C_V = \dfrac{R}{n-1} = \dfrac{0.287}{1.3-1} = 0.957$

$\triangle S = mC_V \dfrac{n-K}{n-1} \ln \dfrac{T_2}{T_1}$

$= 1 \times 0.957 \dfrac{1.2-1.3}{1.2-1} \ln \dfrac{500}{300}$

$= -0.244 \, kJ/k$

정답　33 ③　34 ①　35 ①

36 실린더 내의 공기가 100 kPa, 20 ℃ 상태에서 300 kPa이 될 때까지 가역단열 과정으로 압축된다. 이 과정에서 실린더 내의 계에서 엔트로피의 변화(kJ/(kg·K))는?
(단, 공기의 비열비(k)는 1.4이다.)

① -1.35
② 0
③ 1.35
④ 13.5

36.
가역단열과정은 등엔트로피과정으로 엔트로피 변화는 0이다.

37 다음은 시스템(계)과 경계에 대한 설명이다. 옳은 내용을 모두 고른 것은?

가. 검사하기 위하여 선택한 물질의 양이나 공간 내의 영역을 시스템(계)이라 한다.
나. 밀폐계는 일정한 양의 체적으로 구성된다.
다. 고립계의 경계를 통한 에너지 출입은 불가능하다.
라. 경계는 두께가 없으므로 체적을 차지하지 않는다.

① 가, 다
② 나, 라
③ 가, 다, 라
④ 가, 나, 다, 라

37.
밀폐계는 계내의 물질(작동물질)이 계 밖으로 나가지 못하는 계이다.

38 용기 안에 있는 유체의 초기 내부에너지는 700 kJ이다. 냉각과정 동안 250 kJ의 열을 잃고, 용기 내에 설치된 회전날개로 유체에 100 kJ의 일을 한다. 최종상태의 유체의 내부에너지(kJ)는 얼마인가?

① 350
② 450
③ 550
④ 650

38.
$U_2 - 700 = Q - W$
$U_2 = Q - W + 700$
$\quad = -250 + 100 + 700$
$\quad = 550$

정답 36 ② 37 ③ 38 ③

39 보일러에 온도 40℃ . 엔탈피 167 kJ/kg인 물이 공급되어 온도 350 ℃, 엔탈피 3115 kJ/kg인 수증기가 발생한다. 입구와 출구에서의 유속은 각각 5 m/s, 50 m/s이고, 공급되는 물의 양 2000 kg/h일 때, 보일러에 공급해야 할 열량 (kW)은?
(단, 위치에너지 변화는 무시한다.)

① 631 ② 832
③ 1237 ④ 1638

39.
$$Q = m(h_2 - h_1) + \frac{m(V_2^2 - V_1^2)}{2 \times 1000}$$
$$= \frac{2000}{36000}(3115 - 167)$$
$$+ \frac{2000}{3000}\frac{(50^2 - 5^2)}{2 \times 1000}$$
$$= 1638.47 \, kW$$

40 그림과 같은 공기표준 브레이튼(Brayton) 사이클에서 작동유체 1 kg당 터빈 일(kJ/kg)은?
(단, T_1=300 K, T_2=475.1 K, T_3=1100 K, T_4=694.5 K이고, 공기의 정압비열과 정적비열은 각각 1.0035 kJ/(kg·K), 0.7165kJ/(kg·K)이다.)

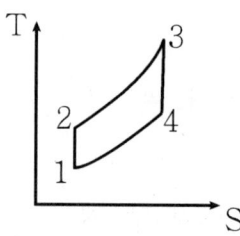

① 290 ② 407
③ 448 ④ 627

40 해설

$K = \frac{1.0035}{0.7165} = 1.4$

$W = \frac{KmR(T_3 - T_4)}{K - 1} = \frac{1.4 \times 1 \times (1.0035 - 0.7165)(1100 - 694.5)}{1.4 - 1} = 407.32$

정답 39 ④ 40 ②

3과목: 기계유체역학

41 모세관을 이용한 점도계에서 원형관 내의 유동은 비압축성 뉴턴 유체의 층류유동으로 가정할 수 있다. 원형관의 입구 측과 출구 측의 압력차를 2배로 늘렸을 때, 동일한 유체의 유량은 몇 배가 되는가?

① 2배 ② 4배
③ 8배 ④ 16배

41.
모세관식 점도계는 하겐포아제식을 이용한다.
$Q = \dfrac{\Delta P \pi d^4}{128 \mu l}$ 이므로
압력차가 2배이면 유량도 2배이다.

42 지름이 10 cm인 원통에 물이 담겨져 있다. 수직인 중심축에 대하여 300 rpm의 속도로 원통을 회전시킬 때 수면의 최고점과 최저점의 수직 높이차는 약 몇 cm인가?

① 0.126 ② 4.2
③ 8.4 ④ 12.6

42.
$H = \dfrac{V^2}{2g}$
$= \dfrac{1}{2 \times 9.8} \left(\dfrac{\pi \times 10 \times 300}{60 \times 100} \right)^2 \times 100$
$= 12.59\,\text{cm}$

43 그림과 같이 비중이 1.3인 유체 위에 깊이 1.1m로 물이 채워져 있을 때, 직경 5cm의 탱크 출구로 나오는 유체의 평균 속도는 약 몇 m/s인가?
(단, 탱크의 크기는 충분히 크고 마찰손실은 무시한다.)

① 3.9 ② 5.1
③ 7.2 ④ 7.7

43.
$V = \sqrt{2g \Delta h}$
$= \sqrt{2 \times 9.8 \times (1.1 + 1.3 \times 0.5)}$
$= 5.857\,\text{m/s}$

정답   41 ①   42 ④   43 ②

44 다음 유체역학적 양 중 질량차원을 포함하지 않는 양은 어느 것인가? (단, MLT 기본차원을 기준으로 한다.)

① 압력 ② 동점성계수
③ 모멘트 ④ 점성계수

44.
동점성 계수의 단위는 m^2/s이다.

45 그림과 같이 오일이 흐르는 수평관 사이로 두 지점의 압력차 p_1-p_2를 측정하기 위하여 오리피스와 수은을 넣어 U자관을 설치하였다. p_1-p_2로 옳은 것은?
(단, 오일의 비중량은 γ_{oil}이며, 수은의 비중량은 γ_{Hg}이다.)

① $(y_1-y_2)(\gamma_{Hg}-\gamma_{oil})$
② $y_2(\gamma_{Hg}-\gamma_{oil})$
③ $y_1(\gamma_{Hg}-\gamma_{oil})$
④ $(y_1-y_2)(\gamma_{oil}-\gamma_{Hg})$

45.
$P_1 + r_{oil}y_1 = P_2 + r_{oil}y_2 + r_{Hg}(y_1-y_2)$
$P_1 - P_2 = r_{oil}(y_2-y_1) + r_{Hg}(y_1-y_2)$
$P_1 - P_2 = -r_{oil}(y_1-y_2) + r_{Hg}(y_1-y_2)$
$\qquad = (y_1-y_2)(r_{Hg}-r_{oil})$

46 속도 포텐셜 $\phi = K\theta$인 와류 유동이 있다. 중심에서 반지름 r인 원주에 따른 순환(circulation) 식으로 옳은 것은? (단, K는 상수이다.)

① 0 ② K
③ πK ④ $2\pi K$

정 답 44 ② 45 ① 46 ④

47 그림과 같이 평행한 두 원판 사이에 점성계수 μ=0.2 N·s/m² 인 유체가 채워져 있다. 아래 판은 정지되어 있고 윗 판은 1800 rpm으로 회전할 때 작용하는 돌림힘은 몇 N·m인가?

① 9.4
② 38.3
③ 46.3
④ 59.2

48 피에조미터관에 대한 설명으로 틀린 것은?
① 계기유체가 필요 없다.
② U자관에 비해 구조가 단순하다
③ 기체의 압력 측정에 사용할 수 있다.
④ 대기압 이상의 압력 측정에 사용할 수 있다.

48.
피에조미터(Piezometer)는 흐르는 물의 정수압을 재는 기구로 측벽과 같은 측정 지점에 작은 구멍을 만들고 파이프를 연결하여 수은주나 수주 압력계 또는 다른 압력을 재는 기구에 연결하여 측정하는 것이다. 기체의 압력은 주로 유자관을 사용하여 측정한다.

49 밀도가 0.84 kg/m³이고 압력이 87.6 kPa인 이상기체가 있다. 이 이상기체의 절대온도를 2배 증가 시킬 때, 이 기체에서의 음속은 약 및 m/s인가? (단, 비열비는 1.4이다.)
① 380
② 340
③ 540
④ 720

49.
$\frac{p}{\rho}=RT$에서 $T=\frac{P}{R\rho}$ 절대온도가 2배 증가시 밀도는 $\frac{1}{2}$이다.
$c=\sqrt{KRT}=\sqrt{K\frac{2P}{\rho T}\cdot T}=\sqrt{K\frac{2P}{\rho}}$
$=\sqrt{1.4\times\frac{2\times 87.6\times 10^3}{0.84}}$
$=540.37\,\text{m/s}$

정답 47 ④ 48 ③ 49 ③

50 평판 위에 점성, 비압축성 유체가 흐르고 있다. 경계층 두께 δ에 대하여 유체의 속도 v의 분포는 아래와 같다. 이때, 경계층 운동량 두께에 대한 식으로 옳은 것은?
(단, U는 상류속도, y는 판판가의 수직거리이다.)

$$0 \leq y \leq \delta \ : \ \frac{v}{U} = \frac{2y}{\delta} - \left(\frac{y}{\delta}\right)^2$$
$$y > \delta \ : \ v = U$$

① 0.1δ
② 0.125δ
③ 0.133δ
④ 0.166δ

50 해설

$$\delta = \int_0^\delta \frac{u}{U}\left(1 - \frac{u}{U}\right) dy = \int_0^\delta \left(\frac{2y}{\delta} - \left(\frac{y}{\delta}\right)^2\right)\left(1 - \left[\frac{2y}{\delta} - \left(\frac{y}{\delta}\right)^2\right]\right) dy$$
$$= 0.133\,\delta$$

51 그림과 같이 폭이 2m인 수문 ABC가 A점에서 힌지로 연결되어 있다. 그림과 같이 수문이 고정될 때 수평인 케이블 CD에 걸리는 장력은 약 몇 kN인가?
(단, 수문의 무게는 무시한다.)

① 38.3
② 35.4
③ 25.2
④ 22.9

51.
$F_1 = \gamma h c A$
$\quad = 9.8 \times 2.5 \sin 60 \times 1 \times 2$
$\quad = 42.435\,kN$
$F_2 = 9.8 \times \frac{2.5}{2} \sin 60 \times 2 \times 2.5 = 53$
$y_P = y_c + \frac{I_G}{Ay_c}$
$\quad = \frac{2.5}{2} + \frac{2 \times 2.5^3}{2.5 \times 2 \times \frac{2.5}{2} \times 12}$
$\quad = 1.667$
$2.5 - 1.667 = 0.833$
$M = 42.435 \times \frac{1}{2}$
$\quad + 53\cos 60 \times (1 + 0.833\cos 60)$
$\quad + 53\sin 60 \times 0.833 \sin 60 = 91.8665$

$F_{CD} = \frac{91.8665}{3 \times \sin 60} = 35.359$

정답 50 ③ 51 ②

52 지름 100 mm 관에 글리세린이 9.42 L/min의 유량으로 흐른다. 이 유동은?

(단, 글리세린의 비중은 1.26, 점성계수는 μ=2.9x10⁻⁴ kg/m·s이다.)

① 난류유동 ② 층류유동
③ 천이유동 ④ 경계층유동

53 그림과 같이 날카로운 사각 모서리 입출구를 갖는 관로에서 전수두 H는?

(단, 관의 길이를 l, 지름은 d, 관 마찰계수는 f, 속도수두는 $\frac{V^2}{2g}$ 이고, 입구 손실계수는 0.5, 출구 손실계수는 1.0이다.)

① $H = \left(1.5 + f\frac{l}{d}\right)\frac{V^2}{2g}$

② $H = \left(1 + f\frac{l}{d}\right)\frac{V^2}{2g}$

③ $H = \left(0.5 + f\frac{l}{d}\right)\frac{V^2}{2g}$

④ $H = f\frac{l}{d}\frac{V^2}{2g}$

52.
$V = \frac{4Q}{\pi d^2} = \frac{4 \times 9.42 \times 10^{-3}}{\pi \times 0.1^2 \times 60} = 0.02 \text{m/s}$

$Re = \frac{\rho v d}{\mu}$
$= \frac{1000 \times 1.26 \times 0.02 \times 0.1}{2.9 \times 10^{-4}}$
$= 8689.66$

Re가 4000이상이므로 난류유동이다.

53.
$H = (1+0.5) \cdot \frac{V^2}{2g} + f\frac{l}{d}\frac{V^2}{2g}$
$= \left(1.5 + f\frac{l}{d}\right)\frac{V^2}{2g}$

정답 52 ① 53 ①

54 현의 길이가 7m인 날개의 속력이 500 km/h로 비행할 때 이 날개가 받는 양력이 4200 kN이라고 하면 날개의 폭은 약 몇 m인가?
(단, 양력계수 C_L=1, 항력계수 C_D=0.02, 밀도 ρ=1.2 kg/m³이다.)

① 51.84　　　② 63.17
③ 70.99　　　④ 82.36

54.
$$V = \frac{500 \times 10^3}{3600} = 138.9 \,\mathrm{m/s}$$
$$b = \frac{2L}{C_L \rho v^2 l}$$
$$= \frac{2 \times 4200 \times 10^3}{1 \times 1.2 \times 138.9^2 \times 7}$$
$$= 51.83 \,\mathrm{m}$$

55 그림과 같이 물이 유량 Q로 저수조로 들어가고, 속도 $V = \sqrt{2gh}$ 로 저수조 바닥에 있는 면적 A_2의 구멍을 통하여 나간다. 저수조 수면 높이가 변화하는 속도 $\frac{dh}{dt}$는?

55.
분출유량 = $A_2\sqrt{2gh}$

① $\dfrac{Q}{A_2}$　　　② $\dfrac{A_2\sqrt{2gh}}{A_1}$

③ $\dfrac{Q - A_2\sqrt{2gh}}{A_2}$　　　④ $\dfrac{Q - A_2\sqrt{2gh}}{A_1}$

정답　54 ①　55 ④

56 그림과 같이 속도가 V인 유체가 속도 U로 움직이는 곡면에 부딪혀 90°의 각도로 유동방향이 바뀐다. 다음 중 유체가 곡면에 가하는 힘의 수평방향 성분의 크기가 가장 큰 것은? (단, 유체의 유동단면적은 일정하다.)

① V=10 m/s, U=5 m/s
② V=20 m/s, U=15 m/s
③ V=10 m/s, U=4 m/s
④ V=25 m/s, U=20 m/s

56.
$F_x = \rho A(v-u)^2(1-\cos 90°)$
$\quad = \rho A(v-u)^2$
$v-u$가 가장 큰 값이 F_x가 가장 크다.

57 담배연기가 비정상 유동으로 흐를 때 순간적으로 눈에 보이는 담배연기는 다음 중 어떤것에 해당하는가?

① 유맥선
② 유적선
③ 유선
④ 유선, 유적선, 유맥선 모두에 해당됨

57.
순간적인 흐름은 유맥선이다.

58 중력가속도 g, 체적유량 Q, 길이 L로 얻을 수 있는 무차원 수는?

① $\dfrac{Q}{\sqrt{gL}}$
② $\dfrac{Q}{\sqrt{gL^3}}$
③ $\dfrac{Q}{\sqrt{gL^5}}$
④ $Q\sqrt{gL^3}$

58.
$Q=\sqrt{gL^5}$ 과 차원이 같다.

정답 56 ③ 57 ① 58 ③

59 길이 150 m인 배를 길이 10m 모형으로 조파 저항에 관한 실험을 하고자 한다. 실형의 배가 70 km/h로 움직인다면, 실형과 모형 사이의 역학적 상사를 만족하기 위한 모형의 속도는 몇 km/h인가?

① 271 ② 56
③ 18 ④ 10

59.
$$V = \sqrt{\frac{70^2 \times 10}{150}} = 18$$

60 관로의 전 손실수두가 10 m인 펌프로부터 21 m 지하에 있는 물을 지상 25 m의 송출액면에 10 m³/min의 유량으로 수송할 때 축동력이 124.5 kW이다. 이 펌프의 효율은 약 얼마인가?

① 0.70 ② 0.73
③ 0.76 ④ 0.80

60.
$$\frac{\gamma QH}{124.5} = \frac{9.8 \times 10 \times (21+25+10)}{124.5 \times 60}$$
$$= 0.735$$

4과목: 유체기계 및 유압기기

61 다음 중 액체에 에너지를 주어 이것을 저압부(낮은 곳)에서 고압부(높은 곳)로 송출하는 기계를 무엇이라고 하는가?

① 수차 ② 펌프
③ 송풍기 ④ 컨베이어

62 원심펌프의 송출유량이 0.7m³/min이고, 관로의 손실수두가 7m이었다. 이 펌프로 펌프중심에서 1m 아래에 있는 저수조에서 물을 흡입하여 26m의 높이에 있는 송출 탱크 면으로 양수하려고 할 때 이 펌프의 수동력(kW)은?

① 3.9 ② 5.1
③ 7.4 ④ 9.6

62.
$$kW = \gamma QH$$
$$= 9.8 \times \frac{0.7}{60} \times (26+1+7)$$
$$= 3.89$$

정답 59 ③ 60 ② 61 ② 62 ①

63 풍차에 관한 설명으로 틀린 것은?

① 후단의 방향날개로서 풍차축의 방향조정을 하는 형식을 미국형 풍차라고 한다.
② 보조풍차가 회전하기 시작하여 터빈축의 방향을 바람의 방향에 맞추는 형식을 유럽형 풍차라고 한다.
③ 바람의 방향이 바뀌어도 회전수를 일정하게 유지하기 위해서는 깃 각도를 조절하는 방식이 유용하다.
④ 풍속을 일정하게 하여 회전수를 줄이면 바람에 대한 영각이 감소하여 흡수동력이 감소한다.

63.
풍속을 일정하게 하여 바람에 대한 영각이 감소시키면 회전수가 감소되며 흡수동력이 증가한다.

64 터보형 유체 전동장치의 장점으로 틀린 것은?

① 구조가 비교적 간단하다.
② 기계를 시동할 때 원동기에 무리가 생기지 않는다.
③ 부하토크의 변동에 따라 자동적으로 변속이 이루어진다.
④ 출력축의 양방향 회전이 가능하다.

64.
터보형 유체 전동장치는 대동력용으로 회전하는 깃(vane)에 의하여 연속적으로 에너지의 전환이 이루어지는 유체전동장치로서 원심식, 사류식, 축류식으로 구분하며 역전은 불가능하다.

65 유효 낙차를 H(m), 유량을 Q(m³/s), 물의 비중량을 γ(kg/m³)라고 할 때 수차의 이론출력 Lth(kW)을 나타내는 식으로 옳은 것은?

① $L_{th} = \dfrac{\gamma QH}{75}$
② $L_{th} = \dfrac{\gamma QH}{102}$
③ $L_{th} = \gamma QH$
④ $L_{th} = 102\gamma QH$

66 펌프계에서 발생할 수 있는 수격작용(water hammer)의 방지대책으로 틀린 것은?

① 토출배관은 가능한 적은 구경을 사용한다.
② 펌프에 플라이휠을 설치한다.
③ 펌프가 급정지 하지 않도록 한다.
④ 토출 관로에 서지탱크 또는 서지밸브를 설치한다.

66.
토출배관은 가능한 큰 구경을 사용하여 유체의 속도를 감소시킨다.

정답 63 ④ 64 ④ 65 ② 66 ①

67 펠톤 수차의 니들밸브가 주로 조절하는 것은 무엇인가?
① 노즐에서의 분류 속도
② 분류의 방향
③ 유량
④ 버킷의 각도

67.
니들밸브는 유량 조절 밸브이다.

68 베인 펌프의 장점으로 틀린 것은?
① 송출 압력의 맥동이 거의 없다.
② 깃의 마모에 의한 압력 저하가 일어나지 않는다.
③ 펌프의 유동력에 비하여 형상치수가 크다.
④ 구성 부품 수가 적고 단순한 형상을 하고 있으므로 고장이 적다.

68.
답이 2개입니다.

69 펌프를 회전차의 형상에 따라 분류할 때, 다음 펌프의 분류가 다른 하나는?
① 피스톤 펌프
② 플런저 펌프
③ 베인 펌프
④ 사류 펌프

69.
사류펌프는 터보형 유체 전동장치의종류로서 비용적형 펌프이다.

70 프란시스 수차에서 스파이럴(spiral)형에 속하지 않는 것은?
① 횡축 단륜 단사 수차
② 횡축 단륜 복사 수차
③ 입축 단륜 단사 수차
④ 압축 이륜 단류 수차

71 유체 토크 컨버터의 주요 구성 요소가 아닌 것은?
① 펌프
② 터빈
③ 스테이터
④ 릴리프 밸브

71.
릴리프 밸브는 안전밸브로서 유압펌프에서 작동유의 압력이 규정압력보다 높아지는 경우에 유압기기에 무리가 따르는데 이것을 보호하기 위하여 유압회로 내의 압력을 설정된 압력 이하로 제한시켜주는 밸브이다.

정답 67 ③ 68 ③, ④ 69 ④ 70 ④ 71 ④

72 미터 아웃 회로에 대한 설명으로 틀린 것은?
① 피스톤 속도를 제어하는 회로이다.
② 유량 제어 밸브를 실린더의 입구측에 설치한 회로이다.
③ 기본형은 부하변동이 심한 공작기계의 이송에 사용된다.
④ 실린더에 배압이 걸리므로 끌어당기는 하중이 작용해도 작동 할 염려가 없다.

72.
미터아웃 회로는 유량제어 밸브를 유압유의 귀환 측인, 유압실린더와 유압탱크 사이에 설치하여 실린더로부터 유출되어 귀환하는 유량을 제어하는 회로로서 실린더는 항상 배압을 받게 된다.

73 압력 제어 밸브의 종류가 아닌 것은?
① 체크 밸브
② 감압 밸브
③ 릴리프 밸브
④ 카운터 밸런스 밸브

73.
압력제어 밸브
1. 회로내의 압력을 설정압력 이하로 유지하는 밸브, 릴리프 밸브, 감압 밸브
2. 회로내의 압력이 설정치에 달하면 회로를 전환시키는 밸브 순차작동 밸브, 무부하 밸브, 카운터밸런스 밸브 압력스위치

74 유압유의 구비조건으로 적절하지 않은 것은?
① 압축성이어야 한다.
② 점도 지수가 커야한다.
③ 열을 방출시킬 수 있어야 한다.
④ 기름중의 공기를 분리시킬 수 있어야 한다.

74.
유압유는 비압축성이어야 한다.

75 유압 장치의 특징으로 적절하지 않은 것은?
① 원격 제어가 가능하다.
② 소형 장치로 큰 출력을 얻을 수 있다.
③ 먼지나 이물질에 의한 고장의 우려가 없다.
④ 오일에 기포가 섞여 작동이 불량할 수 있다.

75.
유압 장치는 먼지나 이물질에 의한 고장의 우려가 있으므로 필터를 점검하여야 한다.

정답 72 ② 73 ① 74 ① 75 ③

76 유압 실린더 취급 및 설계 시 주의사항으로 적절하지 않은 것은?

① 적당한 위치에 공기구멍을 장치한다.
② 쿠션 장치인 쿠션 밸브는 감속범위의 조정용으로 사용한다.
③ 쿠션장치인 쿠션링은 헤드 엔드축에 흐르는 오일을 촉진한다.
④ 원칙적으로 더스트 와이퍼를 연결해야 한다.

77 그림의 유압 회로도에서 ㉠의 밸브 명칭으로 옳은 것은?

① 스톱 밸브
② 릴리프 밸브
③ 무부하 밸브
④ 카운터 밸런스 밸브

76.
쿠션링의 기능은 피스톤이 헤드 커버나 로드 커버에 닿기 전에 쿠션링이 공기의 배출 통로를 차단하여 공기는 교축된 좁은 통로를 통해 빠져나가므로 배압이 형성되어 실린더의 속도가 끝단에서 감소하게 된다.

정답 76 ③ 77 ②

78 펌프에 대한 설명으로 틀린 것은?

① 피스톤 펌프는 피스톤을 경사판, 캠, 크랭크 등에 의해서 왕복 운동시켜, 액체를 흡입 쪽에서 토출 쪽으로 밀어내는 형식의 펌프이다.
② 레이디얼 피스톤 펌프는 피스톤의 왕복 운동 방향이 구동축에 거의 직각인 피스톤 펌프이다.
③ 기어 펌프는 케이싱 내에 물리는 2개 이상의 기어에 의해 액체를 흡입 쪽에서 토출 쪽으로 밀어내는 형식의 펌프이다.
④ 터보 펌프는 덮개차를 케이싱 외에 회전시켜, 액체로부터 운동 에너지를 뺏어 액체를 토출하는 형식의 펌프이다.

78.
터빈펌프는 원심력을 이용하는 펌프로 안내날개를 이용해서 유체에 원심력을 주고 이를 압력으로 교환하여 펌핑을 하는 구조이므로 수두가 높거나 정해진 분출압력이 필요한 설비에 사용한다.

79 채터링 현상에 대한 설명으로 적절하지 않은 것은?

① 소음을 수반한다.
② 일종의 자려 진동현상이다.
③ 감압 밸브, 릴리프 밸브 등에서 발생한다.
④ 압력, 속도 변화에 의한 것이 아닌 스프링의 강성에 의한 것이다.

79.
채터링 현상은 엔진이 고속으로 회전할 때 접점의 개폐 속도가 대단히 빨라 닫힐 때의 충격으로 인해 불규칙한 진동이 발생하는 현상

80 그림과 같은 유압 기호의 명칭은?

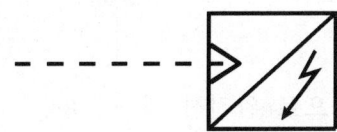

① 경음기
② 소음기
③ 리밋 스위치
④ 아날로그 변환기

정답 78 ④ 79 ④ 80 ④

5과목: 건설기계일반 및 플랜트 배관

81 오스테나이트계 스테인리스강의 설명으로 틀린 것은?
① 18-8 스테인리스강으로 통용된다.
② 비자성체이며 열처리하여도 경화되지 않는다.
③ 저온에서는 취성이 크며 크리프강도가 낮다.
④ 인장강도에 비하여 낮은 내력을 가지며, 가공 경화성이 높다.

81.
저온에서 인성이 크며 취성이 작다. 크리프강도가 크다.

82 굴삭기의 3대 주요 구성요소가 아닌 것은?
① 작업장치 ② 상부 회전체
③ 중간 선회체 ④ 하부 구동체

83 타이어식 굴삭기와 무한궤도식 굴삭기를 비교할 때, 타이어식 굴삭기의 특징으로 틀린 것은?
① 기동성이 나쁘다.
② 견인력이 약하다.
③ 습지, 사지, 활지의 운행이 곤란하다.
④ 암석지에서 작업 시 타이어가 손상되기 쉽다.

83.
타이어식 굴삭기가 기동성이 좋다.

84 덤프트럭의 축간거리가 1.2.m인 차를 왼쪽으로 완전히 꺾을 때 오른쪽 바퀴의 각도가 45°이고, 왼쪽바퀴의 각도가 30°일 때, 이 덤프트럭의 최소 회전 반경은 약 몇 m인가? (단, 킹핀과 타이어 중심간의 거리는 무시한다.)
① 1.7 ② 3.4
③ 5.4 ④ 7.8

84.
$R = \dfrac{1.2}{\sin 45} = 1.697\,m$

정답 81 ③ 82 ③ 83 ① 84 ①

85 수중의 토사, 암반 등을 파내는 건설기계로 항만, 항로, 선착장 등의 축항 및 기초공사에 사용되는 것은?

① 준설선　　　　　② 소새석기
③ 노상 안정기　　　④ 스크레이퍼

86 조향장치에서 조향력을 바퀴에 전달하는 부품 중에 바퀴의 토(toe) 값을 조정할 수 있는 것은?

① 피트먼 암　　　　② 너클 암
③ 드래그 링크　　　④ 스크레이퍼

87 표준 버킷용량(m^3)으로 규격을 나타내는 건설기계는?

① 모터 그레이더　　② 기중기
③ 지게차　　　　　④ 로더

87.
모터 그레이더 : 삽날(blade)의 길이 m로 표시한다.
기중기 : 최대 권상하중(부움의 수평면에서 30°때의 최대하중)을 ton으로 또한 마스터의 높이, 부움의 길이로 표시.
지게차 : 들어올리는 용량(ton)

88 쇄석기의 종류 중 임팩트 크러셔의 규격은?

① 시간당 쇄석능력 (ton/h)
② 시간당 이동거리(km/h)
③ 롤의 지름(mm)×길이(mm)
④ 쇄석 판의 폭(mm)×길이(mm)

89 아스팔트 피니셔의 각 부속장치에 대한 설명으로 틀린 것은?

① 리시빙 호퍼:운반된 혼합재(아스팔트)를 저장하는 용기이다.
② 피더:노면에 살포된 혼합재를 매끈하게 다듬는 판이다.
③ 스프레이팅 스쿠루:스크리드에 설치되어 혼합재를 균일하게 살포하는 장치이다.
④ 댐퍼:스크리드 앞쪽에 설치되어 노면에 살포된 혼합재를 요구되는 두께로 다져주는 장치이다.

89.
피더는 스크류 방식으로 혼합재를 앞으로 전달하는 장치이다.

정답　85 ①　86 ④　87 ④　88 ①　89 ②

90 플랜트 배관설비에서 열응력이 주요 요인이 되는 경우의 파이프 래크상의 배관 배치에 관한 설명으로 틀린 것은?

① 루프형 신축 곡관을 많이 사용한다.
② 온도가 높은 배관일수록 내측(안쪽)에 배치한다.
③ 관 지름이 큰 것일수록 외측(바깥쪽)에 배치한다.
④ 루프형 신축 곡관은 파이프 래크상의 다른 배관보다 높게 배치한다.

90.
일반적으로 온도가 높은 배관은 외측(바깥쪽)에 배치하여 온도 상승을 적게한다.

91 배관 지지장치인 브레이스에 대한 설명으로 적절하지 않은 것은?

① 방진 효과를 높이려면 스프링 정수를 낮춰야 한다.
② 진동을 억제하는데 사용되는 지지장치이다.
③ 완충기는 수격작용, 안전밸브의 반력 등의 충격을 완화하여 준다.
④ 유압식은 구조상 배관의 이동에 대하여 저항이 없고 방진 효과도 크므로 규모가 큰 배관에 많이 사용한다.

91.
스프링 정수(C)는 전단응력을 낮추는 방법이다.

92 감압밸브 설치 시 주의사항으로 적절하지 않은 것은?

① 감압밸브는 수평배관에 수평으로 설치하여야 한다.
② 배관의 열응력이 직접 감압 밸브에 가해지지 않도록 전후 배관에 고정이나 지지를 한다.
③ 감압밸브에 드레인이 들어오지 않는 배관 또는 드레인 빼기를 행하여 설치해야 한다.
④ 감압밸브의 전후에 압력계를 설치하고 입구측에는 글로브 밸브를 설치한다.

정답 90 ② 91 ① 92 ①

93 물의 비중량이 9810N/m³이며, 500kPa의 압력이 작용할 때 압력수두는 약 몇 m인가?

① 1.962
② 19.62
③ 5.097
④ 50.97

93.
$$H = \frac{P}{\gamma} = \frac{500 \times 10^3}{9810} = 50.97\,m$$

94 빙점(0℃) 이하의 낮은 온도에 사용하며 저온에서도 인성이 감소되지 않아 각종 화학공업, LPG, LNG 탱크 배관에 적합한 배관용 강관은?

① 배관용 탄소강관
② 저온 배관용 강관
③ 압력배관용 강관
④ 고온배관용 강관

95 KS 규격에 따른 고압 배관용 탄소강관의 기호로 옳은 것은?

① SPHL
② SPHT
③ SPPH
④ SPPS

95.
SPPH : 고압 배관용 탄소강 강관
SPHT : 고온 배관용 탄소강 강관

96 호브 식 나사절삭기에 대한 설명으로 적절하지 않은 것은?

① 나사절삭 전용 기계로서 호브를 저속으로 회전시키면서 나사절삭을 한다.
② 관은 어미나사와 척의 연결에 의해 1회전 할 때 마다 1피치만큼 이동하여 나사가 절삭된다.
③ 이 기계에 호브와 파이프 커터를 함께 장착하면 관의 나살 절삭과 절단을 동시에 할 수 있다.
④ 관의 절단, 나사절삭, 거스러미제거 등의 일을 연속적으로 할 수 있기 때문에 현장에서 가장 많이 사용한다.

96.
호브 식 나사절삭기는 나사절삭 전용기계이다.

정답 93 ④ 94 ② 95 ③ 96 ④

97 일반적으로 배관의 위치를 결정할 때 기능, 시공, 유지관리의 관점에서 적절하지 않은 것은?

① 급수배관은 아래쪽으로 배관해야 한다.
② 전기배선, 덕트 및 연도 등은 위쪽에 설치한다.
③ 자연중력식 배관은 배관구배를 엄격히 지켜야 하며 굽힘부를 적게 하여야 한다.
④ 파손 등에 의해 누수가 염려되는 배관에 위치는 위쪽으로 하는 것이 유지관리상 편리하다.

97.
파손 등에 의해 누수가 염려되는 배관에 위치는 아래쪽으로 하는 것이 유지관리상 편리하다.

98 관 절단 후 관 단면의 안쪽에 생기는 거스러미(쇳밥)를 제거하는 공구는?

① 파이프 커터　　② 파이프 리머
③ 파이프 렌치　　④ 바이스

99 배관의 부식 및 마모 등으로 작은 구멍이 생겨 유체가 누설될 경우에 다른 방법으로는 누설을 막기가 곤란할 때 사용하는 응급 조치법은?

① 하트태핑법　　② 인젝션법
③ 박스 설치법　　④ 스토핑 박스법

100 평면상의 변위 뿐 아니라 입체적인 변위까지 안전하게 흡수하므로 어떠한 형상에 의한 신축에도 배관이 안전하며 설치공간이 적은 신축이음의 형태는?

① 슬리브형　　② 벨로즈형
③ 스위블형　　④ 볼조인트형

정답　97 ④　98 ②　99 ②　100 ④

건설기계설비기사

1과목: 재료역학

01 다음 구조물에 하중 P = 1kN이 작용할 때 연결핀에 걸리는 전단응력은 얼마인가?
(단, 연결핀의 지름은 5mm이다.)

① 25.46 kPa
② 50.92 kPa
③ 25.46 MPa
④ 50.92 MPa

1.
$$\tau = \frac{4P}{\pi d^2 \times 2} = \frac{4 \times 1000}{\pi \times 5^2 \times 2}$$
$$= 25.465 \, N/mm^2 [MPa]$$

02 100rpm으로 30kW를 전달시키는 길이 1m, 지름 7cm인 둥근 축단의 비틀림각은 약 몇 rad인가?
(단, 전단탄성계수는 83GPa이다.)

① 0.26
② 0.30
③ 0.015
④ 0.009

2.
$$T = \frac{60 \times 1000 kW}{2\pi N}$$
$$= \frac{60 \times 1000 \times 30}{2\pi \times 100} = 2864.79 \, N \cdot m$$
$$\theta = \frac{T\ell}{G I_P} = \frac{32 T\ell}{G\pi d^4}$$
$$= \frac{32 \times 2864.79 \times 1}{83 \times 10^9 \times \pi \times 0.07^4}$$
$$= 0.0146 \, rad$$

정답 01 ③ 02 ③

03 길이가 5m이고 직경이 0.1m인 양단고정보 중앙에 200N의 집중하중이 작용할 경우 보의 중앙에서의 처짐은 약 몇 m인가?
(단, 보의 세로탄성계수는 200GPa이다.)

① 2.36×10^{-5}
② 1.33×10^{-4}
③ 4.58×10^{-4}
④ 1.06×10^{-3}

3.
$$\delta = \frac{Pl^3}{192EI}$$
$$= \frac{200 \times 5^3}{192 \times 200 \times 10^9 \times \frac{\pi \times 0.1^4}{64}}$$
$$= 1.326 \times 10^{-4} m$$

04 그림과 같이 800N의 힘이 브래킷의 A에 작용하고 있다. 이 힘의 점 B에 대한 모멘트는 약 몇 N·m인가?

① 160.6
② 202.6
③ 238.6
④ 253.6

4.
M = 800 sin60 × 0.2
　 + 800 cos60 × 0.16
　= 202.56 N·m

05 길이 10m, 단면적 $2cm^2$인 철봉을 100℃에서 그림과 같이 양단을 고정했다. 이 봉의 온도가 20℃로 되었을 때 인장력은 약 몇 kN인가?
(단, 세로탄성계수는 200GPa, 선팽창계수 a=0.000012/℃이다.)

① 19.2
② 25.5
③ 38.4
④ 48.5

5.
$P = \sigma \cdot A = E \propto \Delta TA$
$= 200 \times 10^6 \times 0.000012$
$\quad \times (100-20) \times 2 \times 10^{-4}$
$= 38.4 \text{kN}$

06 그림과 같이 외팔보의 끝에 집중하중 P가 작용할 때 자유단에서의 처짐각 θ는?
(단, 보의 굽힘강성 EI는 일정하다.)

① $\dfrac{PL^2}{2EI}$
② $\dfrac{PL^3}{6EI}$
③ $\dfrac{PL^2}{8EI}$
④ $\dfrac{PL^2}{12EI}$

6.
$\delta = \theta \overline{X}$ 에서
$\theta = \dfrac{\delta}{\overline{X}} = \dfrac{PL^3}{3EI} \dfrac{3}{2L} = \dfrac{PL^2}{2EI}$

정답 05 ③ 06 ①

07 비틀림모멘트 2kN·m가 지름 50mm인 축에 작용하고 있다. 축의 길이가 2m일 때 축의 비틀림각은 약 몇 rad인가?
(단, 축의 전단탄성계수는 85GPa이다.)

① 0.019
② 0.028
③ 0.054
④ 0.077

7.
$\theta = \dfrac{32TL}{G\pi d^4} = \dfrac{32 \times 2 \times 10^3 \times 2}{85 \times 10^9 \times \pi \times 0.05^4}$
$= 0.0769$

08 다음 외팔보가 균일분포 하중을 받을 때, 굽힘에 의한 탄성변형 에너지는?
(단, 굽힘강성 EI는 일정하다.)

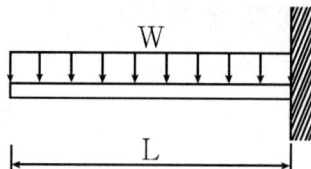

① $U = \dfrac{w^2 L^5}{20EI}$
② $U = \dfrac{w^2 L^5}{30EI}$
③ $U = \dfrac{w^2 L^5}{40EI}$
④ $U = \dfrac{w^2 L^5}{50EI}$

8.
$M = \dfrac{wx^2}{2}$
$U = \int_0^\ell \dfrac{M^2}{2EI} dx$
$= \dfrac{1}{2EI} \int_0^\ell \left(\dfrac{wx^2}{2}\right)^2 dx$
$= \dfrac{\omega^3 L^5}{40EI}$

정답   07 ④   08 ③

09 판 두께 3mm를 사용하여 내압 $20kN/cm^2$을 받을 수 있는 구형(spherical) 내압용기를 만들려고 할 때, 이 용기의 최대 안전내경 d를 구하면 몇 cm인가?
(단, 이 재료의 허용 인장응력을 $\sigma_w=800kN/cm^2$으로 한다.)

① 24
② 48
③ 72
④ 96

9.
$$D = \frac{4t\sigma}{P} = \frac{4 \times 0.3 \times 800}{20} = 48\,cm$$

10 다음과 같은 평면응력 상태에서 최대 주응력 σ_1은?

$\sigma_x = \tau,\ \sigma_y = 0,\ \sigma_{xy} = -\tau$

① 1.414τ
② 1.80τ
③ 1.618τ
④ 2.828τ

10.
$$\sigma_1 = \frac{\sigma_x + \sigma_y}{2} + \sqrt{\left(\frac{\sigma_x - \sigma_y}{2}\right)^2 + \tau^2}$$
$$= \frac{\tau}{2} + \sqrt{\left(\frac{\tau}{2}\right)^2 + \tau^2}$$
$$= 1.618\tau$$

11 그림과 같은 돌출보에서 $\omega=120kN/m$의 등분포 하중이 작용할 때, 중앙 부분에서의 최대 굽힘응력은 약 몇 MPa인가?
(단, 단면은 표준 I형 보로 높이 h=60cm이고, 단면 2차 모멘트 $I=98200\,cm^4$이다.)

① 125
② 165
③ 185
④ 195

11.
$$M = 120 \times 3 \times 1.5 \times 10^3 = 540 \times 10^3\,N\cdot m$$
$$\sigma = \frac{M}{Z} = \frac{yM}{I}$$
$$= \frac{0.6 \times 540 \times 10^3}{2 \times 98200 \times 10^{-8}} \times 10^{-6}$$
$$= 164.97\,MPa$$

정답 09 ② 10 ③ 11 ②

12 다음 그림과 같은 부채꼴의 도심(centroid)의 위치 $\bar{x}$는?

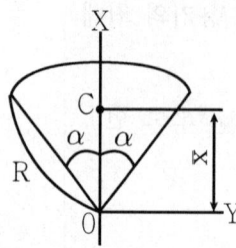

① $\bar{x} = \dfrac{2}{3}R$ ② $\bar{x} = \dfrac{3}{4}R$

③ $\bar{x} = \dfrac{2}{3}R\sin\alpha$ ④ $\bar{x} = \dfrac{2R}{3\alpha}\sin\alpha$

12.
$$\bar{x} = \frac{\int_A x' dA}{A}$$
$$= \frac{\int_0^R \int_{-\alpha}^{\alpha} r\cos\theta \, r \, d\theta \, dr}{\alpha R^2}$$
$$= \frac{\int_0^R r^2 dr \int_{-\alpha}^{\alpha} \cos\theta \, d\theta}{\alpha R^2}$$
$$= \frac{R^3 \cdot \sin\theta \big|_{-\alpha}^{\alpha}}{3\alpha R^2} = \frac{2R\sin\alpha}{3\alpha}$$

13 그림과 같은 단주에서 편심거리 e에 압축하중 P=80kN이 작용할 때 단면에 인장응력이 생기지 않기 위한 e의 한계는 몇 cm인가?
(단, G는 편심 하중이 작용하는 단주 끝단의 평면상 위치를 의미한다.)

① 8 ② 10
③ 12 ④ 14

13.
$\dfrac{-h}{\sigma} < e < \dfrac{h}{e}$ 이므로
$\dfrac{60}{6} = 10$

정답 12 ④ 13 ②

14 그림과 같이 균일단면을 가진 단순보에 균일하중 ω kN/m 이 작용할 때, 이 보의 탄성곡선식은?
(단, 보의 굽힘 강성 EI는 일정하고, 자중은 무시한다.)

① $y = \dfrac{\omega x}{24EI}(L^3 - 2Lx^2 + x^3)$

② $y = \dfrac{\omega}{24EI}(L^3 - Lx^2 + x^3)$

③ $y = \dfrac{\omega}{24EI}(L^3 x - Lx^2 + x^3)$

④ $y = \dfrac{\omega x}{24EI}(L^3 - 2x^2 + x^3)$

14.
왼쪽지점 에서 x의 거리에 있는 단면의 굽힘모멘트는
$M = \dfrac{wlx}{2} - \dfrac{wx^2}{2}$ 이므로
$EI\dfrac{d^2y}{dx^2} = -\dfrac{wlx}{2} + \dfrac{wx^2}{2}$
위 식을 x에 관해 두 번 적분하면
$EI\dfrac{dy}{dx} = -\dfrac{wlx^2}{4} + \dfrac{wx^3}{6} + C_1$
$EI = -\dfrac{wlx^3}{12} + \dfrac{wx^4}{24} + C_1 x + C_2$
$x = \dfrac{1}{2}$에서 $\dfrac{dy}{dx} = 0$이므로
$C_2 = \dfrac{wl^3}{24}$
$x = 0$에서 $y = 0$이므로
$C_2 = 0$
적분상수 C_1, C_2를 위 식에 대입하여 정리하면
$\dfrac{dy}{dx} = \dfrac{w}{24EI}(4x^3 - 6lx^2 + l^3)$
$y = \dfrac{wx}{24EI}(x^3 - 2lx^2 + l^3)$

15 길이 3m, 단면의 지름이 3cm인 균일 단면의 알루미늄 봉이 있다. 이 봉에 인장하중 20kN이 걸리면 봉은 약 몇 cm 늘어나는가? (단, 세로탄성계수는 72GPa이다.)

① 0.118
② 0.239
③ 1.18
④ 2.39

15.
$\delta = \dfrac{Pl}{AE} = \dfrac{4Pl}{\pi d^2 E}$
$= \dfrac{4 \times 20 \times 10^3 \times 3}{\pi \times 0.03^2 \times 72 \times 10^9} \times 100$
$= 0.1178$

정답 14 ① 15 ①

16 지름 70mm인 환봉에 20MPa의 최대전단응력이 생겼을 때 비틀림모멘트는 약 몇 kN·m인가?

① 4.50   ② 3.60
③ 2.70   ④ 1.35

16.
$T = \tau \dfrac{\pi d^3}{16} = 20 \times 10^3 \times \dfrac{\pi 0.07^3}{16}$
$= 1.347$

17 다음과 같이 스팬(span) 중앙에 힌지(hinge)를 가진 보의 최대 굽힘모멘트는 얼마인가?

① $\dfrac{qL^2}{4}$ ② $\dfrac{qL^2}{6}$
③ $\dfrac{qL^2}{8}$ ④ $\dfrac{qL^2}{12}$

17.
힌지의 반력 $\dfrac{qL}{4}$
$M_B = -\dfrac{qL}{4} \times \dfrac{L}{2} - \dfrac{qL}{2} \times \dfrac{L}{4}$
$= \dfrac{qL^2}{4}$

18 그림과 같이 원형단면을 가진 보가 인장하중 P=90kN을 받는다. 이 보는 강(steel)으로 이루어져 있고, 세로탄성계수는 210GPa이며 포와송비 $\mu = 1/3$이다. 이 보의 체적변화 $\triangle V$는 약 몇 mm^3인가?
(단, 보의 직경 d=30mm, 길이 L=5m이다.)

① 114.28   ② 314.28
③ 514.28   ④ 714.28

18.
$\triangle V = V\varepsilon(1-2\mu) = A \cdot l \dfrac{P}{AE}(1-2\mu)$
$= \dfrac{Pl}{E}(1-2\mu)$
$= \dfrac{90 \times 10^3 \times 5}{210 \times 10^9}(1-2 \times \dfrac{1}{3}) \times 1000^3$

정답 16 ④ 17 ① 18 ④

19 그림과 같은 단순 지지보에 모멘트(M)와 균일분포하중(ω)이 작용할 때, A점의 반력은?

① $\dfrac{\omega l}{2} - \dfrac{M}{l}$
② $\dfrac{\omega l}{2} - M$
③ $\dfrac{\omega l}{2} + M$
④ $\dfrac{\omega l}{2} + \dfrac{M}{l}$

19.
$R_A \cdot l = \dfrac{wl^2}{2} - M$
$R_A = \dfrac{wl^2}{2l} - \dfrac{M}{l} = \dfrac{wl}{2} - \dfrac{M}{l}$

20 0.4m×0.4m인 정사각형 ABCD를 아래 그림에 나타내었다. 하중을 가한 후의 변형상태는 점선으로 나타내었다. 이때 A 지점에서 전단 변형률 성분의 평균값(γ_{xy})는?

① 0.001
② 0.000625
③ -0.005
④ -0.000625

정답 19 ① 20 ③

2과목: 기계열역학

21 다음은 오토(Otto) 사이클의 온도-엔트로피(T-S) 선도이다. 이 사이클의 열효율을 온도를 이용하여 나타낼 때 옳은 것은? (단, 공기의 비열은 일정한 것으로 본다.)

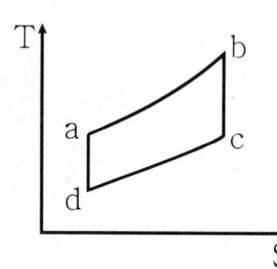

① $1 - \dfrac{T_c - T_d}{T_b - T_a}$
② $1 - \dfrac{T_b - T_a}{T_c - T_d}$
③ $1 - \dfrac{T_a - T_d}{T_b - T_c}$
④ $1 - \dfrac{T_b - T_c}{T_a - T_d}$

21.
$\eta = 1 - \dfrac{Q_R}{Q_A} = 1 - \dfrac{mC_V(T_c - T_d)}{mC_V(T_b - T_a)}$

22 다음 중 강도성 상태량(intensive property)이 아닌 것은?
① 온도
② 내부에너지
③ 밀도
④ 압력

22.
내부에너지는 종량성 상태량이다.

정답 21 ① 22 ②

23 고온열원(T_1)과 저온열원(T_2) 사이에서 작동하는 역카르노 사이클에 의한 열펌프(heat pump)의 성능계수는?

① $\dfrac{T_1 - T_2}{T_1}$
② $\dfrac{T_2}{T_1 - T_2}$
③ $\dfrac{T_1}{T_1 - T_2}$
④ $\dfrac{T_1 - T_2}{T_2}$

24 냉매가 갖추어야 할 요건으로 틀린 것은?
① 증발온도에서 높은 잠열을 가져야 한다.
② 열전도율이 커야 한다.
③ 표면장력이 커야 한다.
④ 불활성이고 안전하며 비가연성이어야 한다.

24.
점도가 적고 표면 장력이 작아야 냉매의 전열이 양호하다.

25 100℃의 구리 10kg을 20℃의 물 2kg이 들어있는 단열 용기에 넣었다. 물과 구리 사이의 열전달을 통한 평형 온도는 약 몇 ℃인가?
(단, 구리 비열은 0.45kJ/(kg·K), 물 비열은 4.2kJ/(kg·K)이다.)
① 48
② 54
③ 60
④ 68

25.
$10 \times 0.45 \times (100 - y) = 2 \times 4.2 \times (y - 20)$
$y = 47.9$℃

26 이상기체 2kg이 압력 98kPa, 온도 25℃ 상태에서 체적이 $0.5m^3$였다면 이 이상기체의 기체상수는 약 몇 J/(kg·K)인가?
① 79
② 82
③ 97
④ 102

26.
$R = \dfrac{PV}{mT} = \dfrac{98 \times 10^3 \times 0.5}{2 \times (25 + 273)}$
$= 82.215 \, J/kgk$

정답 23 ③ 24 ③ 25 ① 26 ②

27 다음 중 스테판-볼츠만의 법칙과 관련이 있는 열전달은?

① 대류 ② 복사
③ 전도 ④ 응축

28 어떤 습증기의 엔트로피가 6.78kJ/(kg·K)라고 할 때 이 습증기의 엔탈피는 약 몇 kJ/kg인가?
(단, 이 기체의 포화액 및 포화증기의 엔탈피와 엔트로피는 다음과 같다.)

	포화액	포화증기
엔탈피(kJ/kg)	384	2666
엔트로피(kJ/(kg·K))	1.25	7.62

① 2365 ② 2402
③ 2473 ④ 2511

28.
$x = \dfrac{s-s'}{s''-s'} = 0.868$
$h = h' + x(h'' - h')$
$\quad = 384 + 0.868(2666 - 384)$
$\quad = 2364.8\,\text{kJ/kg}$

29 단열된 노즐에 유체가 10m/s의 속도로 들어와서 200m/s의 속도로 가속되어 나간다. 출구에서의 엔탈피가 2770kJ/kg일 때 입구에서의 엔탈피는 약 몇 kJ/kg인가?

① 4370
② 4210
③ 2850
④ 2790

29.
$h_1 = h_2 + \dfrac{V_2^2 - V_1^2}{2}$
$\quad = 2770 \times 10^3 + \dfrac{200^2 - 10^2}{2}$
$\quad = 2789950\,\text{J/kg}$
$\quad = 2789.95\,kJ/kg$

정답 27 ② 28 ① 29 ④

30 압력(P) - 부피(V) 선도에서 이상기체가 그림과 같은 사이클로 작동한다고 할 때 한 사이클 동안 행한 일은 어떻게 나타내는가?

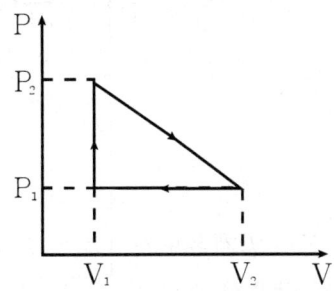

① $\dfrac{(P_2 + P_1)(V_2 + V_1)}{2}$

② $\dfrac{(P_2 - P_1)(V_2 + V_1)}{2}$

③ $\dfrac{(P_2 + P_1)(V_2 - V_1)}{2}$

④ $\dfrac{(P_2 - P_1)(V_2 - V_1)}{2}$

31 클라우지우스(Clausius)의 부등식을 옳게 나타낸 것은?
(단, T는 절대온도, Q는 시스템으로 공급된 전체 열량을 나타낸다.)

① $\oint T\delta Q \leq 0$ ② $\oint T\delta Q \geq 0$

③ $\oint \dfrac{\delta Q}{T} \leq 0$ ④ $\oint \dfrac{\delta Q}{T} \geq 0$

정답 30 ④ 31 ③

32 어떤 유체의 밀도가 741kg/m^3이다. 이 유체의 비체적은 약 몇 m^3/kg인가?

① 0.78×10^{-3}
② 1.35×10^{-3}
③ 2.35×10^{-3}
④ 2.98×10^{-3}

32.
$$v = \frac{1}{\rho} = \frac{1}{741}$$
$$= 1.35 \times 10^{-3} \, m^3/kg$$

33 어떤 물질에서 기체상수(R)가 0.189kJ/(kg·K), 임계온도가 305K, 임계압력이 7380kPa이다. 이 기체의 압축성 인자(compressibility factor, Z)가 다음과 같은 관계식을 나타낸다고 할 때 이 물질의 20℃, 1000kPa 상태에서의 비체적(v)은 약 몇 m^3/kg인가?
(단, P는 압력, T는 절대온도, P_r은 환산압력, T_r은 환산온도를 나타낸다.)

$$Z = \frac{Pv}{RT} = 1 - 0.8 \frac{P_r}{T_r}$$

① 0.0111
② 0.0303
③ 0.0491
④ 0.0554

34 전류 25A, 전압 13V를 가하여 축전지를 충전하고 있다. 충전하는 동안 축전지로부터 15W의 열손실이 있다. 축전지의 내부에너지 변화율은 약 몇 W인가?

① 310
② 340
③ 370
④ 420

34.
$P = IV = 25 \times 13 = 325\,W$
$\triangle U = 325 - 15 = 310\,W$

정답 32 ② 33 ③ 34 ①

35 카르노사이클로 작동하는 열기관이 1000℃의 열원과 300K 의 대기 사이에서 작동한다. 이 열기관이 사이클 당 100kJ 의 일을 할 경우 사이클 당 1000℃의 열원으로부터 받은 열량은 약 몇 kJ인가?

① 70.0　　　　　　② 76.4
③ 130.8　　　　　　④ 142.9

35.
$$Q = \frac{W}{1 - \frac{T_2}{T_1}}$$
$$= \frac{100}{1 - \frac{300}{1000+273}}$$
$$= 130.83$$

36 이상적인 랭킨사이클에서 터빈 입구 온도가 350℃이고, 75kPa과 3MPa의 압력범위에서 작동한다. 펌프 입구와 출구, 터빈 입구와 출구에서 엔탈피는 각각 384.4kJ/kg, 387.5kJ/kg, 3116kJ/kg, 2403kJ/kg이다. 펌프일을 고려한 사이클의 열효율과 펌프일을 무시한 사이클의 열효율 차이는 약 몇 %인가?

① 0.0011　　　　　② 0.092
③ 0.11　　　　　　④ 0.18

36.
펌프일 무시
$$\eta = \frac{3116 - 2403}{3116 - 384.4} \times 100$$
$$= 26.1\%$$

펌프일 고려
$$W_P = 387.5 - 384.4 = 3.1$$
$$\eta = \frac{3116 - 2403 - 3.1}{3116 - 384.4 - 3.1} \times 100$$
$$= 26\%$$

37 기체가 0.3MPa로 일정한 압력 하에 $8m^3$에서 $4m^3$까지 마찰 없이 압축되면서 동시에 500kJ의 열을 외부로 방출하였다면, 내부에너지의 변화는 약 몇 kJ인가?

① 700　　　　　　② 1700
③ 1200　　　　　　④ 1400

37.
$$\triangle U = Q - W$$
$$= -500 - 0.3 \times 10^3 \times (4-8)$$
$$= 700\,kJ$$

정답　35 ③　36 ③　37 ①

38 이상적인 교축과정(throttling process)을 해석하는데 있어서 다음 설명 중 옳지 않은 것은?

① 엔트로피는 증가한다.
② 엔탈피의 변화가 없다고 본다.
③ 정압과정으로 간주한다.
④ 냉동기의 팽창밸브의 이론적인 해석에 적용될 수 있다.

38.
교축과정은 비가역과정으로 해석한다.

39 이상기체로 작동하는 어떤 기관의 압축비가 17이다. 압축 전의 압력 및 온도는 112kPa, 25℃이고 압축 후의 압력은 4350kPa이었다. 압축 후의 온도는 약 몇 ℃인가?

① 53.7
② 180.2
③ 236.4
④ 407.8

39.
$T_2 = T_1 \dfrac{P_2 \, V_2}{P_1 \, V_1}$
$= (25+273) \dfrac{4350}{110} \times \dfrac{1}{17}$
$= 680.8 \, K$
$= 407.8 \, ℃$

40 압력이 0.2MPa, 온도가 20℃의 공기를 압력이 2MPa로 될 때까지 가역단열 압축했을 때 온도는 약 몇 ℃인가?
(단, 공기는 비열비가 1.4인 이상기체로 간주한다.)

① 225.7
② 273.7
③ 292.7
④ 358.7

40.
$T_2 = T_1 \left(\dfrac{P_2}{P_1}\right)^{\frac{k-1}{k}}$
$= (20+273)\left(\dfrac{2}{0.2}\right)^{\frac{0.4}{1.4}}$
$= 565.7 \, k$
$= 292.7 ℃$

정답 38 ③ 39 ④ 40 ③

3과목: 기계유체역학

41 낙차가 100m인 수력발전소에서 유량이 $5m^3/s$이면 수력터빈에서 발생하는 동력(MW)은 얼마인가?
(단, 유도관의 마찰손실은 10m이고, 터빈의 효율은 80%이다.)

① 3.53
② 3.92
③ 4.41
④ 5.52

41.
$L = rQH\eta$
$= 9.8 \times 5 \times (100-10) \times 0.8$
$= 352.8 kW$
$= 3.528 MW$

42 어떤 물리량 사이의 함수관계가 다음과 같이 주어졌을 때, 독립 무차원수 Pi항은 몇 개인가?
(단, α는 가속도, V는 속도, t는 시간, ν는 동점성계수, L은 길이이다.)

$$F(\alpha, V, t, \nu, L) = 0$$

① 1
② 2
③ 3
④ 4

42.
α는 가속도(m/s^2),
V는 속도 (m/s),
t는 시간 (s),
ν는 동점성계수 (m^2/s),
L은 길이(m)이므로
차원은 (L, T)이다.
그러므로 무차원수는
5-2= 3 이다.

정답 41 ① 42 ③

43 그림과 같은 노즐을 통하여 유량 Q만큼의 유체가 대기로 분출될 때, 노즐에 미치는 유체의 힘 F는?
(단, A_1, A_2는 노즐의 단면 1, 2에서의 단면적이고 ρ는 유체의 밀도이다.)

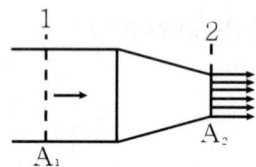

① $F = \dfrac{\rho A_2 Q^2}{2}\left(\dfrac{A_2 - A_1}{A_1 A_2}\right)^2$

② $F = \dfrac{\rho A_2 Q^2}{2}\left(\dfrac{A_2 + A_1}{A_1 A_2}\right)^2$

③ $F = \dfrac{\rho A_1 Q^2}{2}\left(\dfrac{A_2 + A_1}{A_1 A_2}\right)^2$

④ $F = \dfrac{\rho A_1 Q^2}{2}\left(\dfrac{A_2 - A_1}{A_1 A_2}\right)^2$

43.
$\dfrac{P_1}{\gamma} + \dfrac{V_1^2}{2g} = \dfrac{V_2^2}{2g}$

$P_1 = \dfrac{\rho}{2}(V_2^2 - V_1^2)$

$P_1 A_1 + \rho Q V_1 + F = \rho Q V_2$

$\dfrac{\rho}{2}(V_2^2 - V_1^2)A_1 + \rho Q(V_1 - V_2) = -F$

$\dfrac{\rho A_1}{2}\left(\left(\dfrac{Q}{A_2}\right)^2 - \left(\dfrac{Q}{A_1}\right)^2\right) + \rho Q\left(\dfrac{Q}{A_1} - \dfrac{Q}{A_2}\right) = -F$

$\dfrac{\rho A_1 Q^2}{2}\left[\dfrac{1}{A_2^2} - \dfrac{1}{A_1^2} + \dfrac{2}{A_1}\left(\dfrac{1}{A_1} - \dfrac{1}{A_2}\right)\right] = -F$

$F = \dfrac{\rho A_1 Q^2}{2}\left(\dfrac{1}{A_1^2} - \dfrac{1}{A_2^2} + \dfrac{2}{A_1 A_2} - \dfrac{2}{A_1^2}\right)$

$= \dfrac{\rho A_1 Q^2}{2}\left(\dfrac{-1}{A_1^2} - \dfrac{1}{A_2^2} + \dfrac{2}{A_1 A_2}\right)$

$= \dfrac{-\rho A_1 Q^2}{2}\left(\dfrac{1}{A_2^2} - \dfrac{2}{A_1 A_2} + \dfrac{1}{A_1^2}\right)$

$= -\dfrac{\rho A_1 Q^2}{2}\left(\dfrac{A_2 - A_1}{A_1 A_2}\right)^2$

44 그림과 같이 원판 수문이 물속에 설치되어 있다. 그림 중 C는 압력의 중심이고, G는 원판의 도심이다. 원판의 지름을 d라 하면 작용점의 위치 η는?

① $\eta = \bar{y} + \dfrac{d^2}{8\bar{y}}$

② $\eta = \bar{y} + \dfrac{d^2}{16\bar{y}}$

③ $\eta = \bar{y} + \dfrac{d^2}{32\bar{y}}$

④ $\eta = \bar{y} + \dfrac{d^2}{64\bar{y}}$

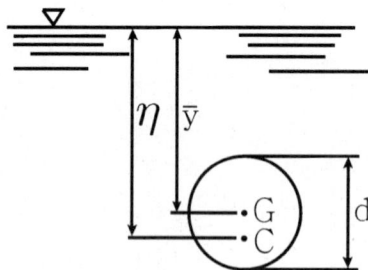

정답 43 ④ 44 ②

45 체적이 $30m^3$인 어느 기름의 무게가 247kN이었다면 비중은 얼마인가? (단, 물의 밀도는 1000kg/m^3이다.)

① 0.80
② 0.82
③ 0.84
④ 0.86

45.
$$S = \frac{247 \times 10^3}{30 \times 9800} = 0.84$$

46 비압축성 유체가 그림과 같이 단면적 A(x) = 1 − 0.04x [m^2]로 변화하는 통로 내를 정상상태로 흐를 때 P점(x=0)에서의 가속도(m/s^2)는 얼마인가?
(단, P점에서의 속도는 2m/s, 단면적은 $1m^2$이며, 각 단면에서 유속은 균일하다고 가정한다.)

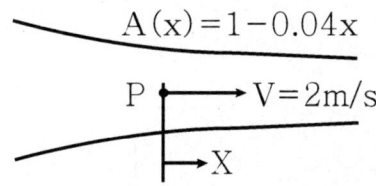

① −0.08
③ 0.08
② 0
④ 0.16

46.
$$V = \frac{Q}{A} = Q(1-0.04x)^{-1}$$
$$a_x = V \cdot \frac{\partial V}{\partial x}$$
$$= V \cdot \frac{\partial}{\partial x}[Q(1-0.04x)^{-1}]$$
$$= VQ\frac{\partial}{\partial x}(1-0.04x)^{-1}$$
$$= VQ(-1)(1-0.04x) \times -0.04$$

$x = 0$에서
$a_x = 2 \times 2 \times (-1) \times -0.04$
    $= 0.16$

정답 45 ③ 46 ④

47 수면의 차이가 H인 두 저수지 사이에 지름 d, 길이 ℓ인 관로가 연결되어 있을 때 관로에서의 평균 유속(V)을 나타내는 식은?

(단, f는 관마찰계수이고, g는 중력가속도이며, K_1, K_2는 관입구와 출구에서의 부차적 손실계수이다.)

① $V = \sqrt{\dfrac{2gdH}{K_1 + f\ell + K_2}}$

② $V = \sqrt{\dfrac{2gH}{K_1 + fd\ell + K_2}}$

③ $V = \sqrt{\dfrac{2gdH}{K_1 + \dfrac{f}{\ell} + K_2}}$

④ $V = \sqrt{\dfrac{2gH}{K_1 + f\dfrac{\ell}{d} + K_2}}$

47.

$H = \dfrac{l}{d}\dfrac{V^2}{2g} = K\dfrac{V^2}{2g}$

48 공기의 속도 24m/s인 풍동 내에서 익현길이 1m, 익의 폭 5m인 날개에 작용하는 양력(N)은 얼마인가?

(단, 공기의 밀도는 1.2kg/m^3, 양력계수는 0.455이다.)

① 1572   ② 786
③ 393   ④ 91

48.

$L = C_L \dfrac{\rho v^2}{2} A$

$= 0.455 \times \dfrac{1.2 \times 24^2}{2} \times 1 \times 5$

$= 786.24 N$

정답 47 ④ 48 ②

49 (x,y)평면에서의 유동함수(정상, 비압축성 유동)가 다음과 같이 정의된다면 x=4m, y=6m의 위치에서의 속도(m/s)는 얼마인가?

$$\psi = 3x^2y - y^3$$

① 156
② 92
③ 52
④ 38

49.
$$\left(\frac{\partial}{\partial x}\vec{i} + \frac{\partial}{\partial y}\vec{j} + \frac{\partial}{\partial z}\vec{k}\right) \cdot (3x^2y - y^3)$$
$$= 4xy\vec{i} + (x^2 - 3y^2)\vec{j}$$
$x=4, y=6$에서
$\vec{V} = 144\vec{i} - 60\vec{j}$
속도는 $\sqrt{144^2 + 60^2} = 156$

50 유체의 정의를 가장 올바르게 나타낸 것은?
① 아무리 작은 전단응력에도 저항할 수 없어 연속적으로 변형하는 물질
② 탄성계수가 0을 초과하는 물질
③ 수직응력을 가해도 물체가 변하지 않는 물질
④ 전단응력이 가해질 때 일정한 양의 변형이 유지되는 물질

51 밀도 1.6kg/m^3인 기체가 흐르는 관에 설치한 피토 정압관(Pitot-static tube)의 두 단자 간 압력차가 4cmH_2O이었다면 기체의 속도(m/s)는 얼마인가?

① 7
② 14
③ 22
④ 28

51.
$$V = \sqrt{2gh\left(\frac{\rho_x}{\rho} - 1\right)}$$
$$= \sqrt{2 \times 9.8 \times 0.04 \times \left(\frac{1000}{1.6} - 1\right)}$$
$$= 22.12\,\text{m/s}$$

52 3.6m^3/min을 양수하는 펌프의 송출구의 안지름이 23cm일 때 평균 유속(m/s)은 얼마인가?

① 0.96
② 1.20
③ 1.32
④ 1.44

52.
$$V = \frac{4Q}{\pi d^2}$$
$$= \frac{4 \times 3.6}{\pi \times 0.23^2 \times 60}$$
$$= 1.44\,\text{m/s}$$

정답 49 ① 50 ① 51 ③ 52 ④

53 국소 대기압이 1atm이라고 할 때, 다음 중 가장 높은 압력은?

① 0.13atm(gage pressure)
② 115kPa(absolute pressure)
③ 1.1atm(absolute pressure)
④ 11 mH_2O(absolute pressure)

53.
① $(0.13+1)\dfrac{101.3\,kPa}{1\,atm}$
　$= 114.47\,kPa$
③ $1.1 \times \dfrac{101.3}{1\,atm} = 111.43\,kPa$
④ $11 \times \dfrac{101.3}{10.3} = 108.18\,kPa$

54 수평원관 속에 정상류의 층류흐름이 있을 때 전단응력에 대한 설명으로 옳은 것은?

① 단면 전체에서 일정하다.
② 벽면에서 0이고 관 중심까지 선형적으로 증가한다.
③ 관 중심에서 0이고 반지름 방향으로 선형적으로 증가한다.
④ 관 중심에서 0이고 반지름 방향으로 중심으로부터 거리의 제곱에 비례하여 증가한다.

55 그림과 같은 두 개의 고정된 평판 사이에 얇은 판이 있다. 얇은 판 상부에는 점성계수가 0.05N·s/m^2인 유체가 있고 하부에는 점성계수가 0.1N·s/m^2인 유체가 있다. 이 판을 일정속도 0.5m/s로 끌 때, 끄는 힘이 최소가 되는 거리 y는?

(단, 고정 평판사이의 폭은 h(m), 평판들 사이의 속도분포는 선형이라고 가정한다.)

① 0.293h
② 0.482h
③ 0.586h
④ 0.879h

정답 53 ② 54 ③ 55 ③

56 직경 1cm인 원형관 내의 물의 유동에 대한 천이 레이놀즈 수는 2300이다. 천이가 일어날 때 물의 평균유속(m/s)은 얼마인가?

(단, 물의 동점성계수는 $10^{-6} m^2/s$이다.)

① 0.23   ② 0.46
③ 2.3   ④ 4.6

56.
$$V = \frac{Re \cdot V}{d} = \frac{2300 \times 0^{-16}}{0.01} = 0.23$$

57 프란틀의 혼합거리(mixing length)에 대한 설명으로 옳은 것은?

① 전단응력과 무관하다.
② 벽에서 0이다.
③ 항상 일정하다.
④ 층류 유동문제를 계산하는데 유용하다.

57.
프란틀(Prandtl)의 혼합 거리 이론은 불규칙적으로 혼합되는 와류의 유속 분포를 알기 위한 식이다. 혼합 거리에 관한 프란틀(Prandtl)의 가정에 의하면 벽 근방에서의 전단응력은 벽면 전단응력과 동일한 값(영)을 갖는다.

58 그림과 같이 유리관 A, B 부분의 안지름은 각각 30cm, 10cm이다. 이 관에 물을 흐르게 하였더니 A에 세운 관에는 물이 60cm, B에 세운 관에는 물이 30cm 올라갔다. A와 B 각 부분에서 물의 속도(m/s)는?

① $V_A = 2.73$, $V_B = 24.5$
② $V_A = 2.44$, $V_B = 22.0$
③ $V_A = 0.542$, $V_B = 4.88$
④ $V_A = 0.271$, $V_B = 2.44$

58.
$$V_B = \frac{d_A^2}{D_B^2} V_A = \frac{0.3^2}{0.1^2} V_A = 9 V_A$$

$$0.6 + \frac{V_A^2}{2g} = 0.3 + \frac{V_B^2}{2g}$$

$$0.6 + \frac{V_A^2}{2g} = 0.3 + \frac{81 V_A^2}{2g}$$

$$\frac{80 V_A^2}{2g} = 0.6 - 0.3$$

$$V_A = \sqrt{\frac{2g(0.6-0.3)}{80}}$$

$$= 0.271$$

정답 56 ① 57 ② 58 ④

59 해수의 비중은 1.025이다. 바닷물 속 10m 깊이에서 작업하는 해녀가 받는 계기압력(kPa)은 약 얼마인가?

① 94.4　　② 100.5
③ 105.6　　④ 112.7

59.
$P = 9.8 \times 1.025 \times 10$
　　$= 100.45\,kPa$

60 어떤 물리적인 계(system)에서 물리량 F가 물리량 A, B, C, D의 함수 관계가 있다고 할 때, 차원해석을 한 결과 두 개의 무차원수, $\dfrac{F}{AB^2}$와 $\dfrac{B}{CD^2}$를 구할 수 있었다. 그리고 모형실험을 하여 A=1, B=1, C=1, D=1일 때 $F=F_1$을 구할 수 있었다. 여기서 A=2, B=4, C=1, D=2인 원형의 F는 어떤 값을 가지는가?
(단, 모든 값들은 SI단위를 가진다.)

① F_1
② $16F_1$
③ $32F_1$
④ 위의 자료만으로는 예측할 수 없다.

4과목: 유체기계 및 유압기기

61 다음 수력기기 중 반동 수차에 해당하는 것은?

① 펠톤 수차, 프란시스 수차
② 프란시스 수차, 프로펠러 수차
③ 카플란 수차, 펠톤 수차
④ 펠톤 수차, 프로펠러 수차

61.
반동 수차는 물의 중력에 관계없이 물이 회전차를 지나는 사이에 물이 가지는 압력과 속도의 에너지를 수차에 주어서 수차를 회전시키는 수차로서 프란시스 수차, 프로펠러 수차, 카플란 수차가 있다.

정답　59 ②　60 ③　61 ②

62 프란시스 수차에서 사용하는 흡출관에 관한 설명으로 틀린 것은?

① 흡출관은 회전차에서 나온 물이 가진 속도수두와 방수면 사이의 낙차를 유효하게 이용하기 위해 사용한다.
② 커비테이션을 일으키지 않기 위해서 흡출관의 높이는 일반적으로 7m 이하로 한다.
③ 흡출관 입구의 속도가 빠를수록 흡출관의 효율은 커진다.
④ 흡출관은 일반적으로 원심형, 무디형, 엘보형이 있고, 이 중 엘보형이 효율이 제일 높다.

62.
흡출관의 종류는 원추 직관형(소용량 대낙차) 과 엘보형(저낙차 대유량) 이 있다.

63 수차 중 물의 송출 방향이 축방향이 아닌 것은?
① 펠톤 수차　　② 프란시스 수차
③ 사류 수차　　④ 프로펠러 수차

63.
충격 수차는 노즐로부터 분출된 분류를 반지름 방향의 버킷(bucket)에 충돌시켜 회전력을 발생시키는 수차로서 대표적인 수차는 펠톤(Pelton) 수차이다.

64 송풍기를 특성곡선의 꼭짓점 이하 닫힘 상태점 근방에서 풍량을 조정할 때 풍압이 진동하고 풍량에 맥동이 일어나며, 격렬한 소음과 운전불능에 빠질 수 있게 되는 현상은?
① 서징 현상　　② 선회 실속 현상
③ 수격 현상　　④ 쵸킹 현상

65 수차의 에너지 변화과정으로 옳은 것은?
① 위치 에너지 → 기계 에너지
② 기계 에너지 → 위치 에너지
③ 열 에너지 → 기계 에너지
④ 기계 에너지 → 열 에너지

정답　62 ④　63 ①　64 ①　65 ①

66 다음 중 기어펌프는 어느 형식의 펌프에 해당하는가?
① 축류펌프　　　　② 원심펌프
③ 왕복식펌프　　　④ 회전펌프

66.
회전식 펌프는 기어 펌프, 베인 펌프, 나사 펌프이다.

67 토크컨버터에서 임펠러가 작동유에 준 토크를 Tp, 스테이터가 작동유에 준 토크를 Ts, 런너가 받는 토크를 Tt라고 할 때 이들의 관계를 바르게 표현한 것은?
① Tp = Ts + Tt　　　② Ts = Tp + Tt
③ Tt = Tp + Ts　　　④ Tt = Tp − Ts

68 원심펌프 회전차 출구의 직경 450mm, 회전수 1200rpm, 유체의 유입각도(α_1) 90°, 유체의 유출각도(α_2) 25°, 유속은 12m/s일 때, 이론양정(m)은 얼마인가?
① 31.4　　　　② 41.7
③ 48.6　　　　④ 50.3

68.
$$V = \frac{\pi D N}{60 \times 1000}$$
$$= \frac{\pi \times 450 \times 1200}{60 \times 1000}$$
$$= 28.274\,m/s$$
$$H = \frac{1}{g}(u_2 v_2 \cos \alpha_2)$$
$$= \frac{1}{9.8}(28.274 \times 12 \cos 25)$$
$$= 31.38\,m$$

69 진공펌프의 설치 목적에 대한 설명으로 옳은 것은?
① 용기에 있는 공기 분자를 펌프를 통해 배기시키는 것. 즉, 용기내의 기체 밀도를 감소시키는 것이 펌프의 목적이다.
② 용기에 있는 물을 펌프를 통해 배기시키는 것. 즉, 용기내 유체의 체적을 감소시키는 것이 펌프의 목적이다.
③ 용기에 있는 공기 분자를 펌프를 통해 흡입시키는 것. 즉, 용기내의 기체 밀도를 증가시키는 것이 펌프의 목적이고, 기체 밀도가 클수록 좋은 진공이라 할 수 있다.
④ 용기에 있는 물을 펌프를 통해 배기시키는 것. 즉, 용기내 유체의 체적을 증가시키는 것이 펌프의 목적이다.

정답　66 ④　67 ③　68 ④　69 ①

70 원심펌프의 원리와 구조에 관한 설명으로 틀린 것은?

① 변곡된 다수의 깃(blade)이 달린 회전차가 밀폐된 케이싱 내에서 회전함으로써 발생하는 원심력의 작용에 따라 송수된다.
② 액체(주로 물)는 회전차의 중심에서 흡입되어 반지름 방향으로 흐른다.
③ 와류실은 와실에서 나온 물을 모아서 송출관쪽으로 보내는 스파이럴형의 동체이다.
④ 와실은 송출되는 물의 압력에너지를 되도록 손실을 적게 하여 속도에너지를 변화하는 역할을 한다.

70.
안내깃은 임펠러에서 송출되는 물을 와류실로 유도하여 속도 에너지의 손실을 적게 하면서 압력에너지로 바꾸는 역할을 한다. 와류실은 와실에서 나와 안내깃을 통과한 물을 모아 송출관으로 보내는 동체이다.

71 일반적인 베인 펌프의 특징으로 적절하지 않은 것은?

① 부품수가 많다.
② 비교적 고장이 적고 보수가 용이하다.
③ 펌프의 구동 동력에 비해 형상이 소형이다.
④ 기어 펌프나 피스톤 펌프에 비해 토출압력의 맥동이 크다.

72 그림과 같은 유압기호가 나타내는 것은?
(단, 그림의 기호는 간략 기호이며, 간략 기호에서 유로의 화살표는 압력의 보상을 나타낸다.)

① 가변 교축 밸브
② 무부하 릴리프 밸브
③ 직렬형 유량조정 밸브
④ 바이패스형 유량조정 밸브

정답   70 ④   71 ④   72 ④

73 유압 회로에서 속도 제어 회로의 종류가 아닌 것은?

① 미터 인 회로
② 미터 아웃 회로
③ 블리드 오프 회로
④ 최대 압력 제한 회로

74 그림과 같은 단동실린더에서 피스톤에 F = 500N의 힘이 발생하면, 압력 P는 약 몇kPa이 필요한가?
(단, 실린더의 직경은 40mm이다.)

① 39.8 ② 398
③ 79.6 ④ 796

74.
$$P = \frac{F}{A} = \frac{0.5 \times 4}{\pi \times 0.04^2}$$
$$= 397.9 \, kPa$$

75 감압 밸브, 체크 밸브, 릴리프 밸브 등에서 밸브시트를 두드려 비교적 높은 음을 내는 일종의 자려진동 현상은?

① 컷인
② 점핑
③ 채터링
④ 디컴프레션

75.
채터링현상은 밸브를 열고 닫을 때 10ms 이내에 열림과 닫힘이 반복되어 밸브시트를 두드려 비교적 높은 음을 내는 일종의 자려진동 현상이다.

정답 73 ④ 74 ② 75 ③

76 어큐뮬레이터의 용도와 취급에 대한 설명으로 틀린 것은?

① 누설유량을 보충해 주는 펌프 대용 역할을 한다.
② 어큐뮬레이터에 부속쇠 등을 용접하거나 가공, 구멍 뚫기 등을 해서는 안된다.
③ 어큐뮬레이터를 운반, 결합, 분리 등을 할 때는 봉입가스를 유지하여야 한다.
④ 유압 펌프에 발생하는 맥동을 흡수하여 이상 압력을 억제하여 진동이나 소음을 방지한다.

76.
어큐뮬레이터를 운반, 결합, 분리 등을 할 때는 봉입가스를 배출하여 초기화 한다.

77 유압유의 점도가 낮을 때 유압 장치에 미치는 영향으로 적절하지 않은 것은?

① 배관 저항 증대
② 유압유의 누설 증가
③ 펌프의 용적 효율 저하
④ 정확한 작동과 정밀한 제어의 곤란

77.
유압유의 점도가 낮으면 마찰 저항이 감소하여 배관저항은 감소한다.

78 상시 개방형 밸브로 옳은 것은?

① 감압 밸브
② 무부하 밸브
③ 릴리프 밸브
④ 카운터 밸런스 밸브

정답 76 ③ 77 ① 78 ①

79 기어펌프의 폐입 현상에 관한 설명으로 적절하지 않은 것은?

① 진동, 소음의 원인이 된다.
② 한 쌍의 이가 맞물려 회전할 경우 발생한다.
③ 폐입 부분에서 팽창 시 고압이, 압출 시 진공이 형성된다.
④ 방지책으로 릴리프 홈에 의한 방법이 있다.

79.
기어펌프에서는 폐입 부분에서 압출 시 고압이, 팽창 시 진공이 형성된다.

80 실린더 입구의 분기 회로에 유량 제어 밸브를 설치하여 실린더 입구측의 불필요한 압유를 배출시켜 작동 효율을 증진시키는 회로는?

① 로킹 회로
② 증강 회로
③ 동조 회로
④ 블리드 오프 회로

5과목: 건설기계일반 및 플랜트 배관

81 타이어식 기중기에서 전후, 좌우 방향에 안전성을 주어 기중 작업 시 전도되는 것을 방지해 주는 안전장치는?

① 아우트리거　　　② 종감속 장치
③ 과권 경보장치　　④ 과부하 방지장치

82 일반적으로 지게차에서 사용하는 조향방식은?

① 전륜 조향방식　　② 포크 조향방식
③ 후륜 조향방식　　④ 마스트 조향방식

정답　79 ③　80 ④　81 ①　82 ③

83 스크레이퍼의 흙 운반량(m³/h)에 대한 설명으로 틀린 것은?

① 볼의 용량에 비례한다.
② 사이클 시간에 반비례한다.
③ 흙(토량) 환산계수에 반비례한다.
④ 스크레이퍼 작업 효율에 비례한다.

83.
작업능력
$$W = \frac{60 \cdot Q \cdot f \cdot E}{Cm} \text{ m}^3/\text{h}$$
Q : 보올 용량(m³),
f : 토량 환산 계수,
E : 작업효율,
Cm : Cycle time

84 도로포장을 위한 다짐작업에 사용되는 건설기계는?

① 롤러   ② 로더
③ 지게차   ④ 덤프트럭

84.
지게차: 운반기계
싣기기계: 덤프트럭, 로더

85 아스팔트 피니셔에 대한 설명으로 적절하지 않은 것은?

① 혼합재료를 균일한 두께로 포장폭만큼 노면 위에 깔고 다듬는 건설기계이다.
② 주행방식에 따라 타이어식과 무한궤도식으로 분류할 수 있다.
③ 피더는 혼합재료를 이동시키는 역할을 한다.
④ 스크리드는 운반된 혼합재료(아스팔트)를 저장하는 용기이다.

85.
스프레더(Spreader): 피더에서 보내온 아스팔트를 스크류(오거)의 회전 운동을 통해 스크리드 앞쪽에 균일하게 분포시키는 장치다. 기계식 리미트스위치 또는 초음파 센서를 통해 아스팔트 공급량을 자동으로 조절한다. 스크리드는 스프레더에 의해 균일하게 분포된 아스팔트에 열 및 진동을 이용하여 표면을 고르게 만드는 장치로서 포장 두께와 폭을 조정할 수 있다.

86 트랙터의 앞에 블레이드(배토판)을 설치한 것으로 송토, 굴토, 확토 작업을 하는 건설기계는?

① 굴삭기   ② 지게차
③ 도저   ④ 컨베이어

정답   83 ③   84 ①   85 ④   86 ③

87 굴삭기를 주행 장치에 따라 구분하여 설명한 내용으로 적절하지 않은 것은?

① 주행 장치에 따라 무한궤도식과 타이어식으로 분류할 수 있다.
② 타이어식은 이동거리가 긴 작업장에서 작업능률이 좋다.
③ 타이어식은 주행저항이 적으며 기동성이 좋다.
④ 무한궤도식은 습지나 경사지에서의 작업이 곤란하다.

87.
주행 장치에 따라 무한궤도식과 타이어식으로 분류하며 습지나 경사지에서의 작업이 곤란한 방식은 타이어식이다.

88 강재의 크기에 따라 담금질 효과가 달라지는 현상을 의미하는 용어는?

① 단류선　　② 질량효과
③ 잔류응력　　④ 노치효과

88.
강을 급냉시키면 냉각액이 접촉하는 면은 냉각 속도가 커서 마텐자이트 조직이 되나 내부는 갈수록 냉각속도가 늦어져 트루스타이트 또는 소르바이트 조직이 된다. 이와 같이 냉각속도에 따라 경도의 차이가 생기는 현상을 질량효과라 한다.

89 모터 그레이더에서 사용하는 리닝 장치에 대한 설명으로 옳은 것은?

① 블레이드를 올리고 내리는 장치이다.
② 앞바퀴를 좌우로 경사시키는 장치이다.
③ 기관의 가동시간을 기록하는 장치이다.
④ 큰 견인력을 얻기 위해 저압 타이어를 사용하는 장치이다.

90 열팽창에 의한 배관의 이동을 제한하는 레스트레인트의 종류가 아닌 것은?

① 앵커　　② 스토퍼
③ 가이드　　④ 파이프슈

90.
리스트레인트(Restraint)는 열팽창에 의한 배관의 측면 이동을 제한하는 것으로 앵커, 스톱, 가이드 세 종류가 있다.
서포트는 아래에서 위로 떠받치는 것으로 파이프 슈, 리지드 서포트, 롤러 서포트, 스프링 서포트 가있다.

정답　87 ④　88 ②　89 ②　90 ④

91 동력을 이용하여 나사를 절삭하는 동력나사 절삭기의 종류가 아닌 것은?
① 호브식
② 램식
③ 오스터식
④ 다이헤드식

92 15℃인 강관 25m가 있다. 이 강관에 온수 60℃의 온수를 공급할 때 강관의 신축량은 몇 mm인가?
(단, 강관의 열팽창 계수는 0.012 mm/m·℃ 이다.)
① 5.5
② 8.5
③ 13.5
④ 16.5

92.
$\delta = l\alpha(T_2 - T_1)$
$= 25 \times 0.012(60 - 15)$
$= 13.5 mm$

93 관 공작용 기계가 아닌 것은?
① 로터리식 파이프 벤딩기
② 동력 나사 절삭기
③ 파이프 렌치
④ 기계톱

93.
파이프 렌치는 고정식 또는 가변식 개구부가 있는 손공구를 주로 의미한다. 스패너라고 칭하는 경우도 많다. 너트나 볼트 따위를 죄고 풀며 물체를 조립하고 분해할 때 사용한다.

94 주철관의 인장강도가 낮기 때문에 피해야 하는 관 이음방법은?
① 용접 이음
② 소켓 이음
③ 플랜지 이음
④ 기계식 이음

94.
주철관은 탄소함유량이 많아 용접이음은 곤란하다.

정답 91 ② 92 ③ 93 ③ 94 ①

95 배수배관의 구배에 대한 설명으로 틀린 것은?
① 물 포켓이나 에어포켓이 만들어지는 요철배관의 시공은 하지 않도록 한다.
② 배수배관과 중력식 증기배관의 환수관은 일정한 구배로 관 말단까지 상향구배로 한다.
③ 배수배관은 구배의 경사가 완만하면 유속이 떨어져 밀어내는 힘이 감소하여 고형물이 남게 된다.
④ 배수배관은 구배를 급경사지게하면 물이 관 바닥을 급속히 흐르게 되므로 고형물을 부유시키지 않는다.

95.
배수배관과 중력식 증기배관의 환수관은 일정한 구배로 관 말단까지 하향구배로 한다.

96 부식의 외관상 분류 중 국부부식의 종류가 아닌 것은?
① 전면부식　　② 입계부식
③ 선택부식　　④ 극간부식

97 밸브를 나사봉에 의하여 파이프의 횡단면과 평행하게 개폐하는 것으로 슬루스 밸브라고 불리는 밸브는?
① 게이트 밸브　　② 앵글 밸브
③ 체크 밸브　　　④ 콕

97.
게이트밸브는 슬루우스밸브라고도 하며 흐르는 방향에 대하여 직각으로 이동하여 유로를 개폐하므로 밸브의 압력손실이 적어 주로 펌프의 흡입측에 설치하여 공동현상을 방지하는 역할을 한다.

98 배수관 시공완료 후 각 기구의 접속부 기타 개구부를 밀폐하고, 배관의 최고부에서 물을 가득 넣어 누수 유무를 판정하는 시험은?
① 응력시험　　② 통수시험
③ 연기시험　　④ 만수시험

정답　95 ②　96 ①　97 ①　98 ④

99 탄소강관의 내면 또는 외면을 폴리에틸렌이나 경질 염화비닐로 피복하여 내구성과 내식성이 우수한 관은?

① 주철관
② 탄소강관
③ 라이닝 강관
④ 스테인리스강관

100 배관용 탄소강관의 설명으로 틀린 것은?

① 종류에는 흑관과 백관이 있다.
② 고압 배관용으로 주로 사용된다.
③ 호칭지름은 6~600A까지가 있다.
④ KS 규격 기호는 SPP이다.

100.
배관용 탄소강관은 비교적 사용압력이 낮은 배관에 사용하는 강관이다.

정답 99 ③ 100 ②

[저자와 동의하에 인지 생략]

건설기계설비기사 필기

유체기계 및 유압기기
건설기계일반 및 플랜트 배관

발행일   2021년 07월 31일   초판 발행

저 자	한홍걸
발행처	도서출판 한필
PH	0507-1308-8101
E-mail	hanpil7304@gmail.com
Youtube	도서출판 한필
주소	경기도 부천시 중동로 166 복사골건영 1701-1502

- 이 책의 어느 부분도 저작권자나 발행인의 승인 없이 무단 복제하여 이용할 수 없습니다.
- 파본 및 낙장은 구입하신 서점에서 교환하여 드립니다.
- 도서출판 한필 홈페이지: www.hanpil.co.kr

이 도서의 국립중앙도서관 출판예정도서목록(CIP)은 서지정보유통지원시스템 홈페이지(http://seoji.nl.go.kr)와 국가자료 공동목록시스템(http://www.nl.go.kr/kolisnet)에서 이용하실 수 있습니다.

정가: 22,000 원
ISBN: 979-11-8374-52-5